獣医生化学実験

Experiments of Animal Biochemistry

改訂第3版

獣医生理学・生理化学教育懇談会　編著

チクサン出版社

改訂第3版の発行にあたって

　獣医生理学・生理化学教育懇談会の活動の一環として，獣医系各大学の生化学実習をより一層充実させるため，本書の初版である実習書「Experiments of Animal Biochemistry」が1993（平成5）年に発行された。

　同書では，各大学の学生数，実習の実施年度，設備などが大きく異なることに配慮し，斉一の実習ではなく各大学で特色ある実習が行われるよう画期的な試みがなされた。すなわち装丁はルーズリーフバインダー形式とし，前編の基礎編ではどのような実習を行うにしても必要な基礎的事項が整理して記述され，後編は各大学が既に行っている実習プリント・ノートを項目別に纏め，必要な項目を選んで注文し，セミオーダーメードの実習書が完成されるよう工夫したものである。この方式のメリットは新たな項目が容易に追加できることであり，そのレパートリーを適宜増やしていくことで，時代の変化に対応した実習書が常に手もとに用意できたのである。

　残念ながらこの方式はその後の改訂で姿を消したが，2002（平成14）年の改訂第2版の発行時点までに，糖鎖実験法，核酸実験法，免疫化学実験法，薄層クロマトグラフィー，逆相クロマトグラフィー，血球および血球膜の分離などの項目が追加された。また改訂第2版では書名を「獣医生化学実験」と変え，実習のみならず，卒業論文作成のための実験などにも十分に活用されることが期待され，事実多くの大学で本書が採用されて利用価値も大いに高まったと考える。

　このたび改訂第3版の編集にあたり，時代の変化に対応した項目を追加することを第一とし，ビタミンの定量，マイクロアレイ，バイオインフォマティクス，タンパク質の構造解析，アポトーシス実験法の項目を新たに加えた。一方，これまでに受け継がれた内容について，項目の再整理をおこない，用語や記述様式をできる限り統一するなどの修正を加えながら，付録の動物の諸成分の正常値を含め，従来の全ての項目を収録した。また，図表を含め全データを電子化し，より利用しやすく理解しやすいよう本文は二段組みとし，各章の初めにリード，章末にポイントを付し，索引を充実させた。

　これらにより，学生が生化学実習において本書を利用し，基礎的事項のみならず様々な反応の原理や実際をよりよく理解することを期待する。また卒業論文等の実験や論文読解の助力となることを望む。

　最後に，これまで本書の執筆および編集に関わられた諸先生に敬意を表すとともに，新項目の原稿執筆の労をとられた先生方に厚く御礼申し上げる。また改訂第3版発行は，緑書房／チクサン出版社の多大な貢献なくしては成し得なかったことを記し，感謝する。

2009年1月20日

改訂第3版編集委員
木 村 和 弘

執筆者一覧 （執筆順）

担当章	執筆者	所　属
A	湯浅　　亮	酪農学園大学獣医学部獣医学科**
A	清水　祥夫	帯広畜産大学畜産学部地域共同研究センター**
B	徳力　幹彦	山口大学農学部獣医学科**
B	和田　直己	山口大学農学部獣医学科**
B,M,V	首藤　文栄	岩手大学農学部獣医学科**
C	長野慶一郎	鹿児島大学農学部獣医学科*
C,O	渡辺　清隆	北里大学獣医学部獣医学科
D,E	久保周一郎	北海道大学名誉教授**
D,E	渡部　　敏	日本大学生物資源科学部獣医学科
F	志賀　瓏郎	岩手大学農学部農業生命科学科**
F	岡　　達三	鹿児島大学農学部獣医学科
F	叶内　宏明	鹿児島大学農学部獣医学科
G	江藤　禎一	宮崎大学農学部獣医学科*
H	塩田　邦郎	東京大学大学院農学生命科学研究科**
I	古泉　　巖	麻布大学獣医学部獣医学科*
I	鈴木　嘉彦	麻布大学獣医学部獣医学科**
I	志村　純子	麻布大学獣医学部獣医学科**
J	小川　智也	東京大学農学部応用動物科学専攻*
J	森松　正美	岩手大学農学部獣医学科**
J	橋爪　一善	岩手大学農学部獣医学科**
J	木崎景一郎	岩手大学農学部獣医学科**
K	浅野　　淳	鳥取大学農学部獣医学科
L	鈴木　　實	鳥取大学農学部獣医学科*
L	七条喜一郎	鳥取大学農学部獣医学科**
L,R	竹内　　崇	鳥取大学農学部獣医学科**
N,T	新井　敏郎	日本獣医生命科学大学獣医学部獣医学科
P	横田　　博	酪農学園大学獣医学部獣医学科
Q	津山　伸吾	大阪府立大学大学院生命環境科学研究科**
R,S	折野　宏一	北里大学獣医学部獣医学科
U	米澤　智洋	北里大学獣医学部獣医学科
付録	黒澤　　隆	酪農学園大学獣医学部獣医学科**

編集委員	木村　和弘	北海道大学大学院獣医学研究科

＊は初版執筆時の所属を示す。1993年3月31日現在
＊＊は第2版執筆時の所属を示す。2002年3月31日現在
無印は第3版執筆時の所属を示す。2009年3月31日現在

- A. 器具・機器の取扱い
- B. 試薬の保管と取扱い
- C. 秤量法
- D. 容量分析
- E. 緩衝液の調製と水素イオン濃度(pH)の測定
- F. 無機塩類とビタミンの定量
- G. 糖質の定性, 定量
- H. 糖鎖実験法
- I. 脂質の定性, 定量
- J. 核酸実験法
- K. バイオインフォマティクス
- L. タンパク質の定性, 定量
- M. 塩析と脱塩
- N. 酵素活性の測定法
- O. 電気泳動法とデンシトメトリー
- P. タンパク質の構造解析
- Q. カラムクロマトグラフィー
- R. 薄層クロマトグラフィー
- S. 免疫化学実験法
- T. 血球および血球膜の分離
- U. アポトーシス実験法
- V. 簡単なガラス細工
- 付録
- 索引

目 次

改訂にあたって（第3版）················ 3

実習を始める前に　12

1. 目的 ················ 12
2. 心構え ················ 12
   2.1 実習室で ················ 12
   2.2 実習において ················ 12
3. レポート作成（書式例）················ 13

A 器具・機器の取扱い　15

1. 器具 ················ 15
   1.1 器具の名称 ················ 15
   1.2 器具の洗浄，乾燥，保管 ················ 16
2. 機器 ················ 17
   2.1 機器使用の一般的注意事項 ················ 17
   2.2 分光光度計（紫外・可視分光光度計）············ 17
   2.3 遠心機 ················ 19
   2.4 乾燥機 ················ 22
   2.5 恒温槽 ················ 23

B 試薬の保管と取扱い　25

1. 試薬の保管 ················ 25
   1.1 危険性を有する試薬 ················ 25
   1.2 毒性を有する試薬 ················ 25
   1.3 経時変化を起こしやすい試薬 ················ 25
   1.4 試薬の容器 ················ 26
2. 有機溶媒の取扱い ················ 26
3. 廃液処理 ················ 27

C 秤量法　29

1. 天秤の使い方（種類と精度）················ 29
   1.1 電子天秤の使い方 ················ 29
   1.2 上皿天秤の使い方 ················ 30
   1.3 直示天秤の使い方 ················ 30
2. 液量計の取扱い方（化学用体積計）················ 31
   2.1 容量器の取扱い ················ 31

D 容量分析　35

1. 中和滴定法 ················ 35
   1.1 CO_2を含まないH_2Oの作製 ················ 35
   1.2 酸，アルカリ規定液の調製と標定 ················ 35
2. 沈澱滴定法 ················ 36
3. 酸化還元滴定法 ················ 37
4. キレート滴定法 ················ 38

E 緩衝液の調製と水素イオン濃度（pH）の測定　41

1. 種々のpH範囲の緩衝液の調製法 ················ 41
   1.1 一般的な緩衝液 ················ 41
   1.2 広域緩衝液（ユニバーサル緩衝液）················ 47
   1.3 Goodらの緩衝液 ················ 48

1.4 緩衝液調製上の注意 …………… 48
2. 水素イオン濃度（pH）の測定 …………… 49

F 無機塩類とビタミンの定量　51

1. 無機塩類 …………… 51
　1.1 リン …………… 51
　1.2 カルシウム …………… 52
　1.3 鉄 …………… 54
2. ビタミン …………… 56
　2.1 脂溶性ビタミンの定量法 …………… 56
　2.2 水溶性ビタミンの定量 …………… 60

G 糖質の定性，定量　65

1. 糖質の定性，定量 …………… 65
　1.1 糖類の定性反応 …………… 65
　1.2 糖類の定量法 …………… 68

H 糖鎖実験法　71

1. 糖鎖の切り出し …………… 71
　1.1 酵素法 …………… 71
　1.2 ヒドラジン分解法 …………… 71
2. 切り出し糖鎖の蛍光ラベル …………… 71
　2.1 ピリジルアミノ化 …………… 71
3. PA化糖鎖の精製 …………… 72
　3.1 ゲルろ過法 …………… 72
　3.2 ペーパークロマトグラフィー …………… 72
4. 二次元糖鎖Mapping …………… 73
　4.1 Amide吸着カラムによる解析 …………… 73
　4.2 逆相カラムによる解析 …………… 73

I 脂質の定性，定量　75

1. 脂質の定性 …………… 75
　1.1 脂質の定性および脂肪尿の検査 …………… 75
　1.2 脂質の成分であるグリセリンおよび脂肪酸の定性 …………… 75
2. 脂質の定量 …………… 76
　2.1 総脂質の定量 …………… 76
　2.2 単純脂質（中性脂肪）の定量 …………… 76
　2.3 複合脂質（例：リン脂質）の定量 …………… 77

J 核酸実験法　79

1. 核酸定量法 …………… 79
　1.1 分光光度計を利用する方法 …………… 79
　1.2 紫外線照射器（トランスイルミネーター）を利用する方法 …………… 80
　1.3 特異蛍光物質（Hoechst Dye No.33258, Bisbenzimide）による方法 …………… 80
2. 核酸分離法 …………… 81
　2.1 核酸を分離する上での予備知識 …………… 81
　2.2 大腸菌からのプラスミドDNAの分離 …………… 82
　2.3 AGPC法によるRNAの分離 …………… 85
　2.4 ゲノムDNAの分離 …………… 86
3. 核酸分析法 …………… 87
　3.1 制限酵素消化 …………… 87
　3.2 電気泳動法 …………… 87
　3.3 Northern blot法 …………… 89
　3.4 Southern blot法 …………… 93
4. 塩基配列決定法 …………… 95
　4.1 シークエンスゲルの作製 …………… 96
　4.2 シークエンス反応 …………… 96

4.3 電気泳動 ·· 97
  4.4 ゲルの乾燥とオートラジオグラフィー ······· 97
 5. PCR法 ··· 97
  5.1 ゲノムDNAを鋳型としたPCR ················ 97
  5.2 cDNAを鋳型としたPCR ························ 98
 6. マイクロアレイ ····································· 98
  6.1 マイクロアレイの基礎知識 ····················· 99
  6.2 cDNAマイクロアレイ作製方法とその実例 ··· 100
  6.3 cDNAマイクロアレイ実験法 ················· 102
  6.4 オリゴDNAマイクロアレイ実験法 ·········· 104
  6.5 データ解析 ······································· 107

K　バイオインフォマティクス　109

 1. 遺伝子情報の探索と情報処理 ················· 109
  1.1 遺伝子情報を検索する ························· 109
  1.2 ゲノムの構造をのぞいてみる ················· 111
  1.3 配列情報の取扱い ······························· 112
  1.4 配列ファイルの検索方法 ······················· 112
  1.5 配列比較 ·· 113
 2. 多重配列比較と系統樹解析 ····················· 114
 3. タンパク質機能ドメインのモチーフ検索 ··· 115

L　タンパク質の定性，定量　119

 1. タンパク質およびアミノ酸の定性反応 ······ 119
  1.1 タンパク質の沈澱反応 ························· 119
  1.2 タンパク質およびアミノ酸の呈色反応 ······ 120
 2. タンパク質の定量 ································· 123
  2.1 タンパク質の定量法 ···························· 123

M　塩析と脱塩　131

 1. 塩析と脱塩 ·· 131
  1.1 塩析 ·· 131
  1.2 脱塩 ·· 132

N　酵素活性の測定法　135

 1. 酵素活性の測定法 ································· 135
  1.1 酵素の基礎知識 ································· 135
  1.2 速度パラメーターの求め方 ··················· 136
  1.3 血清酵素 ·· 137

O　電気泳動法とデンシトメトリー　141

 1. 電気泳動法 ·· 141
  1.1 セルロースアセテート膜電気泳動法 ········ 141
  1.2 ディスク-ポリアクリルアミドゲル電気泳動
    （ディスク-PAGE）法 ························· 142
  1.3 SDS-ポリアクリルアミドゲル電気泳動
    （SDS-PAGE）法 ······························ 144
  1.4 等電点電気泳動（IEF）法 ···················· 145
  1.5 免疫電気泳動法 ································· 148
  1.6 ザイモグラム ···································· 149
 2. デンシトメトリー ································· 151

P　タンパク質の構造解析　153

 1. はじめに ··· 153
 2. タンパク質の精製 ································· 154
  2.1 生細胞や組織からの抽出と分画 ·············· 154
  2.2 膜タンパク質の可溶化 ························· 155

2.3　分子量による分画 ……………………… 155
3. タンパク質の一次構造決定と高次構造解析 …… 156
　　3.1　ペプチド断片のアミノ末端アミノ酸配列決定
　　　　法 ……………………………………… 156
　　3.2　RT-PCRによるcDNAクローニングによる
　　　　アミノ酸配列決定 …………………… 156
　　3.3　立体構造解析とバイオインフォマティクス …… 156
4. タンパク質の網羅的解析（プロテオーム解析）…… 157
　　4.1　二次元電気泳動によるマッピング ……… 157
　　4.2　タンパク質の電荷と等電点 ……………… 158
　　4.3　タンパク質の一次元電気泳動（等電点電気
　　　　泳動）…………………………………… 158
　　4.4　タンパク質の二次元電気泳動 …………… 159
　　4.5　ペプチド質量分析による同定 …………… 159

Q　カラムクロマトグラフィー　165

1. イオン交換クロマトグラフィー ……………… 165
2. アフィニティークロマトグラフィー ………… 167
3. 疎水性クロマトグラフィー …………………… 168
4. ゲルろ過 ……………………………………… 169
5. 逆相クロマトグラフィー ……………………… 171
　　5.1　ヌクレオチドの高速液体クロマトグラフィー
　　　　による分離定量 ……………………… 172

R　薄層クロマトグラフィー　175

1. 薄層クロマトグラフィー総論 ………………… 175
2. 吸着クロマトグラフィー ……………………… 176
　　2.1　シリカゲル薄層板を用いた乳中オリゴ糖の分
　　　　離 ……………………………………… 176
3. 分配クロマトグラフィー ……………………… 176
　　3.1　リボヌクレオシド一リン酸（NMP）の薄層

　　　　分配クロマトグラフィー ……………… 177
4. イオン交換クロマトグラフィー ……………… 177
　　4.1　薄層イオン交換クロマトグラフィーによる
　　　　アデニンヌクレオチドの分離 ………… 177

S　免疫化学実験法　181

1. 抗血清の調整法 ……………………………… 181
　　1.1　免疫動物 ……………………………… 181
　　1.2　免疫アジュバント …………………… 181
　　1.3　ウサギ抗血清の調製法 ……………… 181
2. 抗体の精製法 ………………………………… 182
3. 免疫学的同定法 ……………………………… 182
　　3.1　ゲル内沈降反応 ……………………… 182
　　3.2　ウェスタンブロット法（Western blot
　　　　technique）…………………………… 183
　　3.3　免疫電気泳動法 ……………………… 185
4. 免疫学的定量法 ……………………………… 185
　　4.1　単純放射状免疫拡散法（single radial
　　　　immunodiffusion, SRID）…………… 185
　　4.2　酵素免疫測定法 ……………………… 185

T　血球および血球膜の分離　189

1. 血球および血球膜の分離 ……………………… 189
　　1.1　赤血球の分離 ………………………… 189
　　1.2　白血球（主として好中球）の分離 …… 189
　　1.3　血小板の分離 ………………………… 190
　　1.4　赤血球膜の分離 ……………………… 190

U　アポトーシス実験法　193

1. アポトシス実験の背景 ………………………… 193

  1.1 歴史, 定義 ………………………………… 193
  1.2 原理 ………………………………………… 194
  1.3 本実習のねらい …………………………… 195
 2. DNA断片化に基づく検出法 …………………… 196
  2.1 原理 ………………………………………… 196
  2.2 試薬と材料 ………………………………… 196
  2.3 方法 ………………………………………… 197
 3. TUNEL法 ………………………………………… 199
  3.1 原理 ………………………………………… 199
  3.2 試薬と材料 ………………………………… 199
  3.3 方法 ………………………………………… 200
 4. 膜変化に基づく検出法 ………………………… 202
  4.1 原理 ………………………………………… 202
  4.2 試薬と材料 ………………………………… 202
  4.3 方法 ………………………………………… 202

V 簡単なガラス細工　205

 1. ガラス管の切り方・曲げ方 …………………… 205
  1.1 ガラス管の切り方 ………………………… 205
  1.2 ガラス管の曲げ方 ………………………… 206
 2. ガラス管の封じ方, 封管の切り方 …………… 206
  2.1 ガラス管の封じ方 ………………………… 206
  2.2 封管の切り方 ……………………………… 206
 3. ガラス管の引き方, 孔の開け方 ……………… 206
  3.1 ガラス管の引き方 ………………………… 206
  3.2 孔の開け方 ………………………………… 207

付　録　209

付録1-1 乳牛の代謝プロファイルテストと正常値 …… 210
 1. はじめに ……………………………………… 210
 2. 代謝病と生産病 ……………………………… 210
 3. 代謝プロファイルテスト …………………… 210
 4. 乳期の分類とその特徴 ……………………… 210
 5. 代謝プロファイルと乳期による変動 ……… 211
 6. 材料の分析に関わる注意事項 ……………… 212
 7. 分析結果に関わる注意事項 ………………… 212

付録2-1 大動物の血液成分の正常値 ……………… 214

付録2-2 小動物および実験動物の血液成分の正常値… 222

付録2-3 鳥類の血液成分の正常値 ………………… 230

付録2-4 動物の尿成分の正常値 …………………… 232

付録2-5 動物の脳脊髄液成分の分析値 …………… 233

和文索引 ……………………………………………… 234

欧文索引 ……………………………………………… 240

実習を始める前に

1. 目的

　生化学（生理化学・分子生物学を含む）は，生命科学の中核を占め，医学・生物学の発展の原動力となっている。実験手技は急速に発達し，獣医学領域においてもその手法は多く取り入れられている。どの学術雑誌を見ても，生体物質名はもとより，生化学の検査成績を記載した生化学的研究論文は多い。しかしながら，分子生物学を除く生化学の基礎的実験法は1970年代までにあらかた完成し，改良法は多いが基本的な原理は変わっていない。

　ここでは生化学の最も基礎的基本的事項，すなわち，
　①獣医分野の生化学に必要な基礎実験技術の習得とデータの解析能力
　②生体成分や生化学反応に関する常識的な知識の体験的理解

を目的とした実習を行う。それによって，生化学的実験における「常識」を身につけ，他科目の実習や卒論実験に応用できる能力を養っていただきたい。さらに，未知の生命現象に対する興味や獣医師の現場の諸問題への関心がいっそう深まることを期待したい。

2. 心構え

　実習の目的を十分に達成するため，以下の心構えを必要とする。

2.1 実習室で

注意事項の遵守：水の流し放しやガスのつけ放しに注意，廃液は環境に留意して所定の処理を行い，下水に廃棄可能な試薬や反応液は大量の水で希釈しつつ流す。固形物は流しに捨てない。

規律ある良い習慣：白衣と上履き着用，整理，整頓，清潔，禁煙，飲食の禁止。

グループの協同：輪番制実験当番（準備係・洗浄あと片づけ係・清掃係）や班長（総括責任者，事前に担当教員の許に集合し指示に従う）などを中心によく打ち合わせする。

2.2 実習において

予習：実習の意図や内容の把握，方法の概要や原理の理解，予想される結果，使用器具の目的や扱い方など。

準備：試料（サンプル）・試薬や器具をグループの実験台に準備，その責任を持つ。

実験：操作手順を確認し（図式化するとよい），実験全体の見通しをつけてから行う。機械的に操作せず，試薬を加える理由や反応のメカニズムを考え，よく観察する。指示事項に従い細心の注意を払って，慎重に集中して行う。不安定な姿勢は避ける。試薬の汚染に注意（使用後，試薬ビンの栓）。節約に心掛ける。

記録：鉛筆とノートを用意しておく。測定値や進行中の反応などの観察事項は，ありのままを客観的に詳しく記録する。失敗・疑問・思いつきなどもその都度メモをとる。

器具使用実技の習熟：最適の器具を選び，実験操作が迅速正確にできるようにする。

安全：強い酸やアルカリ，有機溶媒や毒物などの危険な試薬，感電などの可能性のある器具・機械の取扱い，熱湯やガス点火時の火傷などに注意する。災害の予防と応急処置法の心得。

内容理解：実験結果の確認と討論。

洗浄・あと片づけ：終了後，器具の洗浄と試料・試薬等のあと片づけ・整頓。

清掃：実験台およびその周辺，その他実験に使用した場所の清掃，ほかの班と協力してゴミや廃液の処理。

3. レポート作成（書式例）

実験題目：（簡潔で，実験目的がはっきり分かるようにつける）

① **実験の意義・目的・原理**：資料や説明を参考にし，簡潔にまとめる。

② **実験材料および方法**：試料（サンプル）・試薬・器具・機械，実験方法を順序よく記載する。過去形で書き，第一人称は用いない。実習書の丸写しは厳禁，実験方法は簡潔に（図式化）。

③ **実験結果**：実測値を必ず記載し文章で簡単に説明する。必要なら図示をする。

観察記録は科学的事実のみ記載。ここでは実験者の考察・推論は記載しない。

④ **考察および結論**：実験結果を総合的に（文献結果とも比較）検討，結論を導く。特に観察した事項に対する考察・疑問等，期待に反する結果が出た場合はその理由，設問に対する解答もここで記載する。

⑤ **感想**：実験プロセスの反省，失敗とその原因，自由な感想も記載する。

A 器具・機器の取扱い

　生化学実験に用いる器具の種類は多く，材質も様々である。ここでは，各実験グループに予め配備されるような，ごく一般的な器具について記述する。それらの器具は，使用目的，使用方法，性能などを十分理解し，適正に使用しなければならない。

1. 器具

1.1 器具の名称

主要な器具を，図A-1に示す。

(1) ガラス器具

①試験管：JIS規格では6種であるが，ねじ口，共栓，目盛付きなど種類は多い。普通の試験管といえば，18 JIS（外径18×長さ165×肉厚1.2 mm，容量24 mL）のリップ付きであるが，フラクションチューブ（17.5×130 mm）やスピッチグラス（16.5×105 mm，尖底遠沈管）もよく用いられる。

②ビーカー：注ぎ口が必ず付いている。目安目盛り

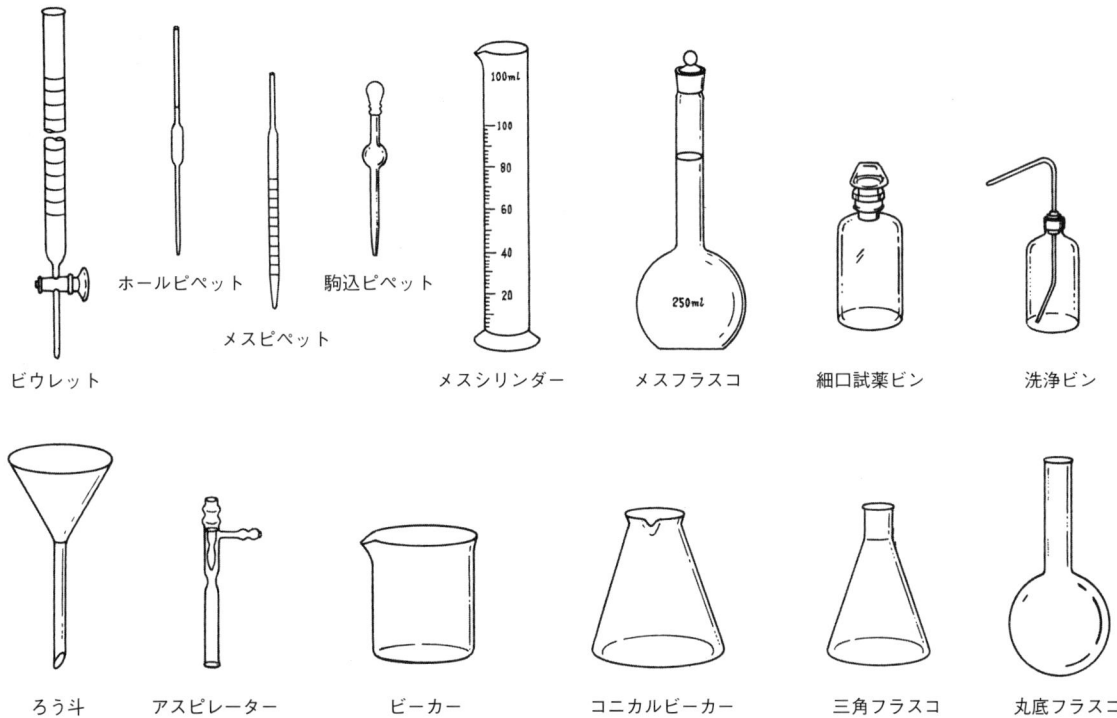

[図A-1] 生化学実験に用いられる主要な一般器具

付きの50～200 mLがよく用いられる。試薬の調製の場合，よく用いられる細口のコニカルビーカーも使いやすい。大容量のものを必要とする場合は，ポリエチレン製の柄付きのものが破損しなくてよい。

③ガラス棒：5×200 mm前後のものが使いやすい。試薬調製時の撹拌や溶液の注入時の補助に用いる。

④ろう斗：ろ過用途のほかに，細口試薬ビンなどに試薬を注入する場合に便利である。

⑤フラスコ：三角，丸底，茄子型など各種あるが，通常，目安目盛り付きの50～200 mLがよく用いられる。三角フラスコは，一時的な容器として用いる場合が多い。

⑥試薬ビン：200 mLの細口試薬ビンが，一番よく使われる。

⑦駒込ピペット：ゴム帽付きピペットで，0.5～2 mL程度の試薬をとったり滴下したり，血清などの遠心上清を分取するのに便利である。

⑧容量器具：0.5～10 mLのメスピペット，50～500 mLのメスシリンダーが，よく用いられる代表的容量器具である。微～小量の溶液を注入するには，ピペットマンが有用である。メスフラスコ，ホールピペット，ビウレットは，規定液など正確な濃度の試薬の調製に用いられる。なお，これらの容量器具の取扱い方については，次章で記載される。

(2) ポリエチレン・ポリプロピレン容器

破損の心配がなく化学的にも強いが，高温では軟化変形する。濃硝酸・氷酢酸・多くの有機溶媒に侵されるので注意が必要である。試薬ビン，洗浄ビン，ビーカー，ろう斗などがある。

(3) その他の器具

試験管立ては，最近は木製のものが少なくなり，プラスチック製や金属製のものが多い。器具の洗浄のためには，ブラシ（小，中），市販のスポンジや洗い物籠の用意が必要である。

1.2 器具の洗浄，乾燥，保管

(1) 洗浄

まず，汚れの性質を知ること。油などはティッシュペーパーで拭き取る。水溶性のものは，使用後直ぐに水道水で洗っておくと，後の洗浄が容易である。なお，ピペット専用の洗浄器や，複雑な器具や細管などの洗浄に便利な超音波洗浄機が市販されている。

①ガラス器具：通常の容器の場合は，機械的洗浄法，つまりクレンザーか専用の洗剤をつけてブラシかスポンジでこすると，汚れは落ちる。容器の外側の汚れも完全に落とす。次いで，水道水で容器の内外を完全に水洗する。部分的に水をはじくようであれば，もう一度洗い直す。最後は，蒸留水か純水でよく濯ぐ。この際，小量の水で回数を多くする方が，能率はよい。

なお，タンパク質や脂質などの生体成分による汚れは，界面活性剤性の専用洗剤液で煮ると，たいていの場合は落ちる。

容量器具特にピペット類の水洗の際，アスピレーターを利用するとよい。

②ポリエチレン・ポリプロピレン容器：ガラス器具に準ずるが，クレンザーをつけてブラシで強くこすると，小さな傷がつくので避けた方がよい。

(2) 乾燥

ろ紙を敷いた乾燥籠に入れ自然乾燥させるか，ろ紙を敷かないで乾燥機で乾かす。乾燥温度は70℃以下，特にプラスチック製品は注意が必要である。よく使うメスシリンダーや三角フラスコは，木製架台のますに逆さに吊しておく。保管を兼ねた低温の乾燥機があると便利である。ミクロピペットやメランジュールなどの細管は，アスピレーターを用いてアルコールで洗い，次いでエーテルで洗うと，短時間で乾燥できる。

(3) 保管

ゴミや埃が付かないことが第一要件である。戸棚の中にはろ紙を敷き，ビーカーは伏せて，フラスコやシリンダーはアルミホイルで覆いをして保管する。

2. 機器

2.1 機器使用の一般的注意事項

(1) 使用の前提
①熟練者に，十分な操作指導を受けてから，使用すること。
②取扱い説明書を熟読の上，使用すること。
③機器の性能や特性を理解し，適正な目的と，その性能の範囲内のみで使用すること。

(2) 機器の設置
①気圧，温・湿度が一定で，水のかからぬ場所に設置する。
②日光，埃，塩分などの悪影響を受けない位置を選ぶ。
③薬品棚やガス発生場所の近くは避ける。
④振動，衝撃に安定で，水平が得られる位置に設置する。
⑤電源は，正しい電圧，電流，周波数が得られること。
⑥確実にアースを接続できる場所であること。
⑦取扱い説明書は，常に機器近くに置くこと。
⑧禁止事項は，明瞭に表示すること。

(3) 機器の使用前
①コードの配線・接続が正確で完全であることを確認する。
②いわゆる"タコ足配線"は，厳に慎むこと。
③メイン電源は，サブスイッチ off を確認の上入れる。
④メーターやダイヤルなど正確に作動することを確認する。
⑤アースが完全であることを確認する。

(4) 機器の使用中
①異常のないことを，油断なく絶えず監視すること。
②異常が発見された場合，直ちに適切な措置を講ずること。

(5) 機器の使用後
①指定の手順に従って，スイッチ，ダイヤルなどを使用前の状態に戻し，電源を切る。
②コード類のとりはずしは，プラグやジャックをしっかり保持して行い，万一にもコードを持って引き抜かないこと。
③コードや付属品はよく清浄化し，整理整頓をしておく。
④機器本体も次回の使用に支障ないよう清浄化しておく。
⑤埃よけのカバーを掛けておく。

(6) 点検保守
①機器および部品は必ず定期点検を行うこと。
②しばらく使用しなかった機器の再使用にあたっては，安全性と正確性を事前点検すること。
③故障時は，適切な表示を行い，修理は専門家に任せること。
④機器は，勝手な改造や無茶な用途外使用をしないこと。

2.2 分光光度計（紫外・可視分光光度計）

(1) 用途
タンパク質・核酸をはじめ，酵素反応における基質や補酵素・生成物の定量，ビタミン・ミネラルの定量，生体色素の吸収スペクトルによる定性・定量など，広く活用される機器分析法である。

(2) 原理
①分光光度法：白色光は種々の波長の混合光である。モノクロメーターを用いると，白色光の波長 200〜400 nm（紫外部）や 400〜800 nm（可視部）の範囲から，任意の狭い波長幅の光（単色光）を取り出すことが可能である。これを投射光線として溶液に照射し，その吸収を測定すれば，溶液中の物質を定量することができる。この方法を分光

光度法という。また，物質に発色剤を結合させ，その発色度と物質の濃度が定量的比例関係が成り立つとき，既知濃度（規準液）の発色度を知れば，比色によって未知濃度を定量できる（比色定量法）。

② 光の吸収：物質内の分子または原子の振動・電子の磁気的回転・電子の軌道遷移に共鳴するような，似たエネルギーの波長の光について起こる。したがって，吸収が起こる光は，可視光線だけでなく，紫外線や赤外線も含まれる（表A-1）。

[表A-1] 電磁波の種類と吸収

種類	波長 (nm)	吸収の要因となる現象
マイクロ波	$10^5 \sim 10^6$	電子の磁気的回転
赤外線	$780 \sim 10^5$	分子の回転と振動
可視光線	$380 \sim 780$	分子の振動・電子の軌道遷移
紫外線	$10 \sim 380$	電子の軌道遷移（外殻）
X線	$10^{-3} \sim 10$	電子の軌道遷移（内殻）

③ 吸収曲線：ある物質の溶液に種々の波長の光を照射すると，波長によって異なった光線群が得られる。各波長ごとに吸収率を求めてグラフに描くと，1～数個のピークを持つ曲線となる。この曲線を吸収曲線（吸収スペクトル）と呼ぶ。ピークの頂点にあたる波長を最大吸収または極大吸収（λ_{max}）という。

ピークが複数あるときにもλ_{max}と呼ばれ，その物質の最大吸収が$\lambda_1, \lambda_2, \cdots\cdots \lambda_n$にあるという。同じ物質でも，溶媒やpHなど条件で変化しうるので注意する。特定物質の定量には，この最大吸収か，その近くの波長が使用される場合が多い。例えば，チロシン水溶液の中性pHでのλ_{max}は274 nmであり（図A-2），タンパク質（アミノ酸）の紫外部での定量には，一般に波長280 nmが使用される。タンパク質では280 nmの他に190 nm（ペプチド結合）にλ_{max}がある。

④ ランバート・ベール（Lambert-Beer）の法則：ある溶液に特定（λ_{max}）波長の単色光を投射し，吸収が起きるとき，その吸収度（absorbancy）は液層の厚さに比例し（Lambertの法則），その物質の

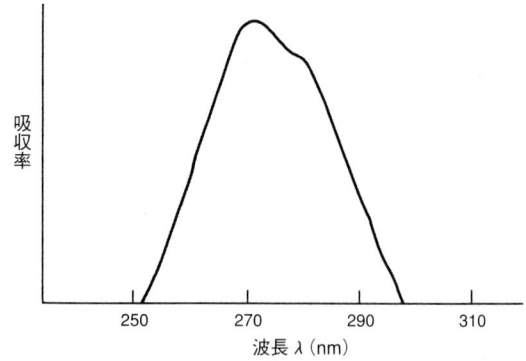

[図A-2] チロシン水溶液の吸収曲線

濃度にも比例する（Beerの法則）。以上をまとめて，"溶液の吸光度は光路長と濃度の積に比例する"これが分光分析の基礎をなす，ランバート・ベールの法則である。

光吸収の模式図（図A-3）で，いま入射光度 I_o の単色光が濃度 c の溶液の光路長 d cmを透過した後の光度を I_t とすると

$$\log(I_o/I_t) = \log I_o - \log I_t = Kcd$$

なる関係が成立する。

$I_t/I_o = t$ （透過度），$100 \times t = T$ （透過率；Transmittance），t の逆数の対数$-\log t = A$（吸光度；Absorbance）という。Aは，しばしばE（Extinction）やO.D.（Optical density）で表現される。また，光路長$d = 1$ cmに定めたとして，濃度$c = 1$ mol/Lの示す吸光度をε（モル吸光計数；molar extinction coefficient，モル吸収率；molar absorptivity）という。光の波長が一定ならば，その物質に特有な値，K（比吸光係数；specific extinction coefficient）を示す。

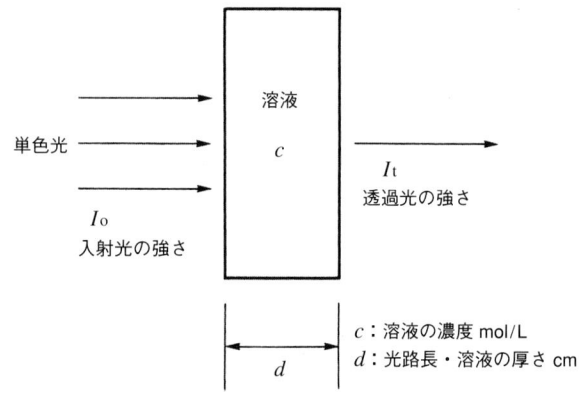

[図A-3] 光吸収の模式図

(3) 装置

分光光度計には，多くの機種があるが，基本的には1)光源，2)モノクロメーター，3)セル（キュベット），4)検出部，5)メーターの5つの部分で構成されており，1波長と2波長の2つがある（図A-4）。

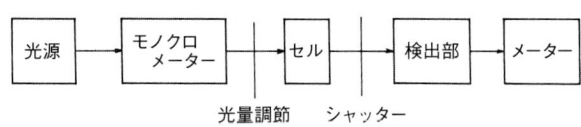

[図A-4] 分光光度計の構成

(4) 操作法

最近では様々な操作が自動化された機種も珍しくないが，セル方式の1波長の分光光度計について，基本的操作法を述べる。

① 電源を入れ，10〜15分間ウォームアップをする。
② 光源スイッチを入れ，モノクロメーターで使用波長を選択，セットする。
③ ブランク（盲検）として，セルに水を3/4程度満たし，所定の位置にセットする。セルの外壁に水滴が付着してないことを確認する。付着しているときは，柔らかい専用のティッシュペーパーでぬぐい，除去する。使用セルは，紫外部では必ず石英製でなければならない。可視部では，ガラス製セルやプラスチックセルも使用できる。
④ 光量調節を行い，透過光の量を100%（T）に調整する。吸光度（A）表示のメーターでは0に合わせる。
⑤ シャッターを閉じて，メーターが0%（T）を指すよう，調整ツマミで合わせる。シャッターを開いて，100%（T）を確認する。いわゆる"0〜100合わせ"これを最低3回は行う。
⑥ 測定する溶液（規準液，検体）を，セル（検定済みであればブランクとは別でもよい）にブランクと同様の容量で3/4程度満たす。所定の位置にセットし，シャッターを開きメーターの吸光度（A）を直接読み取る。
⑦ 同一セルを使用して，次々と多数のサンプルを測定する場合，前液をなるべく完全に排除（ティッシュペーパー活用）し，量に余裕があれば，少量の測定溶液で濯ぐとよい。可視部では，色の薄いサンプルから順に測定すると，測定誤差は少ない。また，水で洗ってはいけない場合も多いので，注意すること。
⑧ セルは光路長一定なので，吸光度は溶液の濃度に比例する。規準液の各吸光度をグラフにプロットし，検量線を得る（図A-5）。

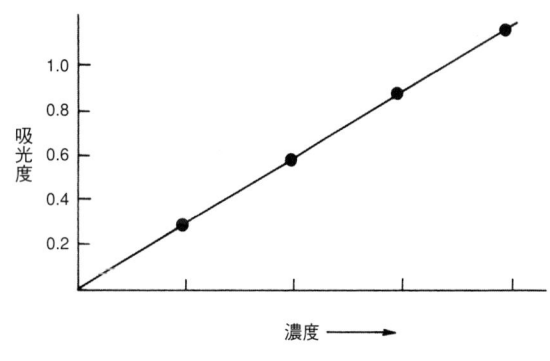

[図A-5] 検量線

⑨ 濃度未知の検体溶液の吸光度を⑤⑥⑦で測定し，検量線から濃度を求める。ときには，計算によって求める場合もある。
⑩ 測定終了後は，光源スイッチを切り，電源を切る。セルは傷つけないよう注意深く洗い，蒸留水で濯いで，ろ紙上で自然乾燥する。

2.3 遠心機

(1) 用途と種類

① 使用回転数約3,000/minの遠心沈澱機に代表される，回転数が1万以下（5,000×g程度まで）の小型遠心機。血液における血漿と血球の分離，血清の採取，生物資料の分離濃縮のほか，血液検査・尿検査などにも利用される。
② 回転数1.5万〜3万/min以下の高速冷却遠心機。微生物，細胞，核，ミトコンドリアなど細胞オルガネラの分離・精製に使用される。

[表A-2] 遠心の用途と遠心加速度

遠心の用途	遠心加速度(g)	時間(min)
培養細胞の洗浄・回収	200	10
各種溶液の濃縮（減圧時突沸をおさえた）	300	30〜
各種血液細胞や生体細胞の分離	200〜1,000	10
血漿・血清の分離	1,000	15
細胞分画法　核	1,000	10
ミトコンドリア	20,000	10
ライソソーム	30,000	10
脱塩，タンパク濃縮（フィルターユニット使用）	1,000〜5,000	30〜
DNA・RNAフェノール抽出	5,000	1〜2
微生物の沈澱・培養液の回収	1,500〜60,000	10
組織・細胞からのタンパク調製	10,000〜	30
硫安分画でのタンパク回収・濃縮	10,000	10
微量DNA・RNAの精製（エタノール沈澱）	12,000	10〜20

③回転数3万/min以上の超遠心機。タンパク質や酵素，ウイルスなどの精製，DNA（プラスミドなど）やmRNA分離・精製などに用いられる。

④その他，分析用超遠心機，工業用プロセス遠心分離機，ヘマトクリット遠心機，Babcock法乳脂計や微量超遠心機など特殊な用途のものがある。主な用途と機種（必要な遠心加速度）を表A-2にまとめた。

(2) 原理

①試料溶液中の異なる成分について，遠心力から生ずる沈降速度の差によって分画する。すなわち，沈降速度の大きいものほど，早く沈殿する性質を利用し分離するものである。

②回転半径r，角速度ωで回転するとき，質量mの粒子には$RCF = mr\omega^2$の遠心力が生じる。回転数が高くなればなるほど，遠心力は回転数の2乗に比例して大きくなる。$r\omega^2$は遠心力の加速度といい，遠心機の能力を表す基準となる。通常，この遠心加速度はgを単位として表される。

③遠心力の計算式：$RCF = 1.118 \times r \times \omega^2 \times 10^{-5}$

　　RCF：遠心力　　　　（×g）
　　r：ローターの半径　（cm）
　　ω：毎分の回転数　　（rpm）

図A-6の遠心力算出ノモグラフを用いると，ローターの半径と回転数を結ぶ，直線上におおよその遠心力が得られる。

④ローターの種類と沈降過程：遠心開始後，設定回転数に到達するとともに，沈降速度の速い粒子から順に沈降する。遠心時間の経過によって，遅い粒子も沈降するようになる。要因として，粒子の粘性抵抗，形，溶媒との相互作用（浮力因子）が大きく影響する。ローターは，特殊なものを除いて，アングルローターとスイングローターの2つに大別される。

1) アングルローターでは，粒子は外側管壁に衝突し，その後，管壁に沿って沈降し，やがて最外側管底部に沈澱が集積する（図A-7）。

2) スイングローターでは，遠心開始後バケットは垂直から水平の位置をとり，沈降速度の速い粒子の順に管底部へ分画が進行する（図A-8）。遠心管にショ糖や塩化セシウムなどの密度調整試薬を用いて密度を設定すれば，沈降平衡法や平衡密度勾配遠心法などの手法に利用できる。

(3) 操作上の注意事項

①試料の量は，試料管の内容量の70%以下とする。

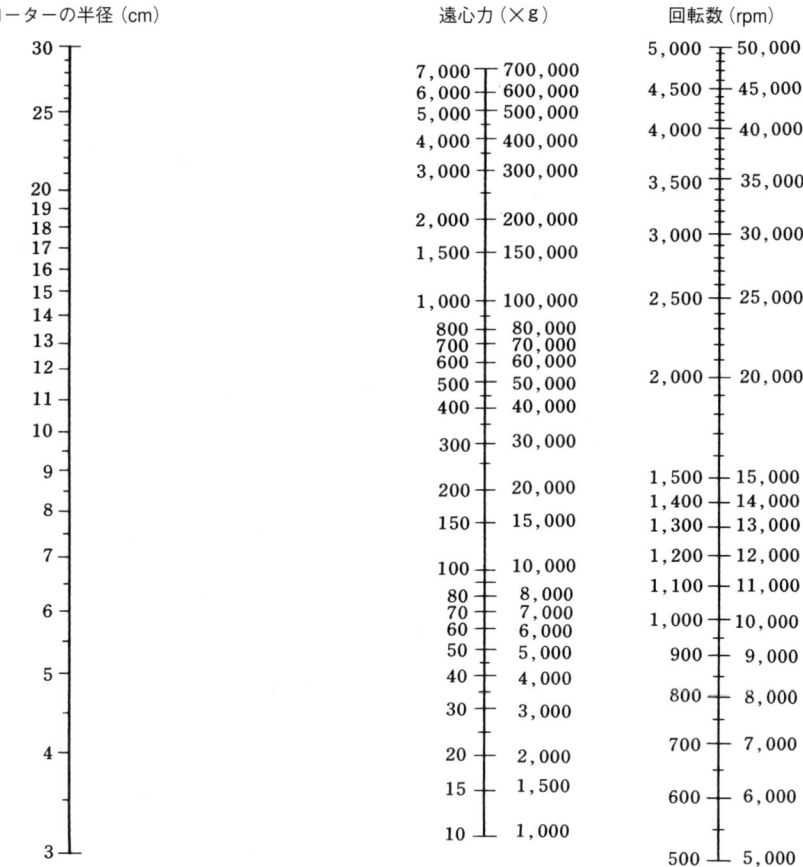

[図A-6] 遠心力（×g）算出ノモグラフ

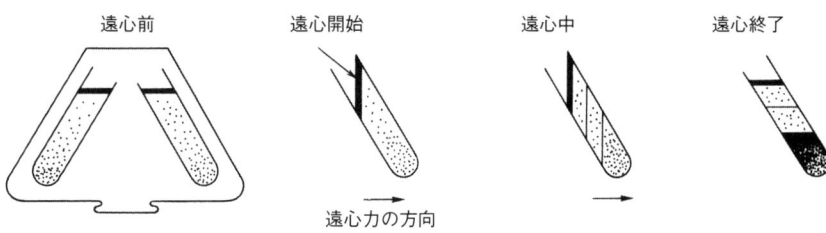

[図A-7] アングルロータ沈降過程

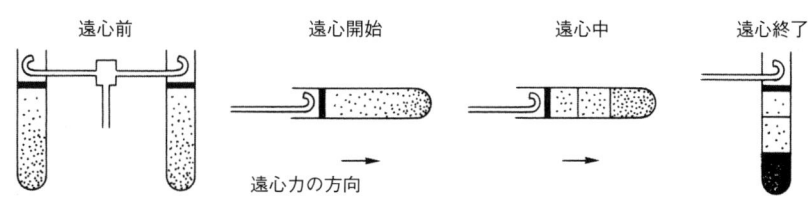

[図A-8] スイングロータ沈降過程

②回転軸に対して対称の位置にある試料管は，内容物を含めてバランサーを用いて，正確に等しい重量とすること。多本架バケットの場合，挿入位置も対称とすること。

③遠沈管は，指定のものに限ること。特にガラス製のものは，傷のないことを確認し，底ゴムの装備を忘れないこと。

④ローターは，正確に装着し，必要により，予冷を十分に行う。

⑤回転の初期は，加速を徐々に行い，異常振動や異常音を感じたら，即刻停止し，バランスや水平，その他をチェックすること。予定回転数に達するまでその場を離れないこと。

⑥運転中の異常も，即刻停止し，点検を実施すること。

⑦運転の終了は，機械の性能に任せ，自然減速，停止を待つ。

⑧分離の上澄みは，静かにスポイトを用いて取り出すか，除去するのが原則である。時に，デカンテーションが許される場合もある。

⑨バケットやローターは，汚染しないよう注意し，使用後は清浄化し，ローターはデシケーターなどに，正しく保管すること。

⑩冷却遠心など低温使用の後は，水滴を呼ぶので，乾燥，保守に留意すること。

2.4 乾燥機

(1) 用途

水分を含む物質から，水分を除去する操作を乾燥という。化学反応では微量の吸湿が，重大失敗を招きかねない。化合物を変質させない保存や反応系から水分を排除するため，1) 塩化カルシウム管，2) U字管，3) 乾燥塔，4) 洗気ビン，5) デシケーターなどと，各種乾燥剤が組み合わされて活用され，極めて重要な役割を果たしている。

また器具の乾燥や水分量測定，耐熱性試験，日持ち試験，硬化・軟化試験，濃縮，滅菌などに用いられる。

(2) 原理

乾燥空気を曝露し続けることにより，水分を蒸散する。

(3) 装置

①定温空気供給ユニット：機種によって能力差はあるが，＋5℃～＋60℃範囲の任意の定温風をダクト（ホース）から送る装置。

$0.3\mu m$ 以上の微粒子除去フィルター付きもある。目的物を適当なチャンバーに入れ，送風口を設けて実施する。応用範囲が広く手軽な利点がある。目的によっては，ヘアードライヤーやフトン乾燥機で代用可能である。

②中温度熱風乾燥機：熱に弱いプラスチック製品・精密ガラス器具の乾燥に適する。＋5℃～＋80℃範囲の任意に温度設定ができる。

③恒温乾燥機：ファン循環式（設定温度＋40℃～＋200℃）と自然対流式（設定温度＋40℃～＋250℃）がある。前者は温度分布が安定でスピーディーな乾燥が可能，後者は粉体や微量試料などで飛散の恐れがある乾燥・実験に適す。

④乾熱滅菌機：設定温度＋40℃～＋200℃

《乾熱滅菌の実際》

①実施時間は，日本薬局方に表A-3の通り定めている。

[表A-3] 乾熱滅菌の条件

温度(℃)	時間
135～145	3～5
160～170	2～4
180～200	0.5～1

②試験管・ピペット類は，フタつき金属容器に入れるか，アルミフォイルで包み滅菌する。

③庫内には，確実に温度が回るよう，詰め込み過ぎないよう注意する。

④途中で扉を開くと空気が入り，紙や綿栓が燃えたり，急冷によりガラスが割れたりするので，終了

後自然に冷めるまで待って，開けること。
⑤実験の種類によっては，紙や綿の高温処理による揮発物質がデータに影響することがあり，注意する。

2.5 恒温槽

(1) 用途
空気や液体の温度を一定とし，その中に反応容器を保ち，酵素などの生化学反応を行うための装置。生化学分野では水槽を使う場合が多い。

(2) 装置
基本的には①槽，②過熱のためのヒーター，③槽内の温度を均一にするための攪拌装置，④温度を感知し，ヒーターへの通電をコントロールする温度制御装置の4つの部分からなっている。さらに，振動を与える装置が加わったものもある。

最近では，マイコン内蔵でデジタル表示や各種安全装置が自己診断機能として組み込まれたもの。パソコンに接続可能で温度精度も±0.01℃程度が得られ，オフタイム設定，外部環境制御など，ますます精緻を極めてきた。

100℃以上で使用の際は，水の代わりにグリセロールを用いる。室温以下で使用のために，冷凍機を備えた機種もある。0℃以下で使用の際は，メタノールなどを用いる。

(3) 注意事項
①予備運転を十分行い，安定化を図る。
②実験終了後，水槽は丹念に清掃する。
③サーモスタット部分は，特に注意深く大切に保管する。

[参考文献]
1) 井口昌亮ほか (1967)：化学実験操作法便覧，誠文堂新光社
2) 今堀和友ほか (監修) (1990)：生化学辞典，東京化学同人
3) 久保田製作所生産技術部編 (1988)：マイクロ冷却遠心機1700，久保田商事
4) 小寺 明 (1955)：物理化学実験法，朝倉書店
5) サンヨー MLC企画部編 (1991)：MOVシリーズ，三洋電機特機
6) 清水文彦 (監修) (1971)：衛生検査技術講座11巻，生化学，医歯薬出版
7) 須賀恭一，鈴木晧司，戸澤満智子 (編著) (1990)：化学実験-基礎と応用-，東京教学社
8) タイテック企画部編 (1992)：製品価格ガイド '93-B，タイテック
9) トミー精工技術部編 (1992)：ROTORSローター＆アクセサリー，トミー精工
10) 日経バイオテク編 (1988)：バイオ機器・試薬最新情報'88，日経マグロウヒル社
11) 野田春彦 (訳) (1979)：生物化学研究法-物理的手法を中心に-，東京化学同人
12) 藤田啓介 (監修) (1977)：医学領域における生化学実習指針，廣川書店
13) 吉田光孝，武田一美 (編著) (1979)：医療技術者のための化学，講談社

■器具の材質や機器の特性を十分に理解し，正確な測定ができるように心掛けなければならない。

試薬の保管と取扱い

実験室で取扱う試薬には注意して取扱わないと危険を伴う恐れのあるもの，取扱い，保管方法によって品質の劣化が起こるものがある。試薬の保管にあたってはこれらのことについて考慮し，適当な保管方法をとることが必要である。また有機溶媒や重金属を含む試薬は，環境に配慮して処理する必要がある。

1. 試薬の保管

1.1 危険性を有する試薬

実験室内の貯蔵，保管はなるべく少量とし，十分な換気を行うことが原則である。危険を伴う試薬は以下のように分類される。

(1) 発火性試薬

溶剤に溶かして空気に直接接触させないように密封して保管する。

（アルキルアルミニウム類，アルキルリチウム類など）

(2) 引火性試薬

換気のよい冷所に保管する。近くで火気の取扱いを禁ずる。

（エチルエーテル，メタノール，エタノール，アセトアルデヒドなど）

(3) 爆発性試薬

冷所に保管し，必要以上に多量に置かない。酸や金属類など分解触媒となる物質と同じ場所に置かない。

（有機過酸化物の過酢酸，過酸化ベンジルなど，爆発性のニトロ化合物）

(4) 酸化性試薬

還元性物質と急激に反応して発熱，発火する。これらとの接触混合を避けて保存する。

（塩素酸塩類，過塩素酸塩類，過マンガン酸塩類など）

(5) 禁水性試薬

湿気，または水と接触すると発熱し水素ガスを発生する。密封乾燥させて保管する。

（金属カリウム，金属ナトリウムなど）

1.2 毒性を有する試薬

毒物及び劇物取締法に該当するものは保管については所定の表示をし，鍵を掛けた場所に保管する。
（クロロホルム，トリクロル酢酸，シュウ酸，アンモニア，ヨウ素など）

1.3 経時変化を起こしやすい試薬

(1) 光に不安定な試薬

褐色ビンなどに入れて暗所に置く。

（過マンガン酸カリウム，塩化銀，ヨウ化カリウム，クロロホルム，硝酸銀など）

(2) 熱に不安定な試薬

冷所に保管する。

（重合性の高い高分子モノマーなど）

(3) 酸素に不安定な試薬

容器の気密性に注意し，場合によっては不活性ガスを封入する。

（アルデヒド類，アミン類など）

(4) 湿気に不安定な試薬

手際よく扱い，使用後は直ちに密閉する。必要に応じてデシケーター内に保存する。

（酸ハロゲン化合物，酸無水物など）

(5) 二酸化炭素に不安定な試薬

湿気に不安定な試薬と同様の扱いをする。

（強アルカリ，アミン類など）

1.4 試薬の容器

保管中に試薬の品質に変化が起こらないように，また安全が保てるように適切な試薬容器が使用される。

(1) ガラス容器

化学的に安定で密閉性が高く，内容物が透視できる。しかし強アルカリやある種のフッ化物には侵されるので使用できない。また破損しやすいという欠点がある。

(2) 合成樹脂容器

種々の素材（ポリエチレン，テフロン，ポリプロピレンなど）が用いられ試薬に応じて選択することができる。合成樹脂容器はガラスに比較して軽量で破損しにくい利点を持つ。しかしガラス容器に比べて気密性に劣り化学的にも不安定で，酸，揮発性有機溶媒などには不適当である。

(3) アンプル

空気酸化を受けやすいもの，発煙性のあるものなどに使われる。

(4) バイアル

空気に触れると変化を起こしやすく少量取り出して使用する液体試薬に用いる。

2. 有機溶媒の取扱い

脂質に関する生化学実験では，有機溶媒を使用することが多い。実験にあたっては，高純度の市販品で間に合うものもあるが，水分，酸化物の除去あるいは蒸留を必要とするものもある。それらの方法については，専門書を参照されたい。

ここでは，通常よく使われる有機溶媒の取扱い上の注意事項を述べるにとどめる。

① よく使われる有機溶媒は，メタノール，エタノール，クロロホルム，エーテル，アセトン，ピリジン，フェノールなどである。
② 有機溶媒は，使用目的により必要とされる純度が異なるから，目的別に溶媒を純化しなければならない。例えば，電気泳動のゲルの染・脱色に使われるメタノールやエタノールには多少のアセトンやアルデヒドが含まれていても構わないが，厳密なクロマトグラフィーに使われる場合には，これらが含まれていてはならない。
③ 有機溶媒は，一般的に引火性があり危険であるから，可能な限り火気から離して使用する。
④ 揮発性が強く，人体に有害のものもあるから使用の都度，試薬ビンの栓を必ずきっちり閉める。
⑤ 廃液は，有機溶媒廃液として処理すること。

3. 廃液処理

　生化学実験で使用する試薬の中には，重金属や強酸，強アルカリ有機溶媒などを含んでいるものがある。これらの試薬は，環境汚染の原因になるので，そのまま流しに捨ててはならない。実験が終わったら，反応液の種類により適当な処理方法を選び，処理する。

① 試薬に重金属が含まれているもの，フォーリン試薬，ビウレット試薬などの反応液は，重金属廃液としてまとめる。
② 脂質の抽出などに使った有機溶媒の廃液は，廃有機溶媒としてまとめる。
③ 強酸と強アルカリは，それぞれ別の容器に貯めておく。
④ 一定量になったら，処理業者に依頼するか，あるいは，大学の処理施設で処理する。

廃液の分類

① クロム酸混液：使用済みのものおよび一次洗浄水
② 水銀化合物溶液：総水銀 0.1 mg/L 以上
③ 一般金属化合物（Cd, Pb, Cr, Cu, Zn, Fe, Mn, その他の重金属を含むもの）：いずれかの金属 10 mg/L 以上
④ シアン化合物：シアン 10 mg/L 以上
⑤ ヒ素化合物溶液：ヒ素 10 mg/L 以上
⑥ フッ素化合物溶液：100 mg/L 以上
⑦ 有機リン化合物溶液：有機リン 10 mg/L 以上
⑧ 写真用現像液：使用済みのもの
⑨ 写真用定着液：使用済みのもの
⑩ 廃有機溶剤

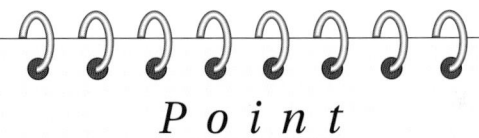

■試薬の性質を十分に理解し，取扱う。実験終了後は環境に十分配慮した方法で廃液処理を行う必要がある。

C 秤量法

試薬には固形物と液状物があり、それぞれの試薬の状態によって、必要量を分配するための試薬器具が異なっている。測定器具の正しい取扱い方を知っておくことは、実験を正しく行う上で必要である。

1. 天秤の使い方（種類と精度）

すべての化学実験において、重さを測ることは最も基礎的な操作である。天秤には普通、上皿天秤・化学天秤・直示天秤・電子天秤などが用いられる。上皿天秤は0.1 gまで、化学天秤は0.001 gまで、直示天秤は0.0001 gまで、電子天秤は0.00001 gまでも測ることができる。天秤で測ることができる最大の重さを秤量といい、最小の重さを感量という。参考までに天秤の種類とその精度を示す（表C-1）。

[表C-1] 天秤の種類と精度

種類	秤量(g)	感量(g)
上皿天秤	100	0.1
	200	0.2
	500	0.5
	1,000	1.0
	5,000	2.0
化学天秤	100	0.001
	200	0.001
直示天秤	200	0.0001
電子天秤	30	0.00001
	160	0.0001

1.1 電子天秤の使い方

種々の秤量範囲の上皿電子天秤が市販されているので目的に応じて使い分ける。10 mg以上のものを秤量する場合は、水準器および風防が装備されていない天秤を用いてもよいが、10 mg以下の場合は、これらの装備された天秤を用いるべきである。前者の場合は、実験台の上に天秤を設置しても差し支えないが、後者の場合は、天秤は専用の防振台に設置し、出入口や窓の近く、エアコンの風の当たる場所などは避けるべきである。

以下に水準器および風防付きの電子天秤の使い方を述べる。

① 水準器で水平をチェックする。
② 電子天秤の電源をオンにする。
③ 風防を開けて、薬包紙、ビーカー、フラスコなど試薬を入れるものを秤量皿の上にセットし、風防を閉じる。
④ テアー（TARE）ボタンを押して風袋を消去し、表示をゼロにする。
⑤ 風防を開け、スパテラ（薬匙）を用いて試薬を薬包紙の上あるいはビーカーなどの中に入れる。スパテラを用いないで、試薬ビンから直接試薬を落としてもよい。風防を閉め、表示が落ち着くのを待って、さらに試薬を追加して所定の量を量り取る。
⑥ 過剰に入れた試薬はスパテラなどで取り除き、原則として試薬ビンに戻さずに廃棄する。

⑦秤量皿から試薬を降ろし，電源を切る。こぼれた試薬を掃除し，秤量室内および天秤の周囲をきれいに保つ。

1.2 上皿天秤の使い方

普通の化学実験で，薬品の目方を測るのに上皿天秤が使われる。使い方は次の通りである。

①皿および皿受けには，右側に1，左側に2の刻印があるので，それぞれの記号に合わせる。
②天秤を水平な台の上に置いて，皿受けの下にある調節ねじで，皿に何ものせない場合の指針が目盛板の0目盛を指すように調節する（針の振れが左右等しくなるようにする）。
③同じ大きさの薬包紙を両方の皿の上にのせる。薬品は必ずこの薬包紙の上で測る。同じ薬包紙を続けて使うときは，左の皿の下に四つ折りにしておく。
④分銅はピンセットで正しく持ち，決して手で持ってはいけない。
⑤少量の試薬を測るときは，さじを軽くたたくようにする。なるべく測りすぎないで済むように練習しておく。
⑥多量の試薬を測るときは，ビンを回すようにして薬品をのせる。
⑦紙を侵す薬品や液体を測るときは，ビーカーか時計皿を使い，散弾か粒状亜鉛で釣り合わせておく。次に，測り取る薬品の量だけ分銅をのせ，薬品を入れて釣り合わせる。
⑧一般的には，一定量の試薬を測り取るときには，左の受皿に分銅をのせ，右に試薬をのせる。
⑨試薬が何gあるかを知りたいときは，左の受皿に試薬をのせ，右に分銅をのせる。これらは，操作の便宜上の理由からきたものである。
⑩最後に分銅を戻し点検をした上，受皿はどちらかに重ねて置く。

以上が使い方だが，秤量の小さい上皿天秤ほど感量も小さく，それぞれに特徴があるので，大小二つ備えると便利である。また，秤量以上のものを測ると感量が鈍るので，絶対に避けるべきである。

1.3 直示天秤の使い方

(1) 基本本的な条件

①天秤は振動の少ない台の上に設置する。部屋の条件としては，温度変化が少なく，日光の直射を受けない部屋で温度が低ければ理想的である。
②秤量物を皿に乗せ降ろしする際は，天秤を休み状態にして行う。全開のままで行うと，一番肝心な刃や刃受けを痛めることがある。
③分銅の操作は必ず半開放の状態で行う。また，全開放にする場合は，投影目盛のランプがつくまでゆっくり回す。
④ビニールカバーを半分被せたままで使用すると，ランプの熱でばらつきが大きくなるので，完全に取り去ってから行う。

(2) 操作つまみの位置と働き

Ⅰ（停　止）：天秤は完全に休み状態となる。
Ⅱ（半停止）：さおが少々上下する状態となり，分銅を選択する際に用いる。
Ⅲ（全開放）：さおが完全に動く状態，0点合わせと読み取りに用いる。

(3) 調節

調節を行う場合は，天秤は休み状態にして行う。
①水準器は前の2本の脚で左右を，後の脚で前後の傾きを加減しながら，常に正確に合わせる。
②分銅つまみA，B，Cを0に合わせる。
③操作つまみを全開放（Ⅲ）にして0点を合わせる。
④操作つまみを停止（Ⅰ）にして止める。

(4) 測定例

試料の質量を101.23455gと仮定する。
①操作つまみが，停止〔（Ⅰ）・直立状態〕であることを確認する。
②試料をピンセットで測定皿にのせ，ガラス戸をしっかりと閉める。

③操作つまみを静かに半開放（Ⅱ）に倒す。この状態にするのは、さおが少々上下する形になって、分銅を選択する際に用いる。

④Aの分銅つまみを回して、質量表示窓に10gを表示させ、10gずつ増加させてゆく。表示が110gになったとき、目盛は上にはねる。これで試料が110g以下であることが分かったので、Aの分銅つまみを逆に戻して、表示窓の数字を100gに戻す。目盛は最初と同じように上下にずれる。

⑤次にBの1g単位のつまみを前項④と同様に回して、表示窓が2になると上にはねるので1に戻す。

⑥Cの0.1g単位のつまみを前記④、⑤と同様に操作して2を得る。

⑦①の操作を停止させ、次いで全開放（Ⅲ）に倒す。目盛は大きく振動し、まもなく停止する。

⑧投影窓右下のマイクロメーターつまみを、時計方向に回転させる。バーニアの数字が55のときに投影目盛の34の線が、スクリーンのスリット（割れ目）の真ん中に入る。これで試料の質量は、101.23455gと簡単に得られる。

⑨天秤を停止させスイッチを切る。内部を小筆できれいにしてカバーを掛ける。

直示天秤は、機種によって多少つまみの位置などが異なることがあっても、実施法はほとんど同じなので、いったん覚えると応用性に富む。

2. 液量計の取扱い方（化学用体積計）

化学実験で使用する容量器には、1) メスフラスコ（全量フラスコ）、2) ホールピペット（全量ピペット）、3) メスピペット、4) ビウレット、5) メスシリンダー（筒型メスシリンダー）がある（A章、図A-1参照）。このうち、3)、5) は精度があまり高くないから、試料の調製などには用いられるが、滴定に用いてはならない。

上記の容量器に対しては、計量法に基づく国家検定が実施されており、これに合格したものには「正」の印が記され、誤差の範囲が保証されている。これらのほかにも目盛のついた器具（駒込ピペットやビーカー）があるが、この目盛はほんの目安であるから、実験の精度を考慮して使用すること。

ここでは、水溶液を取扱う場合について説明する。水以外の溶媒で使用するときは、容器はすべて乾燥したものを使用する。

2.1 容量器の取扱い

①容量器の内壁は一様に濡れなければならない。壁が液をはじくと、液面がきれいなメニスカスとならず、また、液の流下後に液滴が残り、誤差を招く。滴定は多くの場合水溶液で行うが、器壁が水になじむようにするには、容量器を一昼夜以上、器具用洗剤溶液に浸して置く。ガラス壁は、いったん乾くと水をはじくようになるから、決して乾かしてはならない。

②メスフラスコは、洗剤で洗った後、純水（蒸留水）で数回濯いで使用する。ピペットとビウレットは、純水で濯いだ後、さらに、使用する溶液で数回濯ぐ。このようにすれば、ピペットやビウレットを乾かすことなく、正しい濃度の溶液を取扱うことができる。

③使用後は器具に水を満たしておくか、洗剤溶液に浸す。

④液面はメニスカスの底で読む。このとき目の高さを液面に合わせ、視差が生じないように注意する。背後に白紙を置くと読みやすい。背面に青い線が付いているビウレットがある。これに水を入れると、メニスカスの所で光が屈折して針のように見えるから、その先端の目盛を読み取る。

(1) メスフラスコ

①メスフラスコの標示量は内部の全容であって、流し出した量ではない。フラスコの内壁に付着した液も、標示量のうちである（ピペットとの違い）。つまりメスフラスコは一定量の液体を測り取るための器具ではなくて、一定濃度の溶液をつくるときに用いる器具である。

② メスフラスコの内容はよく混ぜねばならない。それには，手のひらで栓を支えてメスフラスコを倒立させ，よく振ってから直立に戻す。この操作を5回繰り返す。フラスコ内で固体を溶解したり，濃厚溶液を希釈するときには，はじめ肩のあたりまで溶媒を加えて完全に溶解または均一にした後，溶媒を標線まで加え，上記の方法でよく混ぜる。溶解や希釈のとき容積が少し変化する。

③ 加熱しなければ溶けにくい試料は別の容器で溶かし，室温まで冷えてからメスフラスコに移し，数回にわたって容器を少量の溶媒で洗ってその洗液を加える。

(2) メスシリンダー

① メスシリンダーの標示量は液の全容であって，流し出した量ではない（メスフラスコと同じ）。

② メスシリンダーに熱い液を入れると，底が割れるから注意する。また，メスコン（メートルグラスともいう）は円錐形で手に持って液量が読み取れる。

(3) ホールピペット

① ピペットの標示量は，標線まで吸い上げた液を自然流下させたときの流出量である（メスフラスコとの違い）。

② ピペットに液を吸い上げるときには，ピペットの先端が液面から離れると液が口に飛び込むから注意する。

③ 液面を標線に合わせるには，ピペットの上端を人差指で押さえ，ピペットを少し回しながら指を緩めるとよい。

④ 液を流し出すときには，ピペットの先を受器の壁に付け，自然流下に任せる。最後に残った液は，上端を指で押さえ，胴の部分を握って暖めて押し出す。最後の一滴を軽く吹き出すのはよいが，全量を吹き出すと，自然流下の場合と流出量が違ってくる。炭酸ガスの影響を受ける試料をとったときは，吹き出してはならない。

⑤ 有毒物を吸うときには口で吸ってはならない。必ず安全ピペッターを使用する。

(4) メスピペット

使用法はホールピペットとほぼ同じであるが，上端の目盛から下端の目盛までが全量を示すもの（この形式のものが多い）と，ホールピペットと同様，ピペット内の液を全部流し出したときが全量になるものとがあるから，下端の目盛の打ちかたを調べてから使用する。

(5) マイクロピペット

ピストンの操作で液の出し入れを行う。容量は $2\,\mu L$ ～ $5{,}000\,\mu L$ の間で各種あり，各1本について容量が10倍程度可変である。

(6) ビウレット

ビウレットには，ガイスラー型（D章図D-2参照）とモール型の2種類がある。ガイスラー型は下部流出口に活栓があり，一方のモール型は活栓の代わりにゴム管が直結し，その間に少し大きいガラス玉をはめるか，またはピンチコックでゴム管をはさんで液の流出を調節するようにしたものである。どちらも白色と褐色の2種類がある。

① ガイスラー型ビウレット：過マンガン酸カリウム，ヨード，硝酸銀および酸などに用いる。この際，酸以外の過マンガン酸カリウムや硝酸銀などは，褐色のものを使わないと光分解を起こす恐れがある。また，これらの薬品はゴムと反応を起こすので，モール型を使ってはならない。ガイスラー型の活栓のところには，ワセリンをごく少量付ける程度にとどめる。付けすぎると活栓の穴を詰まらせるばかりか，過マンガン酸カリウム，ヨードおよび硝酸銀などはワセリンと徐々に作用するからである。使い方はまず，入れる液でビウレットを2～3回洗ってから液を標線の少し上まで入れる。左手で挟むようにして持ち，活栓を押し気味にして栓を開け，液面を0線に合わせた後，滴定に使用する。

使用後は，活栓の間に紙片をはこんでおくとよい。また，活栓がなくならないように，ビウレットと紐で結んでおく。

② モール型ビウレット：アルカリ溶液をガイスラー

型ビウレットに用いると，活栓の部分に炭酸アルカリができ，そのために，活栓が固く密着して使えなくなることがあるので，このときはモール型を使った方がよい。モール型のものではゴム管の内側に気泡が残らないように，予めよくゴム管を指先で摘んで確かめておく。

また，ガラス玉やピンチコックを使用中上下に動かすと，目盛の読みが変わるので気をつける。

また，ビウレットの滴下速度は，だいたい一定になるようにする。速すぎると内壁についた液が後から遅れて流下するので，目盛りを読むまで時間をおかないと不正確になる。といって遅すぎるのは時間の無駄である。大体 1/10 規定以下の薄い液で，25 mL の滴下に 30 秒位の速度が適当とされている。

[参考文献]

1) 西山隆造（1981）：図解初めて化学を実験する人のために，p42〜47，p52〜54，オーム社
2) 化学同人編集部編（1987）：続・実験を安全に行うために，p113〜116，化学同人

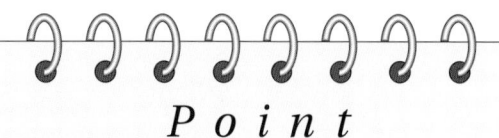

■試薬の特性，特に吸湿や潮解などを考慮し，秤量するのに最も相応しい天秤あるいは液量計を選択して，正しく試薬を計り取らなければならない。

D 容量分析

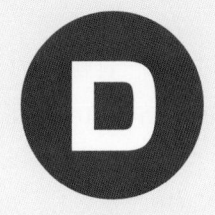

物質の量的測定を定量分析という。このうち，容量分析は濃度既知の標準液を使用して，これと定量的に反応した試験液の容積を測り，その容積から試験液中の成分含量を算出する方法である。

容量分析は反応型式により次の4種に分類される。

① 中和滴定法：酸またはアルカリの濃度を知る。タンパク質窒素測定のmicro-Kjeldahl法などに利用される。

② 沈澱滴定法：沈澱の生成または消失によって濃度を知る。水質中のCl^-濃度の測定などに利用される。

③ 酸化還元滴定法：酸化および還元反応により濃度を知る。血糖測定のHagedorn-Jensen法などに利用される。

④ キレート滴定法：EDTAなどキレート試薬を用いて溶液中の金属濃度を知ることに利用される。

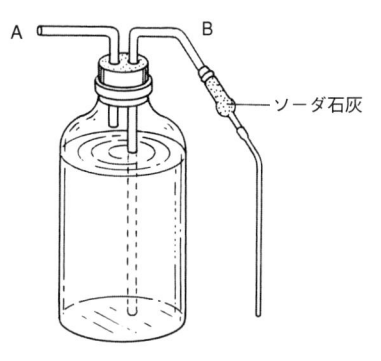

[図D-1] H_2O中のCO_2の除去

1. 中和滴定法

1.1 CO_2を含まないH_2Oの作製

蒸留水5Lを丸底フラスコにとり，沸石を入れて沸騰させ，CO_2を追い出した後，5Lの硬質ガラスビン（図D-1）に入れ，A部のゴム管を介して水流ポンプを接続し2〜3日間通気して水中のCO_2を除く。B部のソーダ管をはずしてA部に接続し，B部のゴム管にピンチコックをつけてH_2Oをサイフォンにより採取する。

1.2 酸，アルカリ規定液の調製と標定

市販の濃HClの濃度は38％，約11Nであり，一方NaOHは潮解性であり，共に正確に秤量することはできない。このため，まず正確に調製したフタル酸水素カリウム標準液を作成し，これを使用してNaOH溶液を標定後，さらに標定NaOH溶液によりHCl溶液を標定する。

① $0.1N$ フタル酸水素カリウム標準液の調製

約7gのフタル酸水素カリウム（$C_6H_4COOK\cdot COOH$，分子量204.217）を時計皿にとり，100〜110℃の乾燥器で3〜4時間加熱した後，デシケーター中で十分放冷する。乾燥した酸5.0g内外を秤量ビンにとり，化学天秤で正確に秤量する。酸をビーカーに移し，秤量ビンをCO_2を除いたH_2Oで洗浄しながら濯いだ後，酸を完全に溶解する。

ろう斗を介して酸溶液を250mL容メスフラスコに完全に流し込み，ビーカーをCO_2を除いたH_2Oで洗いながらメニスカス標線に合わせる。栓をしてフラスコを数回上下に倒立して混和する。なお，フタル酸水素カリウム1モルを1モルのNaOHで中和した場合，反応するものはフタル酸COOH基の1モルのH^+である。したがって，フタル酸1モルの当量数は1であり，上述の場合フタル酸水素カリウム5.1054gを秤量すると$0.1N$ ($f=1$)である。

② $0.1N$ NaOH溶液の調製と標定

約4gのNaOHを粗天秤でとり，100mLのビーカーに入れてCO_2を除いたH_2Oで溶解する。H_2Oの添加により発熱するので冷却後，ビーカーをCO_2を除いたH_2Oで洗浄しながら1Lのメスシリンダーでメスアップし，自動ビュレット（図D-2）に入れて保存する。

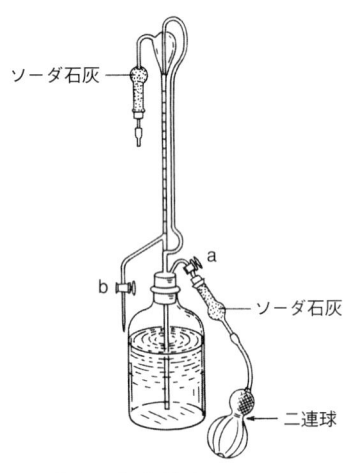

[図D-2] 自動ビュレット

$0.1N$ フタル酸水素カリウム10mLをホールピペットで100～200mLの三角フラスコに正確に採り，1％フェノールフタレイン溶液（変色域 pH 8～10）2～3滴を加え，溶液の色が無色から赤色になるまでNaOH溶液で滴定し自動ビュレットの目盛りを読む。

③ $0.1N$ HClの調製と標定

市販の濃HCl溶液約9.1mLを10mLメスシリンダーにとり，1Lのメスシリンダーに十分流し込み，洗浄しながら1Lにメスアップし，自動ビュレットに入れて保存する。このHCl溶液10mLを正確にとり，1％フェノールフタレイン2～3滴を加えて先に標定した$0.1N$ NaOHで滴定し，規定度を計算する。

④ フェノールフタレイン溶液

1gをアルコール100mLに溶解する。

⑤ 計算

式 $NV=N'V'$ による。例として，フタル酸水素カリウム標準液を使用した場合のNaOHの規定度の算出例を示す。式中Nはフタル酸水素カリウム標準液の規定度（$0.1N×f$），Vは採取したフタル酸水素カリウム標準液容量（10mL），V'は滴定に要したNaOH溶液容量，N'は算出されるNaOH溶液の規定度である。HClの場合も同様にして求められる。

2. 沈澱滴定法

2種の電解質の反応により定量的に沈澱が生じる場合，一方の溶液の濃度が既知であれば，反応の当量関係から他方の溶液の濃度を知ることができる。たとえば，ここで述べるMohr法ではNaCl標準液を使用して$AgNO_3$溶液を標定し，次いで標定$AgNO_3$溶液により濃度未知の試験液中のハロゲンイオン濃度を測定する。

① $0.1N$ NaCl標準液の調製

約6.5gのNaCl粉末を時計皿にとり，100℃に約2時間乾燥した後，デシケーター中で十分放冷する。乾燥NaCl 5.8g内外を化学天秤で正確に秤量し，100mLのフラスコに入れてH_2Oで溶解し，これを1L容メスフラスコに定量的に移した後，H_2Oで1Lとする。もし，NaCl 5.8443gを秤量すると$0.1N$ ($f=1$)である。

② $0.1N$ $AgNO_3$の調製と標定

約17gの$AgNO_3$を粗天秤でとり，200mLのビーカーに入れてH_2Oでよく溶解する。これを1L容メ

スシリンダーに移し，H_2Oで1Lにメスアップして，褐色の自動ビウレットに入れて保存する。0.1N NaCl標準液10mLをホールピペットで100〜200mLの三角フラスコに正確にとり，7.5％ K_2CrO_4溶液を数滴加え，よく振とうしながら$AgNO_3$溶液を徐々に滴下する。はじめ白色の沈澱が生ずるが，赤褐色が現れたらよく振とうし退色するのを待ち，その後$AgNO_3$溶液1滴を加えて再び振とうし，退色しない淡褐色が現れたら$AgNO_3$添加量を自動ビウレット目盛りから求める。この反応は次式に従う。

$NaCl + AgNO_3 = NaNO_3 + AgCl$（白色沈澱）

$2AgNO_3 + K_2CrO_4 = 2KNO_3 + Ag_2CrO_4$（赤褐色）

すなわち，NaCl溶液中のCl^-が$AgNO_3$により消費し尽くされると，添加$AgNO_3$はK_2CrO_4と反応し赤褐色を呈する。

③未知濃度の試料のCl^-の測定

試料10mLを採り，7.5％ K_2CrO_4を添加し標定$AgNO_3$により上記と同様滴定する。

④K_2CrO_4溶液

K_2CrO_4 7.5gを93mLのH_2Oに溶解する。

⑤計算

$AgNO_3$の規定度は$NV = N'V'$を利用してNaCl標準液の規定度，液量および$AgNO_3$溶液の滴定数から算出する。もし，算出された$AgNO_3$の規定度が0.1N，$f = 1$の場合は，$AgNO_3$ 1mL = 3.5453 mg Cl^-となり，これを利用して未知試料のCl濃度を算出する。

3. 酸化還元滴定法

酸化剤あるいは還元剤を標準液とし，それぞれ還元性物質あるいは酸化性物質を滴定し，各反応の当量関係から還元性物質あるいは酸化性物質を定量する。ここでは古典的な血糖の測定法であるHagedorn-Jensen法に利用されたチオ硫酸塩滴定法（KI−$Na_2S_2O_3$）について述べる。すなわち，KIが酸化性物質と反応すると当量のI_2を遊離するので，遊離I_2を$Na_2S_2O_3$標準液で滴定し，その消費量から間接的に酸化性物質の量を算出する。

$2I^- + 2e^- \rightarrow I_2$

$I_2 + 2Na_2S_2O_3 = 2NaI + Na_2S_4O_6$

①0.005N KIO_3標準液の調製

約0.2gのKIO_3を時計皿にとり，115℃で2〜3時間乾燥脱水した後，デシケーター中で十分放冷する。乾燥KIO_3 0.18g内外を化学天秤で正確に秤量し，100mLのフラスコ中でH_2Oに溶解後，1Lのメスフラスコに定量的に移し，H_2Oで1Lにメスアップする。もし，正確にKIO_3 0.1783gを秤量すると0.005N KIO_3（$f = 1$）である。なお，後述の反応式で分かるようにKIO_3は1モルが6グラム当量である。

②0.005N $Na_2S_2O_3$の調製と標定

約1.4gの$Na_2S_2O_3$を粗天秤でとり，50mLのビーカーに入れてH_2Oでよく溶解する。これを1Lのメスシリンダーに移しH_2Oで1Lにメスアップし褐色の自動ビウレットに入れて保存する。0.005N KIO_3 10mLをホールピペットで正確に100mLの三角フラスコにとり，これに2.5mLの10％ KI, 2.5mLの1％ HClおよび数滴のデンプン溶液を加え$Na_2S_2O_3$で滴定し，藍色消失時の$Na_2S_2O_3$添加量を自動ビウレット目盛りから求める。この反応は次式に従う。

$KIO_3 + 5KI + 6HCl = 3I_2 + 6KCl + 3H_2O$

$3I_2 + 6Na_2S_2O_3 = 6NaI + 3Na_2S_4O_6$

KIO_3から$3I_2$が生ずるのでKIO_3は6グラム当量である。また，$3I_2$と反応する$Na_2S_2O_3$は6モル，したがって$Na_2S_2O_3$は1規定である。

③デンプン溶液

可溶性デンプン1gを100mL 32％ NaCl溶液に混和し水浴中で加熱攪拌する（数ヵ月保存可能）。

④計算

$Na_2S_2O_3$の規定度は$VN = V'N'$を利用し，KIO_3の規定度，使用液量および$Na_2S_2O_3$溶液の滴定数から算出する。

4. キレート滴定法

孤立電子対を持つ原子を含む物質は金属イオンと配位結合し，錯塩をつくりやすい。特に，エチレンジアミン誘導体は2価金属イオン（Me^{2+}）と金属キレート化合物を形成し，キレート試薬と呼ばれ，Me^{2+}の定量に使用される。一方，ある有機色素はMe^{2+}と結合すると遊離状態とは異なる色調を示す。したがって，Me^{2+}を含む試料に予め色素を添加して金属化合物をつくり，これにMe^{2+}と強い結合力を持つキレート試薬を加えると，キレート試薬は色素金属化合物からMe^{2+}を奪って色素が遊離型となる。このとき色調が変わるのでこれを目安にMe^{2+}を滴定する。キレート試薬として一般にEDTA（図D-3）が，また金属色素指示薬としてエリオクロームブラックTおよびムレキシド（図D-4）が使用される。

① 0.01M $CaCO_3$標準液の調製

110℃で十分乾燥した分析用$CaCO_3$を100mg内外精秤し，少量の希HClを加えて溶解後，CO_2を追い出すためしばらく煮沸する。これを定量的に100mLのメスフラスコに移し，H_2Oで全量を100mLする。

もし，$CaCO_3$を正確に100.188mgとると0.01M $CaCO_3$（$f=1$）である。

② 0.01M EDTA溶液の調製とCa^{2+}の標定

EDTA（エチレンジアミン四酢酸2Na塩を80℃で5時間乾燥したもの）3.724gをH_2Oに溶かして1Lとする。0.01Mの$CaCO_3$ 10mLを正確に300mLの三角フラスコにとり，90mLのH_2Oを加えた後，希NaOHで中和する。NH_4OH-NH_4Cl緩衝液2mL，0.1M Mg-EDTA溶液1mLおよびエリオクロームブラックT（EBT）溶液2～4滴を加え，この0.01M EDTAで滴定し，赤色が青色に変わり，赤味が全くなくなる点を終点とする。Ca^{2+}のEBTによる変色が鋭敏でないため上記のように少量のMg-EDTAを加える。すなわち，次のような反応により，MgY^{2-}よりCaY^{2-}の方が安定なため反応は右に進み，Ca^{2+}に対応する量のMg^{2+}を遊離しこれをEDTAで滴定する。

$$Ca^{2+} + MgY^{2-} \rightarrow CaY^{2-} + Mg^{2+}$$

③ NH_4OH-NH_4Cl緩衝液（pH 10）

濃アンモニア水（28%）570mLとNH_4Cl 70gにH_2Oを加えて1Lとする。

④ エリオクロームブラックT（EBT）

EBT 0.5g，塩酸ヒドロキシルアミン4.5gを無水アルコールに溶解し100mLとし，褐色ビンに入れて保存する。

⑤ 0.1M Mg-EDTA溶液

EDTA 2Na 2Mg 36gをH_2Oに溶かし1Lとする。市販品を使用する場合，EDTAとMgが正確に1：1の割合で結合していることを調べる必要がある。すなわち，上記EDTA溶液1mLをとり100mLに希釈し，これにNH_4OH-NH_4Cl緩衝液を

加えて pH 10 とし，EBT を指示薬として数滴加え，0.01M MgCl₂ を 1 滴加えると青色に，さらに 0.01M MgCl₂ を 1 滴加えると赤紫色になる。もし，過不足がある場合には EDTA 溶液，または Mg 溶液を追加し正しく当量になるように調製する。

⑥計算

$$0.01M\ CaCO_3 \times 液量(mL) = xM\ EDTA \times 10\,mL$$

Point

- 現在，タンパク質や糖質の定量は Lowry 法やグルコースオキシダーゼ法などの比色定量法が用いられ，Cl^- イオンは特殊電極が使用されている。しかし，この項を学ぶことで，定量分析における規定度や当量の概念を学ぶことができる。
- 生化学実験に用いられるキレート試薬の役割を理解する。
- 潮解性のある NaOH や，濃度が不明な HCl 溶液の正確な濃度の求め方を知る。

E 緩衝液の調製と水素イオン濃度（pH）の測定

生化学実験では試薬や試料によるpHの変化をできるだけ小さくし、目的の反応をより鋭敏に検出する必要がある。したがって、希望するpHに近いpKa値を持つ試薬を選び、酸の濃度と共役塩基の濃度比があまり大きく（あるいは小さく）ならないように種々変えることにより、それぞれのpHを示す緩衝液を調製し利用する。

緩衝液とは酸やアルカリを加えたとき、pHが変化しにくい溶液である。緩衝液は弱いBrönstedの酸とその共役塩基との混合物であり、緩衝液のpHは次式で表される。

$$\mathrm{pH} = \mathrm{p}K_a + \log \frac{[共役塩基]}{[酸]}$$

弱酸のアルカリ溶液による滴定曲線から分かるように、緩衝作用は滴定の中点、いい換えればpHが$\mathrm{p}K_a$に等しいときに（[酸] = [共役塩基]）最大となる。なお、緩衝液の濃度は酸と共役塩基のそれぞれの濃度の和として表示される。

1. 種々のpH範囲の緩衝液の調製法

表E-1に生化学実験で使用される一般的な緩衝液を示し調製法を付記した。また、表E-2（p47参照）には酵素の至適pHの測定などに使用される広域pH範囲の緩衝液を示し調製法を付記した。さらに、最近生化学実験で汎用されている生理的pH範囲で緩衝能が最大となるGoodらの緩衝液を表E-3（p48参照）に示した。

1.1 一般的な緩衝液

[表E-1] 一般的な緩衝液の種類とpH範囲

付表番号	緩衝液	pH範囲
1	グリシン-HCl	1.1～3.3
2	クエン酸Na-HCl	1.1～4.9
3	フタル酸水素K-HCl	2.2～3.3
4	クエン酸-Na₂HPO₄	3.0～7.8
5	酢酸-NaOH	3.6～5.6
6	フタル酸水素K-NaOH	4.2～6.1
7	K₂HPO₄-Na₂HPO₄	4.9～8.0
8	クエン酸Na-NaOH	5.0～6.6
9	イミダゾール-HCl	6.2～7.8
10	ベロナールNa-HCl	7.0～8.4
11	トリエタノールアミン-HCl	7.0～8.8
12	トリス-HCl	7.1～9.0
13	ホウ酸-ホウ砂	7.7～9.0
14	ホウ酸Na-HCl	7.8～9.2
15	ホウ酸-KCl-Na₂CO₃	8.3～10.4
16	グリシン-NaOH	8.6～12.9
17	ホウ酸Na-NaOH	9.3～10.8

[付表①] グリシン-HCl 緩衝液（25℃）

7.505g グリシン + 5.85g NaCl を H₂O で 1L に溶解し保存液とする。緩衝液は保存液 x mL に 0.1M HCl y mL を添加し調製する。表中の数字は上記 $(x+y)$ mL 全量に対する 0.1M HCl の容量%。例えば，pH **3.20** の緩衝液が 100mL 欲しい場合はグリシン-NaCl 溶液 88.0mL と 0.1M HCl **12.0** mL を混ぜる。

pH	.00	.05	.10	.15	**.20**	.25	.30	.35	.40	.45
1	—	—	94.3	89.8	85.4	81.4	77.4	74.2	71.1	68.4
2	48.1	46.4	45.1	43.8	42.4	41.0	39.7	38.0	36.4	34.6
3	17.9	16.5	15.2	14.0	**12.0**	11.0	10.8	—	—	—
pH	.50	.55	.60	.65	.70	.75	.80	.85	.90	.95
1	66.2	64.2	62.0	60.2	58.3	56.5	54.7	53.8	51.1	49.6
2	33.4	31.6	30.4	28.9	27.2	25.6	24.0	22.4	20.8	19.3
	—									

[付表②] クエン酸 Na-HCl 緩衝液（25℃）

21.008g クエン酸・H₂O を 1M NaOH 200mL に溶解して H₂O で 1L とし保存液とする。緩衝液は保存液 x mL に 0.1M HCl y mL を添加し調製する。表中の数字は $(x+y)$ mL 全量に対する 0.1M HCl の容量%。表の使用法は付表①の例題を参照。

pH	.00	.05	.10	.15	.20	.25	.30	.35	.40	.45
1	—	—	95.2	91.6	88.9	86.5	84.1	83.4	80.7	79.2
2	69.4	68.8	68.3	67.9	67.4	66.9	66.4	66.0	65.5	65.0
3	59.7	59.1	58.5	58.0	57.3	56.7	56.0	55.3	54.6	53.9
4	44.0	42.7	41.5	40.3	38.9	37.4	35.7	34.0	32.1	30.2
pH	.50	.55	.60	.65	.70	.75	.80	.85	.90	.95
1	77.8	76.6	75.4	74.4	73.5	72.6	71.8	71.1	70.5	69.9
2	64.6	64.1	63.6	63.1	62.7	62.2	61.7	61.2	60.7	60.2
3	53.2	52.4	51.6	50.7	49.9	49.0	48.1	47.1	46.2	45.1
4	28.1	25.6	21.1	20.4	17.8	15.0	12.0	8.6	4.4	

[付表③] フタル酸水素 K-HCl 緩衝液（20℃）

0.2M フタル酸水素 K（40.836g/L）50mL に加える 0.2M HCl の量（mL）。混合後 H₂O で 200mL に希釈。

pH	.00	.05	.10	.15	.20	.25	.30	.35	.40	.45
2	—	—	—	—	46.6	44.8	43.1	41.3	39.6	37.9
3	20.4	19.0	17.5	16.1	14.8	13.5	12.3	11.1	—	—
pH	.50	.55	.60	.65	.70	.75	.80	.85	.90	.95
2	36.3	34.6	33.0	31.3	29.7	28.1	26.5	24.4	23.4	21.9
3	—	—	—	—	—	—	—	—	—	—

[付表 ④] クエン酸-Na₂HPO₄ 緩衝液（21℃）

0.1 M クエン酸・H₂O（21.008 g/L）x mL と 0.2 M Na₂HPO₄ y mL の混合液。表中の数値は $(x+y)$ mL に対する 0.2 M Na₂HPO₄ の容量%。表の使用法は付表①の例題を参照。

pH	.00	.05	.10	.15	.20	.25	.30	.35	.40	.45
3	20.6	21.6	22.6	23.6	24.7	25.6	26.6	27.5	28.5	29.4
4	38.6	39.3	40.0	40.7	41.4	42.1	42.7	43.4	44.0	44.8
5	51.5	52.0	52.6	53.1	53.6	54.2	54.7	55.2	55.8	56.4
6	63.2	63.9	64.6	65.4	66.1	66.9	67.7	68.5	69.3	70.2
7	82.4	—	—	—	86.9	—	—	—	90.7	—
pH	.50	.55	.60	.65	.70	.75	.80	.85	.90	.95
3	30.3	31.1	32.2	33.1	33.9	34.7	35.5	36.3	37.1	37.8
4	45.4	46.1	46.7	47.4	48.0	48.7	49.3	49.9	50.4	50.9
5	56.9	57.5	58.0	58.6	59.2	59.8	60.5	61.1	61.8	62.5
6	71.0	71.9	72.8	73.8	74.8	76.1	77.2	78.6	79.8	81.2
7	—	—	93.6	—	—	—	95.7	—	—	—

[付表 ⑤] 酢酸-NaOH 緩衝液（18℃）

1 M 酢酸 100 mL に加える 1 M NaOH の量（mL）。混合後 H₂O で 500 mL に希釈。

pH	.00	.05	.10	.15	.20	.25	.30	.35	.40	.45
3	—	—	—	—	—	—	—	—	—	—
4	18.0	20.0	22.0	24.0	26.4	28.9	31.5	34.1	37.0	40.0
5	70.5	72.9	75.1	77.1	79.0	80.9	82.6	84.2	85.5	86.0
pH	.50	.55	.60	.65	.70	.75	.80	.85	.90	.95
3	—	—	7.7	8.6	9.6	10.8	12.0	13.4	15.0	16.3
4	43.0	46.0	49.0	51.7	54.4	57.1	60.0	62.8	64.3	68.0
5	87.2	88.4	89.5	—	—	—	—	—	—	—

[付表 ⑥] フタル酸水素 K-NaOH 緩衝液（21℃）

0.2 M フタル酸水素 K（40.836 g/L）50 mL に加える 0.2 M NaOH の量（mL）。混合後 H₂O で 200 mL に希釈。

pH	.00	.05	.10	.15	.20	.25	.30	.35	.40	.45
4	—	—	—	—	3.70	4.57	5.50	6.47	7.50	8.55
5	23.8	25.4	27.0	28.5	30.0	31.4	32.9	34.2	35.5	36.7
6	45.4	45.9	46.4	—	—	—	—	—	—	—
pH	.50	.55	.60	.65	.70	.75	.80	.85	.90	.95
4	9.65	10.9	12.1	13.5	14.8	16.2	17.7	19.8	20.7	22.3
5	37.8	38.9	39.9	40.7	41.6	42.3	43.0	43.6	44.3	44.9
6	—	—	—	—	—	—	—	—	—	—

[付表⑦] **KH$_2$PO$_4$-Na$_2$HPO$_4$緩衝液**

0.067 M KH$_2$PO$_4$（9.078 g/L）x mL と 0.067 M Na$_2$HPO$_4$（11.876 g/L）y mL の混合液。表中の数値は（$x+y$）mL に対する 0.067 M Na$_2$HPO$_4$ の容量%。表の使用法は付表①の例題を参照。

pH	.00	.05	.10	.15	.20	.25	.30	.35	.40	.45
4	—	—	—	—	—	—	—	—	—	—
5	0.95	1.15	1.35	1.55	1.80	2.05	2.30	2.65	3.00	3.45
6	12.1	13.5	15.0	16.7	18.4	20.1	22.1	24.2	26.4	28.4
7	61.2	64.3	67.0	69.8	72.6	75.4	77.7	79.9	81.8	83.5
8	96.9	—	—	—	—	—	—	—	—	—
pH	.50	.55	.60	.65	.70	.75	.80	.85	.90	.95
4	—	—	—	—	—	—	—	—	0.60	0.75
5	3.90	4.35	4.90	5.50	6.20	7.00	7.90	8.80	9.80	10.8
6	31.3	34.1	37.2	40.0	43.0	46.0	49.2	52.2	55.2	58.1
7	85.2	86.9	88.5	89.9	91.2	92.4	93.6	94.6	95.5	96.6
8	—	—	—	—	—	—	—	—	—	—

[付表⑧] **クエン酸Na-NaOH緩衝液（25℃）**

0.1 M クエン酸 Na（21.008 g クエン酸・H$_2$O と 8.00 g NaOH を 1 L に溶かす）x mL と 0.1 M NaOH y mL の混合液。表中の値は（$x+y$）mL に対する 0.1 M NaOH の容量%。表の使用法は付表①の例題を参照。

pH	.00	.05	.10	.15	.20	.25	.30	.35	.40	.45
5	3.6	7.0	9.7	12.4	14.9	17.5	19.6	21.6	23.7	25.7
6	40.4	41.4	42.0	42.7	43.4	44.1	44.6	45.1	45.5	45.9
pH	.50	.55	.60	.65	.70	.75	.80	.85	.90	.95
5	27.7	29.4	31.0	32.5	34.0	35.3	36.4	37.5	38.5	39.5
6	46.3	46.7	47.0	—	—	—	—	—	—	—

[付表⑨] **イミダゾール-HCl緩衝液（25℃）**

0.2 M イミダゾール（13.62 g/L）25 mL に加える 0.1 M HCl の量（mL）。混合後 H$_2$O で 100 mL に希釈。

pH	.00	.05	.10	.15	.20	.25	.30	.35	.40	.45
6	—	—	—	—	42.9	42.2	41.5	40.6	39.8	38.8
7	24.3	22.8	21.3	19.8	18.6	17.3	16.0	14.8	13.9	12.5
pH	.50	.55	.60	.65	.70	.75	.80	.85	.90	.95
6	37.8	36.7	35.5	34.3	33.0	31.7	30.4	29.0	27.4	25.7
7	11.4	10.4	9.3	8.4	7.5	6.7	6.0	—	—	—

[付表⑩] **ベロナールNa-HCl緩衝液（25℃）**

ベロナール Na（20.60 g/L）x mL と 0.1 M HCl y mL との混合液。表中の数値は（$x+y$）mL に対する 0.1 M HCl の容量%。表の使用法は付表①の例題を参照。

pH	.00	.05	.10	.15	.20	.25	.30	.35	.40	.45
7	46.4	46.0	45.6	45.1	44.6	44.0	43.3	42.6	41.8	41.0
8	28.4	27.1	25.7	24.4	23.1	21.7	20.4	19.0	17.9	—
pH	.50	.55	.60	.65	.70	.75	.80	.85	.90	.95
7	40.2	39.4	38.4	37.4	36.3	35.0	33.8	32.4	31.1	29.7
8	—	—	—	—	—	—	—	—	—	—

[付表⑪] トリエタノールアミン-HCl緩衝液

0.5 M トリエタノールアミン 100 mL に加える 0.5 M HCl の量 (mL)。混合後 1 L に希釈。

pH	.0	.2	.4	.6	.8
7	85	78	69.5	60	50
8	40	30	21	15	11

[付表⑫] トリス-HCl緩衝液 (23℃, pH 7.2〜9.10 ; 37℃, pH 7.05〜8.95)

0.2 M トリス-ヒドロキシメチルアミノメタン (24.3 g/L) 25 mL に加える 0.1 M HCl の量 (mL)。混合後 H_2O で 100 mL に希釈。

23℃の場合

pH	.00	.05	.10	.15	.20	.25	.30	.35	.40	.45
7	—	—	—	—	45.0	44.3	43.6	42.9	42.0	41.3
8	28.9	27.5	26.0	24.7	23.3	21.9	20.5	19.0	17.5	16.0
9	6.0	5.5	5.0	—	—	—	—	—	—	—
pH	.50	.55	.60	.65	.70	.75	.80	.85	.90	.95
7	40.6	39.8	38.8	37.8	36.7	35.5	34.2	33.0	31.6	30.3
8	15.0	14.0	12.7	11.7	10.7	9.8	8.8	8.0	7.3	6.6
9	—	—	—	—	—	—	—	—	—	—

37℃の場合

pH	.00	.05	.10	.15	.20	.25	.30	.35	.40	.45
7	—	45.0	44.3	43.6	43.0	42.2	41.5	40.7	40.0	39.9
8	25.0	23.6	22.3	20.9	19.5	18.0	16.7	15.5	14.3	13.1
pH	.50	.55	.60	.65	.70	.75	.80	.85	.90	.95
7	38.0	36.8	35.7	34.5	33.3	32.0	30.6	29.2	27.8	26.4
8	12.0	11.0	10.0	9.0	8.2	7.4	6.7	6.1	5.6	5.0

[付表⑬] ホウ酸-ホウ酸緩衝液 (18℃)

0.2 M ホウ酸-0.05 M NaCl (ホウ酸 12.404 g と NaCl 2.925 g を H_2O 1 L に溶かす) x mL と 0.05 M ホウ砂 ($Na_2B_4O_7 \cdot 10H_2O$/L) y mL との混合液。表中の数値は $(x+y)$ mL に対する 0.05 M ホウ砂の容量%。表の使用法は付表①の例題を参照。

pH	.00	.05	.10	.15	.20	.25	.30	.35	.40	.45
7	—	—	—	—	—	—	—	—	—	—
8	17.1	28.9	30.8	32.8	35.0	37.2	39.4	42.0	44.4	47.0
9	81.6	—	—	—	—	—	—	—	—	—
pH	.50	.55	.60	.65	.70	.75	.80	.85	.90	.95
7	—	—	—	16.3	17.6	19.1	20.6	22.1	23.7	25.3
8	49.4	52.0	55.0	57.9	60.7	63.8	67.2	70.6	74.9	77.8
9	—	—	—	—	—	—	—	—	—	—

[付表 ⑭] ホウ酸-HCl 緩衝液（25℃）

0.2 M ホウ酸 Na（HBO₃ 12.404 g と NaOH 4.0 g を H₂O で 1 L に溶解）x mL と 0.1 M HCl y mL との混合液。表中の数値は $(x+y)$ mL に対する 0.1 M HCl の容量%。表の使用法は付表①の例題を参照。

pH	.00	.05	.10	.15	.20	.25	.30	.35	.40	.45
7	—	—	—	—	—	—	—	—	—	—
8	44.1	43.5	42.8	42.2	41.3	40.4	39.3	38.1	37.0	35.9
9	14.4	11.2	8.1	5.0	—	—	—	—	—	—
pH	.50	.55	.60	.65	.70	.75	.80	.85	.90	.95
7	—	—	—	—	—	47.1	46.6	46.0	45.3	44.7
8	34.7	33.4	32.0	30.6	28.8	26.8	24.5	22.0	19.5	17.0
9	—	—	—	—	—	—	—	—	—	—

[付表 ⑮] ホウ酸 KCl-Na₂CO₃ 緩衝液（16℃）

0.2 M ホウ酸-0.2M KCl（HBO₃ 12.404 g と KCl 14.919 g を H₂O 1 L に溶解）x mL と 0.2M Na₂CO₃（21.2g/L）y mL との混合液。表中の数値は $(x+y)$ mL に対する 0.2 M Na₂CO₃ の容量%。表の使用法は付表①の例題を参照。

pH	.00	.05	.10	.15	.20	.25	.30	.35	.40	.45
8	—	—	—	—	—	16.0	17.1	18.2	19.3	20.2
9	37.0	38.7	40.2	42.0	43.6	45.3	47.0	48.7	50.4	52.2
10	70.9	72.6	74.5	76.3	78.0	79.8	81.7	83.1	—	—
pH	.50	.55	.60	.65	.70	.75	.80	.85	.90	.95
8	21.8	23.0	24.3	25.8	27.4	29.0	30.6	32.1	33.7	35.3
9	54.0	55.6	57.2	58.8	60.5	62.1	63.9	65.6	67.3	69.0
10	—	—	—	—	—	—	—	—	—	—

[付表 ⑯] グリシン-NaOH 緩衝液（20℃）

0.1 M グリシン-0.1M NaCl（グリシン 7.505 g と NaCl 5.85 g を H₂O 1 L に溶解）x mL と 0.1 M NaOH y mL との混合液。表中の数値は $(x+y)$ mL に対する 0.1 M NaOH の容量%。表の使用法は付表①の例題を参照。

pH	.00	.05	.10	.15	.20	.25	.30	.35	.40	.45
8	—	—	—	—	—	—	—	—	—	—
9	12.4	13.4	14.6	15.8	17.0	18.2	19.7	20.8	22.3	23.7
10	38.3	39.3	40.2	41.1	41.9	42.7	43.5	44.1	44.8	45.3
11	48.9	49.1	49.4	49.6	49.8	50.0	50.2	50.4	50.6	50.8
12	54.4	55.1	55.8	56.6	57.4	58.4	59.4	60.6	61.8	63.6
pH	.50	.55	.60	.65	.70	.75	.80	.85	.90	.95
8	—	5.22	5.80	6.40	7.10	7.81	8.60	9.48	10.4	11.4
9	25.2	26.5	28.0	29.5	31.0	32.5	33.8	35.2	36.2	37.3
10	45.8	46.2	46.7	47.0	47.4	47.7	48.0	48.2	48.5	48.7
11	51.0	51.2	51.4	51.6	51.9	52.2	52.6	53.0	53.4	53.9
12	65.4	67.7	70.0	72.5	75.0	78.0	81.0	84.9	90.0	—

[付表 ⑰] ホウ酸 Na‑NaOH 緩衝液（20℃）

0.2 M ホウ酸 Na（HBO₃ 12.404 g と NaOH 4 g を H₂O 1 L に溶解）x mL と 0.1 M NaOH y mL の混合液。表中の数値は $(x+y)$ mL に対する 0.1 M NaOH の容量%。表の使用法は付表①の例題を参照。

pH	.00	.05	.10	.15	.20	.25	.30	.35	.40	.45
9	—	—	—	—	—	3.6	8.9	12.4	15.4	18.2
10	41.0	41.9	42.7	43.4	44.0	44.6	45.2	45.8	46.3	46.8
pH	.50	.55	.60	.65	.70	.75	.80	.85	.90	.95
9	21.0	23.9	26.8	29.8	32.3	34.5	36.3	37.7	39.0	40.2
10	47.2	47.6	48.0	48.3	48.6	48.8	—	—	—	—

1.2 広域緩衝液（ユニバーサル緩衝液）

[表E-2] 広域緩衝液の種類と pH 範囲

付表番号	緩衝液	pH範囲
1	Teorell-Stenhagen	2.0〜12.0
2	Johnson-Lindsay	2.6〜12.0
3	Brintton-Robinson	4.0〜11.6

[付表 ①] Teorell-Stenhagen 緩衝液（18℃）

リン酸-クエン酸-ホウ酸-NaOH 混液：A 液，85% H₃PO₄ 3.5 mL を H₂O で 100 mL とし 1 M NaOH で中和。B 液，7 g クエン酸・H₂O を H₂O で 100 mL とし 1 M NaOH で中和。A 液 100 mL と B 液 100 mL を混合し，H₃BO₃ 3.54 g を溶解し，これに 1 M NaOH 343 mL を加えて 1 L に希釈。
表中の数字は上記 A＋B 混合液 100 mL に加える 0.1 M HCl の mL 数。最後に全量を H₂O で 500 mL に希釈。

pH	.0	.2	.4	.6	.8
2	366.5	339.3	319.3	304.0	292.3
3	282.5	274.8	268.5	263.3	257.3
4	252.5	247.3	241.8	236.3	231.1
5	225.9	220.3	214.7	240.0	203.1
6	197.1	190.5	183.7	176.8	169.6
7	163.3	157.3	151.8	147.2	143.4
8	140.1	137.3	134.5	130.5	124.5
9	118.1	111.9	105.6	99.7	94.1
10	89.6	84.9	81.8	79.8	77.0
11	72.6	66.0	56.2	42.0	23.5
12	20.0	—	—	—	—

[付表 ②] Johnson-Lindsay 緩衝液（18℃）

6.008 g クエン酸・H₂O ＋ 1.769 g ホウ酸 ＋ 3.898 g KH₂PO₄ ＋ 5.266 g ジエチルバルビタール酸を H₂O で 1 L に溶解。
表中の数字は上記混液 100 mL に加える 0.2 M NaOH の mL 数。最後に H₂O で 1 L に希釈。

pH	.0	.2	.4	.6	.8
2	—	—	—	2.0	4.3
3	6.4	8.3	10.1	11.8	13.7
4	15.5	17.6	19.9	22.4	24.8
5	27.1	29.5	31.8	34.2	36.5
6	38.9	41.2	43.5	46.0	48.3
7	50.6	52.9	55.8	58.6	61.7
8	63.7	65.6	67.5	69.3	71.0
9	72.7	74.0	75.9	77.6	79.3
10	80.8	82.0	82.9	83.9	84.9
11	86.0	87.7	89.7	92.0	95.0
12	99.6	—	—	—	—

[付表 ③] Brintton-Robinson 緩衝液（18℃）

0.04 M H₃PO₄-0.04 M 酢酸-0.04 M ホウ酸を調製し保存する。緩衝液は保存液 x mL に 0.2 M NaOH y mL を添加し調製する。表中の数字は $(x+y)$ mL 全量に対する 0.2 M NaOH の容量%。例えば，pH 4.0 の緩衝液が欲しい場合はリン酸-酢酸-ホウ酸溶液 80.5 mL と 0.2 M NaOH 19.5 mL を混ぜる。

pH	.0	.2	.4	.6	.8
4	19.5	20.4	21.9	23.4	24.6
5	25.8	26.8	27.5	28.2	28.9
6	29.5	30.3	31.2	32.2	33.3
7	34.4	35.2	36.1	36.7	37.2
8	37.6	38.0	38.6	39.2	39.8
9	40.5	41.4	42.1	42.8	43.3
10	43.8	44.1	44.4	44.7	45.1
11	45.4	45.9	46.6	47.4	(48.0)

1.3 Goodらの緩衝液

生化学実験では中性領域の緩衝液を使用することが多い。Goodらは中性pH領域にpK_a値を持つ種々のアミン化合物からなる緩衝液を考案した(表E-3)。その特徴は，1) 双極イオン緩衝液でH_2Oに対する溶解度が高い，2) イオン性緩衝液に比べ塩効果が少ない，3) 金属との結合能が低い，および 4) pK_a値の温度による変化が小さいなどである。

緩衝液の調製に際しては，20〜50 mMの上記アミン化合物を1LのビーカーにとりH_2Oを800〜900 mL加えた後，pHメーターの電極を浸し，撹拌しながら0.5〜1.0 N NaOHあるいはHClで所定のpHに調節し，最後にH_2Oで1Lにメスアップする。

1.4 緩衝液調製上の注意

緩衝液は以下に述べるように各種の影響を受ける。したがって，調製後あるいは適時pHメーターで検査する必要がある(後述)。

① 塩の効果

緩衝液に中性塩を加えるとイオン強度が高まり，緩衝液成分の活量係数が低下しpHが変わる。例えば0.01M K_2HPO_4と0.01M KH_2PO_4からなる緩衝液のpHは7.2であるが，0.05M KClを加えるとpH 6.88となる。

② 温度効果

温度が変化すると緩衝液成分のpK_a値も変化するのでpH領域も変化する。例えば，トリスのpK_a値は

[表E-3] Goodらの緩衝液

緩衝液（略号）	pK_a	分子量	pH範囲
N-(2-アセトアミド)-2-アミノエタンスルホン酸 (ACES)	6.8	181.3	6.0〜7.5
N-(2-アセトアミド)-2-イミノ2酢酸 (ADA)	6.6	190.16	5.8〜7.4
N,N-ビス(2-ヒドロキシエチル)-2-アミノエタンスルホン酸 (BES)	7.15	213.3	……
N,N-ビス(2-ヒドロキシエチル)グリシン (BICINE)	8.35	163.2	……
1,3-ビス[トリス(ヒドロキシメチル)-メチルアミノ]プロパン (BTP)	6.8, 9.0	268.31	6.0〜10.0
シクロヘキシル(アミノプロパン)スルホン酸 (CAPS)	10.4	221.31	9.7〜11.1
N-2-ヒドロキシエチルピペラジン-N'-プロパンスルホン酸 (EPPS)	7.95	283.38	7.4〜8.6
N-2-ヒドロキシエチルピペラジン-N'-2-エタンスルホン酸 (HEPES)	7.5	238.3	6.8〜8.2
2-(N-モルホリノ)エタンスルホン酸 (MES)	6.2	195.2	5.5〜7.0
3-(N-モルホリノ)プロパンスルホン酸 (MOPS)	7.2	209.3	6.5〜7.9
ピペラジン-N,N'-ビス(2-エタンスルホン酸) (PIPES)	6.8	302.4	6.1〜7.5
トリス(ヒドロキシメチル)メチル-3-アミノプロパンスルホン酸 (TAPS)	8.4	243.3	7.7〜9.1
N-トリス(ヒドロキシメチル)メチル-2-アミノエタンスルホン酸 (TES)	7.5	229.3	6.8〜8.2
N-トリス(ヒドロキシメチル)メチルグリシン (TRICINE)	8.8	179.2	7.4〜8.8

0℃で8.85, 25℃で8.08であり, pH領域は0℃でpH8.4〜9.4, 25℃でpH7.6〜8.6となる。したがって, 室温でpH7.5に合わせた緩衝液を低温室で用いたり, 逆に冷蔵庫から出したばかりの緩衝液を25℃で用いることは避けなければならない。

③緩衝液濃度の効果影響

一般に弱酸を用いた緩衝液は希釈するとpHが上がり, 弱塩基を用いた緩衝液ではpHが下がる。しかし, 緩衝液を調製する際pHを合わせた後, 少量のH_2Oで容積を合わせるなど濃度変化が小さいときは問題にならない。

④保存

緩衝液は保存中に微生物が繁殖したり, 溶解度の低い成分を含む緩衝液では冷蔵庫中で沈澱が析出する。また, アルカリ性の緩衝液は空気中のCO_2を吸収してpHが下がることがある。以上のトラブルを発見しやすいように容器は透明なものを使用する。

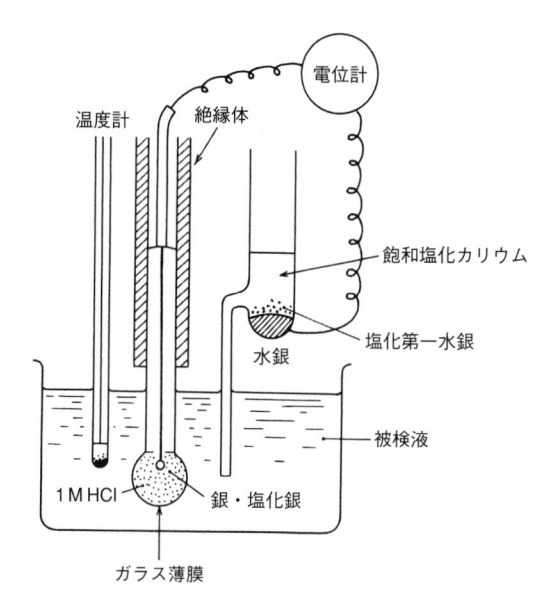

[図E-1] ガラス電極と基準Ag-AgCl電極

2. 水素イオン濃度 (pH) の測定

①pHメーター

pHメーターのガラス電極はそのガラス薄膜を介して内外に水素イオン (H^+) が存在するとき, mVからμV程度の電位差を生じる。これを入力抵抗の大きい真空電位差計で測定すると, 膜外の試料のpHを求めることができる (図E-1)。ガラス薄膜を通してH^+が拡散するときの電位差Eは

$$E = -\frac{R}{FT} \ln \frac{a_2}{a_1}$$

である。Rは気体定数, Fはファラデー恒数, Tは絶対温度, a_1とa_2は薄膜を介した内と外のH^+の濃度である。この際温度補正が必要である。

ここでは汎用されているpHメーター (Hitachi-Horiba M-7 EII・図E-2) の操作法について述べる。

1) pHメーターパネル左側の電源 (A) をON。
2) Function (B) をpHに合わせる。
3) pHメーターが安定したら電極をpH7.0のリン酸緩衝液 (pH6.88, 25℃) 中にガラス電極の球部および比較電極を完全に浸し, パネル右側のReadボタン (C) を押し, メーターを読みZERO ADJ. STD (D) でメーターを6.88に合わせる。

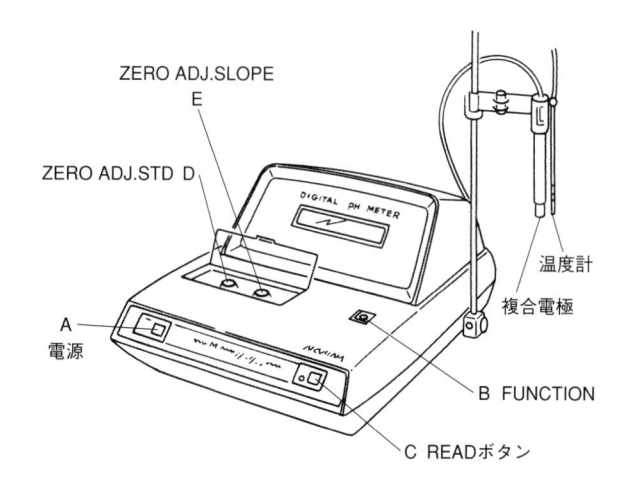

[図E-2] pHメーター
電極はガラス電極とAg-AgCl電極を複合したものが使用されている

4) READボタンを元に戻し，電極を引き上げH_2Oでよく洗浄し，キムワイプで静かに水滴を吸い取り（手荒くするとガラス電極の薄膜が破損する），フタル酸緩衝液に浸し，Readボタンを押してメーターを読み，ZERO ADJ SLOPE (E) でメーターを4.01に合わせる。

5) 3) および4) の操作を繰り返し，ZERO ADJ.の必要がなくなってから，試料に電極を浸してメーターを読み記録する。

6) 操作が終わったら，すべてのスイッチを切り，電極は十分量のH_2Oに浸しておく。

②pH試験紙

スポットテストとしてpH試験紙が汎用されている。よく使用されているpH試験紙は表E-4のようである。

[表E-4] 汎用pH試験紙

試 験 紙	pH	試 験 紙	pH
クレゾールレッド	0.4～2.0	ブロムチモールブルー	6.2～7.8
チモールブルー	1.4～3.0	フェノールレッド	6.6～8.2
ブロムフェノールブルー	2.8～4.4	クレゾールレッド	7.2～8.8
インドフェノールブルー	3.6～5.2	チモールブルー	8.0～9.6
ブロムクレゾールグリーン	4.0～5.6	アリザリンイエロー	10.0～12.0
メチルレッド	5.4～7.0	アルカリブルー	11.0～13.6

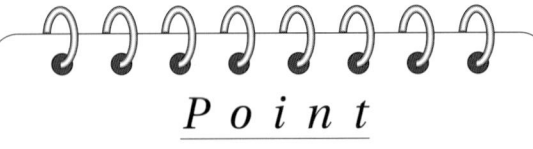

Point

■酵素反応などの生化学反応の多くはpHに依存する。緩衝液の選択が実験結果に影響することがあるので注意が必要である。

■緩衝液調整の注意を理解し，必ずpHメーターで緩衝液のpHを確認する。

F 無機塩類とビタミンの定量

無機塩類とビタミンは生命活動にとって必須な微量栄養素である。しかし，そのほとんどは動物生体内で生合成されないため外部から摂取しなければならない。無機塩類とビタミンの摂取必要量は動物の種類，性別あるいは成長段階によって異なることから，摂取基準を明らかにする上でこれらの定量法は重要である。

1. 無機塩類

動物体の無機質は，多い順に，Ca, P, K, S, Cl, Mg（以上，7種；Bulk element），I, F, Fe, Br, Mn, Si, Al, Cu, Co, Se, Zn, など（I 以下；Trace element）と多種類の元素からなる。それらは，生体構造物［骨，タンパク，核酸および脂質の構成成分］や生体活性物質［補酵素，ホルモン，第2メッセンジャー，ビタミン，血色素，ATP, など］の成分であり，電気化学的作用［浸透圧の調節，酸-塩基平衡 (pH) の調節，神経の興奮伝達，膜電位の変化，など］を司るなど生命活動に不可欠である。ここでは，特に，生理活性作用の顕著なリン (P), カルシウム (Ca), 鉄 (Fe) の測定法について紹介する。

1.1 リン

意義：リン（P；MW, 30.974）は，生体の主要な構成成分（核酸，リン脂質，骨，など）として，また，代謝上重要な役割（高エネルギーリン酸化合物，ヘキソースリン酸，など）を担っており，体液のリン濃度は体内恒常性の状態を反映することから，各種体液のリン濃度を測定する。

方法：Goldenberg 法

特徴：Taussky 法を改良したもので，除タンパクと抽出の操作が同時に行えるなど，より簡便化され，呈色が安定し，再現性も良好であるため，血液の無機リン定量に適している。

原理：還元剤（硫酸第一鉄アンモニウム）を含む除タンパク剤（トリクロル酢酸）を用い，除タンパクと無機リンの抽出を行い，次いで，モリブデン酸塩を加え，リンモリブデン酸を形成させると同時に，還元剤の作用により，リンモリブデンブルーを形成させ，その濃度を比色定量する。安定剤としてチオ尿素を用いる。

試薬：

①A液；硫酸第一鉄アンモニウム・トリクロル酢酸混液
トリクロル酢酸［TCA, CCl_3COOH］100 g, チオ尿素［H_2NCSNH_2］10 g, 硫酸第一鉄アンモニウム［モール塩；$[FeSO_4(NH_4)_2SO_4・6H_2O]$］30 g を純水 600 mL に溶解し，その後 1 L とする。褐色ビンに保存（半年有効）。

②B液；モリブデン酸アンモニウム溶液
濃硫酸［H_2SO_4］9 mL を純水 80 mL に徐々に加える。その後モリブデン酸アンモニウム［$(NH_4)_6Mo_7O_{24}・4H_2O$］4.4 g を加え溶解する。冷却後 100 mL とする。

③リンの標準液（8 mg/dL）

純水13 mLに濃硫酸5 mLを加え，10N H_2SO_4を作成する。これを純水600 mLに対し，10 mL加え，さらにリン酸水素1カリウム［KH_2PO_4］0.3519 gを加え溶解した後1 Lとする。

操作：

1）血清（血漿）無機リンの測定

①15 mLの遠沈管に，A液5.0 mLをとり，血清0.2 mLを加えてよく撹拌し，10分間放置する［無機リンの抽出］。

②2,000回転/minで5分間遠心してタンパクを沈澱させる［除タンパク］。

③10 mLの試験管に，上清4.0 mLをとり，B液0.5 mLを加えてよく撹拌し，20分間放置する［発色］。

④分光光度計（比色計）により，660 nmの波長で発色度を測定する［計測］。

⑤検量線から血清のP濃度を求める［計算］。

検量線のつくり方；リン標準液（8.0 mg/dL）を用い，0（純水），1，2，4，6および8 mg/dLの標準液を作成し，血清試料と同様に操作（ただし，除タンパク操作②は不要）して検量線をつくる。

2）尿中リンの測定

①10 mLの試験管に，A液5.0 mLをとり，適当に希釈した尿[*1] 0.2 mLを加えてよく撹拌した後，B液0.5 mLを加えて撹拌し，20分間放置する。

②分光光度計（比色計）により，660 nmの波長で発色度を測定する。

③検量線から尿のP濃度を求める。

検量線のつくり方；リン標準液（Pの8.0 mg/100 mL）を用い，0（純水），1，2，4，6および8 mg/100 mLの標準液を作成し，尿試料と同様に操作する。

3）乳汁中リンの測定

①1.0 mLの乳汁をルツボにとり，540℃，18時間乾式灰化したものを，1N塩酸1.0 mLで溶解し，純水9.0 mLを加えて10.0 mL（10倍希釈）とする［前処理］。

②希釈液0.2 mL（濃いときには，希釈液0.1 mLと純水0.1 mL）について，以下，尿と同様に実施する。

注意：

①撹拌を十分にすること。

②血清の場合，上清をとる際にタンパクを吸い上げないように注意する。また，脂質が多いと除タンパク後でも濁るときがあるが，発色後に，再度遠心して上清を測定するとよい。

③尿中にタンパクが出ている場合には，濁りが出るので，発色後，遠心して上清を測定するとよい。

④尿中リン濃度は，動物の種，年齢，泌乳，飼養条件，などで著しく異なるので注意を要する。反芻家畜では0に近い。

⑤乳汁中リンは，血清リンの概ね20倍である。

⑥尿および乳の測定では希釈倍率を忘れないこと。

1.2 カルシウム

意義： カルシウム（Ca；MW，40.01）は，生体中に最も多量に含有するミネラル（約2％）で，その99％以上が骨・歯などの硬組織に存在するが，残りの1％以下が主にイオン（Ca^{2+}）の形で存在し，細胞の浸透圧，神経-筋興奮伝達，筋収縮，血液凝固因子，酵素の活性化，細胞内メッセンジャー，など，生理的に重要な，種々の役割を担っている。特に，血漿カルシウム濃度は，調節ホルモン（上皮小体ホルモン，カルシトニン，活性ビタミンD，など）により，カルシウムの小腸からの吸収，骨への沈着および脱灰，腎および消化管からの排泄，などが厳密に調節されるので，動的平衡状態が維持されている。したがって，血中カルシウム濃度の測定は，カルシウム代謝の動向を知る上で重要である。

方法： シュウ酸塩沈澱-過マンガン酸カリウム滴定法

[*1] 単胃動物では20倍希釈（食肉獣では希釈率を高く），反芻動物では原尿でよい。

特徴：カルシウムの定量は，他の成分により著しく影響を受けるため，多くの定量法が開発されているが，決定的な測定方法は確立されたとはいえない。ここでは古典的なKramer-Tisdall法により測定する。

原理：
① 試料にシュウ酸アンモニウムを加え，存在するカルシウムを不溶性のシュウ酸カルシウムとして沈澱させる。

$$Ca^{2+} + (NH_4)_2C_2O_4 \longrightarrow CaC_2O_4 \downarrow$$

② シュウ酸カルシウムの沈澱を洗浄し，過剰のシュウ酸を完全に除去した後，希硫酸を加えてシュウ酸を遊離させる。

$$CaC_2O_4 \downarrow + H_2SO_4 \longrightarrow CaSO_4 + (COOH)_2$$

③ 遊離したシュウ酸を過マンガン酸カリウム（赤紫色）で滴定する。過マンガン酸カリウムが分解されている間は無色となるが，飽和状態になると着色し始める。微紅色が1分間以上持続する点を終点とし，計算によりシュウ酸量からカルシウム量を算出する。

$$5(COOH)_2 + 2KMnO_4 + 3H_2SO_2 \longrightarrow K_2SO_4 + 2MnSO_4 + 10CO_2 + 8H_2O$$

試薬：
① 4％シュウ酸アンモニウム溶液［$(NH_4)_2C_2O_4$］
シュウ酸アンモニウム（特級）4gを，純水に溶かして100mLとする（4g/100dL）。

② 希アンモニア水［NH_4OH］
アンモニア水（特級，28％）と純水で50倍希釈液をつくる。

③ 1規定硫酸溶液［$1N\ H_2SO_4$］
純水100mLに濃硫酸（特級）2.9mLを加える（概略でよい）。

④ 0.1規定過マンガン酸カリウム溶液［$0.1N\ KMnO_4$，保存用］
過マンガン酸カリウム（特級）3.2gを，純水1Lに加えて約10分間沸騰させた後，放冷し，密封して一夜放置する。上清のみ（沈澱物を入れないように注意）を褐色ビンにとり，保存する。

⑤ 0.01規定過マンガン酸カリウム溶液［$0.01N\ KMnO_4$，滴定用］
使用前に，0.1規定過マンガン酸カリウム溶液（保存用）を純水で10倍に希釈する*2。

⑥ 0.01規定シュウ酸ナトリウム溶液［$0.01N\ Na_2C_2O_4$］
シュウ酸ナトリウム（特級）を，蒸発皿にとり，100～130℃，2時間乾燥し，デシケーター内で放冷する。室温になったら，0.670gを正確に秤量し，純水に溶かして1Lとする。

操作：
1）血清（血漿）カルシウムの測定
① 10mLの遠沈管に，血清1.0mLをとり，純水1.0mLと4％シュウ酸アンモニウム溶液0.5mLを加えてよく攪拌し，室温で30分間放置する［シュウ酸カルシウムの沈澱生成］。

② 2,500回転/minで5分間遠心し，沈澱を分離した後，遠心管を静かに傾斜して上清を捨て，管口を下向きに立てて，母液を十分に切る［沈澱の分離］。

③ 駒込ピペットで，希アンモニア水約1.5mLをとり，管内壁上部から吹き付けて，管壁および沈澱を洗浄した後，攪拌して沈澱を浮遊させてよく混和する。②と同様に遠心分離し，上清（洗浄液）を捨てる。同じ操作をさらに1回繰り返す［沈澱の洗浄］。

④ 洗浄した沈澱に，1規定硫酸2.0mLを加えて沸騰水に約1分間浸し，沈澱を完全に溶解させた後，70～80℃の温浴中で0.01規定過マンガン酸カリウム溶液で滴定する。微紅色が1分以上持続した点を終点とする（滴定値をbmLとする）。別に，盲検として，1規定硫酸2.0mLをとり，同様に滴定する（滴定値をcmLとする）［滴定］。

⑤ 0.01規定過マンガン酸カリウム溶液の力価をT*3

---

*2 0.01N過マンガン酸カリウム溶液の力価（T）の標定；0.01Nシュウ酸ナトリウム溶液5.0mLを小ビーカーにとり，1N 硫酸2.0mLを加え，温浴中で70～80℃に保ちながら0.01N 過マンガン酸カリウムで滴定し，微紅色が1分間以上持続したところを終点とする。そのときの滴定値をamLとすると，力価は，$T = 5 \div a$となる。

とすると，血清カルシウム濃度は，以下のように計算される。

$$Ca濃度 = (b-c) \times T \times 0.2^{*4} \times 100 \ (mg/100dL)$$

2）尿および乳汁中カルシウムの測定
① 尿は，酸性のものはそのまま，アルカリ性のものは硫酸等で酸性化してから用いる。乳汁は乾式灰化法（リンの項p51参照）を用いる［前処理］。
② 測定方法は，尿および乳汁ともに血清と同様である。

注意：
① 本法は，カルシウムを正確に測定できるが，沈澱生成および洗浄の操作が煩雑なため，熟練を要するので，十分注意して操作を行う必要がある。最近では，研究用には原子吸光法が，臨床用ではNuclear Fast Red比色法（NFR法）などが使われている。
② 尿中カルシウム濃度は，動物の種，年齢，泌乳，飼養条件，などで著しく異なるので注意を要する。反芻家畜では0に近い。
③ 乳汁中カルシウムは，血清カルシウムの概ね10倍である。
④ 尿および乳の測定では希釈倍率を忘れないこと。

1.3 鉄

意義：鉄（Fe；MW, 55.85）は，生体成分としては約0.004％と微量元素に属するが，ヘモグロビン，ミオグロビンの構成因子として酸素運搬に関与するとともに，シトクロム，カタラーゼなどの酵素の補酵素として作用するなど，生理的に重要な役割を持っている。鉄は，イオンの形で小腸から吸収され，トランスフェリン（血漿β1-グロブリン分画）として血液中を循環する一方，フェリチン（肝）として貯蔵され，尿中にはほとんど排泄されず，もっぱら，腸粘膜の脱落とともに消化管腔に放出される。
ここでは，血中鉄濃度の測定方法について記す。

方法：松原法

原理：
① 血清に塩酸を加え，加熱し，タンパク変性させた後，トリクロル酢酸により除タンパクし，結合鉄（トランスフェリン）から鉄を遊離させる。

血清 $\begin{cases} 遊離鉄 \\ (Fe^{2+} または Fe^{3+}) \\ 結合鉄 \\ (トランスフェリン) \end{cases}$ $\xrightarrow[除タンパク，遠心]{塩酸，加熱}$ 遊離鉄（Fe^{2+}またはFe^{3+}）

② 遊離鉄（Fe^{2+}，大部分Fe^{3+}）を含む上清に還元剤を加え，鉄イオンをすべて2価の鉄に還元する。

上清 $Fe^{2+} \longrightarrow Fe^{2+}$
$2Fe^{3+} \longrightarrow 2Fe^{2+}$
（還元型）アスコルビン酸 $\xrightarrow{-2H}$ （酸化型）デヒドロアスコルビン酸

③ 2価の遊離鉄に1, 10-フェナントロリン（o-フェナントロリン）を加え発色させ，比色定量する。発色は瞬間的である。o-フェナントロリンは，2価の鉄でも3価の鉄でも，ともに鉄キレートを形成するが，2価の鉄［o-フェナントロリン鉄（Ⅱ）キレート］ではpH 3～8で特異的な濃紅色を呈し，3価の鉄［o-フェナントロリン鉄（Ⅲ）キレート］ではほとんど無色である。それゆえ，3価の鉄は

---

*3 T；試薬⑤および補足説明の項参照。
*4 0.2；カルシウムの分子量40.01，過マンガン酸カリウムの分子量158.04で，1 molの過マンガン酸カリウムは5当量であるから，0.01規定過マンガン酸カリウム溶液（0.316 g/L）はカルシウム（2当量）の$40.01 \div 2 \times 0.01 = 0.2$ g/L溶液に相当する。したがって，0.01規定過マンガン酸カリウム溶液1.0 mLはカルシウムの0.2 mgに相当する。もし，0.01規定過マンガン酸カリウム溶液の力価Tが1.00（$T=1.00$）であれば，その1.0 mLがカルシウムの0.2 mgとなることから，$(b-c) \times 0.2$が血清1.0 mL中に含まれるカルシウム量（mg）となり，100 mL中（mg/dL）にはその100倍となる。

すべて2価に変える必要がある。

$$Fe^{2+} \xrightarrow{3\ o\text{-フェナントロリン (phen)}} [Fe^{II}(phen)_3]^{2+} \text{(濃赤色)}$$

$$2Fe^{3+} \longrightarrow [Fe^{III}(phen)_3]^{3+} \text{(無色)}$$

1,10-フェナントロリン　　　　1,10-フェナントロリン
(o-フェナントロリン)　　　　　鉄(II)キレート

$\dfrac{1}{3}Fe^{2+}$ (pH 3〜8)

試薬：

① 純水［H_2O；鉄不含］

② 1規定塩酸［$1N$ HCl］
　濃塩酸（特級, 36％）を純水で12倍希釈する。

③ 20％トリクロル酢酸溶液（20％ CCl_3COOH；TCA）
　TCA（特級）20gを純水で100mLとする。

④ 25mg/dL L-アスコルビン酸溶液［L-$C_6H_7O_6$］
　測定直前に，L-アスコルビン酸（特級）25mgを，純水に溶かして100mLとする。

⑤ 30％酢酸ナトリウム溶液［30％ $CH_3COONa\cdot 3H_2O$］
　酢酸ナトリウム（特級）49.76gを，純水に溶かして100mLとする。発色剤の溶媒（pH 3〜6の調整のため）に使用。

⑥ 30mg/dL o-フェナントロリン溶液［$C_{12}H_8N_2\cdot H_2O$］
　o-フェナントロリン30mgを，30％酢酸ナトリウム溶液100mLに溶かし，ろ紙でろ過して褐色ビンに保存する。

⑦ 200μg/dL鉄標準液
　標準鉄（1mg/mL）0.2mLを0.01規定塩酸（1規定塩酸を100倍希釈）で100mLに希釈する（半年は安定）。

操作：血清（血漿）鉄の測定

① 試験管（1.5cm×11cm）に，血清1.0mLと純水1.0mLをとり，1規定塩酸1.0mLを加えてよく攪拌し，温浴中（80〜90℃）に約2分間つける。タンパクは柔らかい寒天状になる［鉄の遊離］。

② 20％ TCA 1.0mLを加え，十分に攪拌し，3,000回転/minで10分間遠心分離した後，上清からゴムキャップ付きメスピペットで2.0mLを別の試験管にとる(A)［除タンパク］。

③ 盲検用および標準液用として，それぞれ，3本ずつ試験管を用意し，盲検用(B)には純水1.0mLを，標準液用(C)には鉄標準液（0.2mg/dL）1.0mLをとり，さらに，各試験管に1規定塩酸0.5mLと20％ TCA 0.5mLを加える［盲検と標準液の準備］。

④ A，B，Cの試験管に，それぞれ，アスコルビン酸溶液1.0mLを加えてよく攪拌した後，o-フェナントロリン1.0mLを加え，よく攪拌して5分間放置する［還元と発色］。

⑤ 分光光度計（比色計）により，510nmの波長で，水を対照としてA，B，Cの試験管を測定する［比色定量］。

⑥ BとCのそれぞれの平均値から，検量線を求め，その検量線からAの値を算出し，2倍する（2倍希釈している）［計算］。

注意：

① 血中鉄は，微量であるから，水，容器，埃，などからの混入に十分注意する必要がある。

② 血清量は，0.5mLでも可能であるが，その場合は，発色剤としてo-フェナントロリンの代わりにバソフェナントロリン[*5]（感度は高いが，かなり高価）を使う必要がある。また，操作①の段階で純水1.5mLを加え，計算時に4倍する（血清量は2.0mLを基準とする）。

③ 微量測定には原子吸光法が使われている。

[*5] バソフェナントロリンスルホン酸（市販）67mgを30g/100mL酢酸ナトリウム溶液に溶かして100mLとする。

2. ビタミン

　ビタミンは動物が栄養上必須とする成分であり、そのほとんどは食品として摂取しなければならない。ビタミンは4種類の脂溶性ビタミンと9種類の水溶性ビタミンからなる。脂溶性ビタミンであるビタミンAとビタミンDはステロイドホルモンと同様の機序で作用し、水溶性ビタミンは補酵素として機能することが知られている。ビタミンの要求量は動物により異なるが、生体が必要とする量に達しない状態が続くと様々な欠乏症が現れる。近年、抗酸化作用、抗ガン作用などビタミンの新たな機能が報告されており、ビタミンの生理作用の解明は完結していない。ここでは代表的なビタミンの定量法を紹介する。

2.1 脂溶性ビタミンの定量法

2.1.1 ビタミンA

　ビタミンAは一般にはレチノールを指す。緑黄色野菜に含まれるβ-カロテンは体内でレチノールに変換される。生理作用を示すのはレチノールが酸化されたレチナールやレチノイン酸であると考えられている。ここではレチノールの定量方法を紹介する。最近はHPLCを用いるビタミンAの定量が主流になっているが、ここでは簡便な比色法を紹介する。

(1) 試薬
①メタノール-クロロホルム（2:1 v/v）
②95％エタノール
③冷アセトン
④3％ピロガロール-エタノール
⑤無水硫酸ナトリウム

(2) 試料の調製
組織：
①1gの組織に3mLのメタノール-クロロホルム（2:1 v/v）を加え1分間ホモゲナイズする。
②クロロホルムを1mL加え1分間ホモゲナイズする。
③水を1mL加え1分間ホモゲナイズする。
④600×gで5分間遠心し、下層のクロロホルム層を回収する。
⑤減圧下で溶媒を除去後、残渣を2mLの石油エーテルに溶かし試料とする。

血清：
①1mLの血清に1mLの95％エタノールと1.5mLのエーテルを加え混和する。
②1,500×gで5分間遠心し、上層をとる。
③3mLの冷アセトンを加え氷上で1時間放置する。
④3,000×gで5分間遠心して上清を試料とする。
⑤減圧下で溶媒を除去後、残渣を2mLの石油エーテルに溶かし試料とする。

(3) 試料のケン化
①試料1mLをガラス試験管に採取する。
②10mLの3％ピロガロール-エタノール、1mLの60％KOHを加え混和後、70℃で30分加温し、水冷する。
③3mLの水、13mLの石油エーテルを加え、10分間振とうする。
④2,000×gで10分間遠心する。
⑤水層を別の試験管に移し、10mLの石油エーテルを加え10分間振とうする。エーテル層はエーテル層回収用試験管に移す。
⑥2,000×gで10分間遠心する。
⑦水層をのぞき、エーテル層をエーテル層回収用試験管に移す。
　エーテル層回収用試験管に15mLの水を加え混和、遠心後に水層を捨てる。この操作を遠心後の水層が中性になるまで繰り返す（フェノールフタレイン等で確認）。

(4) レチノールの定量
①溶液を三角フラスコに移し、6.5mLの石油エーテルを加え、さらに1.6gの無水硫酸ナトリウムを加え混和する。溶液をナス型フラスコに移す。三角

フラスコ中に残った硫酸ナトリウムは，石油エーテル6.5mLを使いナス型フラスコに移す。
② 回収したエーテル層をロータリーエバポレーターで45℃に加温しながら濃縮する。
③ 溶液を波長310，325，334nmにおける吸光度A1，A2，A3を測定する。
④ 以下の式からレチノール量を求める。

1g中のレチノール（単位）＝ E×1,830

$E = A2/W \times V/100 \times f$

$f = 6.815 - 2.555 \times A1/A2 - 4.260 \times A3/A2$

（f：補正係数，V：試料溶液総mL，W：VmL中の試料g数）

2.1.2 ビタミンD

ビタミンDは一般にカルシフェロールを指す。植物ではエルゴステロールが，動物では7-デヒドロコレステロールが合成され，それぞれ紫外線によってエルゴカルシフェロール，コレカルシフェロールとなる。肝臓，続いて腎臓で1位と25位が水酸化された1,25ジヒドロキシコレカルシフェロールが活性体である。ここではHPLCを用いた各カルシフェロールの分離と定量と，総カルシフェロールを定量できる比色法を紹介する。比色法ではビタミンA，ビタミンE，ステロール等の妨害物質の影響があり，正確に定量するのは困難な場合がある。そのような場合にはWilkieらの補正法を参照する。Wilkie JB, Jones SW, Kline OL. Determination of vitamin D by a chemicalmethod involving chromatography and color inhibition. J. Am. Pharm. Assoc. Am. Pharm. Assoc. 1958；47(6)：385-94.

2.1.2.1 HPLC法

(1) 試薬

① ビタミンD標準溶液（ビタミンD_3またはビタミンD_2をエタノールに10μg/mLの濃度になるように溶解する）
② メタノール-クロロホルム（2：1 v/v）
③ 冷アセトン
④ 1％塩化ナトリウム溶液
⑤ 3％ピロガロール-エタノール
⑥ 60％水酸化カリウム溶液
⑦ ヘキサン-酢酸エチル混合液（9：1 v/v）

(2) 試料の調製

組織：

① 1gの組織に3mLのメタノール-クロロホルム（2：1 v/v）を加え1分間ホモゲナイズする。
② クロロホルムを1mL加え1分間ホモゲナイズする。
③ さらに水を1mL加え1分間ホモゲナイズする。
④ 600×gで5分間遠心し，下層のクロロホルム層を回収する。
⑤ 減圧下で溶媒を除去後，残渣を2mLの石油エーテルに溶かし試料とする。

血清：

① 1mLの血清に1mLの95％エタノールと1.5mLのエーテルを加え混和する。
② 1,500×gで5分間遠心し，上層をとる。
③ 3mLの冷アセトンを加え氷上で1時間放置する。
④ 3,000×gで5分間遠心して上清を回収する。
⑤ 上清を減圧下で溶媒を除去後，残渣を2mLの石油エーテルに溶かし試料とする。

(3) 試料のケン化とHPLC用サンプルの調製

① 2mLの試料をガラス試験管に採取する。
② 3％ピロガロール-エタノールを10mL，60％KOHを5mL加え混和後，70℃で60分加温し，水冷する。
③ 19mLの1％NaCl，15mLのヘキサン-酢酸エチル混合液（9：1 v/v）を加え，5分間振とうする。
④ 2,000×gで10分間遠心する。
⑤ 上層を別の有機層回収用試験管に移す。
⑥ 残りの水層に対して③〜⑤の操作を2回繰り返す。
⑦ 回収した有機層をロータリーエバポレーターで，減圧乾固する(40℃)。
⑧ 2mLの2-プロパノール-ヘキサン（1：99 v/v）に溶かして，HPLC用サンプルとする。

(4) 各種ビタミンDの分離

カラム　Inertsil NH$_2$（5μm，250×10mm）
移動層　2-プロパノール-n-ヘキサン（1:99 v/v）
流速　　7 mL/min
温度　　40℃
波長　　265nm

① ビタミンD標準溶液200μLをHPLCに流して，溶出ピーク時間を確認する。
② HPLC用サンプルを200μLをHPLCに流して，ビタミンD標準溶液がピークとなる時間の前後1分間を分取する。
③ ロータリーエバポレーターで，減圧乾固する（40℃）。
④ 400μLの2-プロパノール-ヘキサン（1:99 v/v）に溶かして，(5)のHPLC用サンプルとする。

(5) ビタミンD$_3$およびD$_2$の分離および定量

カラム　InertsiL ODS-P（5μm，250×4.6mm）
移動層　アセトニトリル
流速　　1.5 mL/min
温度　　40℃
波長　　265nm

分光検出器　(4)で分取し再溶解したサンプル200μLをODSカラムを用いたHPLCに供する。先に出るピークがビタミンD$_2$である。

(6) 検量線の作成

標準溶液を低濃度(50μg/mL)，中濃度(100μg/mL)，高濃度(200μg/mL)を試料と同様にInertsil NH$_2$カラムを用いてビタミンD画分の分取，乾固した後，400μLの2-プロパノール-ヘキサン（1:99）に溶かして，(5)のHPLC用サンプルとする。200μLをHPLCに供してピーク面積を測定し，検量線を作成する。

2.1.2.2 比色法（血清試料の測定）

(1) 試薬

25％アスコルビン酸ナトリウム
95％および72％エタノール
ジキトニン溶液（2gのジキトニンを100mLの72％エタノールに溶解）
2M 水酸化カリウム

(2) 試料の調製

① 血清2mLに0.2mLの25％アスコルビン酸ナトリウム，20mLのエタノール，1.5gの水酸化カリウムを加えて70℃で60分間加温し，水冷する。
② 20mLのベンゼンを加え混和し，ベンゼン層を回収する。
③ 当量の水を加え混和後のベンゼン層を回収する。

(3) ステロール類の除去

① 17.5mLのベンゼン溶液を減圧下で溶媒を除去し，2mLの95％エタノールに溶かす。
② 0.86mLの水，1mLのジキトニン溶液を加えて2時間室温に放置する。
③ 上清を回収し，2.5mLずつの石油エーテルで2回抽出する。
④ 抽出液に2mLの72％エタノールを加え混和した後，エーテル層を回収して減圧下で溶媒を除去し，1mLの石油エーテルに溶解する。

(4) カロテンおよびトコフェロールの除去

① 0.7×4cmのカラムにアルカリ処理アルミナ（75gのアルミナに75mLのエタノールに溶解した2M水酸化カリウムを加え15分間加熱する。ろ過後のアルミナを130℃で真空乾燥する。この5gを三角フラスコにとり，0.55mLの水を加え，ゴム栓で密栓後5分間加熱した加熱し，冷後使用する）を石油エーテルを用いて充填する。
② カラムに試料の全量を移す。
③ 5mLの1％ジエチルエーテル-石油エーテル（v/v）をカラムに通した後，5mLの10％ジエチルエーテル-石油エーテル（v/v）で溶出する。
④ 溶出液を減圧下で溶媒を除去し，1mLの石油エーテルに溶解する。

(5) ビタミンAの除去

① 0.7×4cmのカラムに3gのFlorisil（約15％w/vの水を含ませる，60-100メッシュ）を石油エーテル

を用いて充填する。
② カラムに試料の全量を移す。
③ 5 mLの1％エーテル-石油エーテル（v/v）をカラムに通した後，5 mLのベンゼンで溶出する。
④ 溶出液を減圧下で溶媒を除去する。

(6) カルシフェロールの呈色と定量
① 残渣を1 mLの塩化エチレンに溶解する。
② 1 mLのNield試薬（20 gのSbCl$_3$，2 mLの塩化アセチル，100 mgのクロロホルム）を添加し，45秒後の波長500 nmの吸光度，90秒後の波長550 nmの吸光度を測定する。

(7) ビタミンD標準液
5 mLのビタミンD標準液（50 μg/mL）にベンゼンを加え100 mLに定容する。2 mLに2 mLのNield試薬を加えて同様に吸光度を測定する。

(8) 試料中カルシフェロール濃度の算出法
試料中のビタミンD含量（μg/mL）= Cs $(A^2_{500} - A^2_{550})$ / C $(A^1_{500} - A^1_{550})$ × 2 × 200 / 175

A^1_{500}：ビタミンD標準液のA500
A^1_{550}：ビタミンD標準液のA550
A^2_{500}：試料のA$_{500}$
A^2_{550}：試料のA$_{550}$
C：試料の採取量（2 mL）
Cs：ビタミンD標準液の濃度（2.5 μg/mL）

2.1.3 ビタミンE
ビタミンEはトコフェロールおよびトコトリエノールをさす。それぞれα-，β-，γ-の構造異性体が存在する。HPLCを利用した定量法ではそれぞれの同族体の分離定量が可能である。HPLCが利用困難な場合には比色法によって総トコフェロールを定量できる。

2.1.3.1 HPLC法
(1) 試薬
① 0.05M SDS溶液
② 移動相　ヘキサン：イソプロパノール：ジオキサン = 985：10：5（V/V/V）
③ トコール溶液（1 mgトコール/1 mLヘキサン）

(2) 試料の調製
血清：
① 1 mLの血清を試験管にとり，1 mLのSDS溶液，2 mLのエタノール，1 mLのヘキサンを加える。
② 1分間ボルテックスで撹拌する。
③ 1,000×gで1分遠心する。
④ 500 μLの上清（ヘキサン）を1.5 mLチューブに回収する。
⑤ 窒素ガスにてドライアップする。
⑥ 移動相とトコール溶液（1 mgトコール/1 mLヘキサン）を400：1（v/v）の割合で混合したものを，⑤の残渣に100 μL加え，よく撹拌する。

組織：
① 組織を0.2 g切り取り，正確に秤量する。（重量を記録しておく）
② SDS溶液2 mLを加えホモゲナイズし，メスフラスコを用いて10 mLにメスアップする。
③ このホモジネート1 mLを採取し，1 mLのSDS溶液，2 mLのエタノール，1 mLのヘキサンを加える。
④ 1分間ボルテックスで撹拌する。
⑤ 1,000×gで1分遠心する。
⑥ 上清（ヘキサン）を500 μLチューブに回収する。
⑦ 窒素ガスにてドライアップする。
⑧ 移動相とトコール溶液を400：1（v/v）の割合で混合したものを，⑦の残渣に100 μL加え，よく撹拌する。

(3) 各種ビタミンEの分離と定量
カラム　Wakosil 5 SIL（4.6 mm×250 mm ODS column）
移動層　ヘキサン：イソプロパノール：ジオキサン = 985：10：5（v/v/v）
流速　1.2 mL/min
（分光検出器）波長　292 nm
HPLCにて次項に従い定量を行う。サンプルは20 μL injectする。

(4) 検量線の作成

① 各ビタミンE同属体を0, 25, 50, 75, 100μg/mLとなるようにヘキサンに溶解する。各濃度の溶液を1mLとり、N_2ガス下でドライアップした後、0.05% SDS溶液を加え、よく攪拌する。血清と同様の方法で抽出作業を行った後、HPLCに供して測定を行い、検量線を作成する。

② 内部標準であるトコールのピークエリアと、試料の目的とするビタミンEのピークエリアの面積比を求め、検量線から、血清または組織中のビタミンE濃度を求める。

2.1.3.2 比色法（血清試料の測定）

(1) 試薬

① 10%アスコルビン酸
② 50% 水酸化カリウム
③ 0.3% α, α'-ジピリジル-エタノール溶液
④ 0.12% $FeCl_3$-エタノール溶液

(2) 試料の調製と呈色反応

① 2mLの血清に1mLの10%アスコルビン酸、0.2mLの50% 水酸化カリウムを加えて混和する。
② 3mLのエタノールを加え10分間加熱する。
③ 水冷後5mLのキシレンを加え8分間振り混ぜ1,000×gで5分間遠心する。
④ キシレン層を4mLとり、460nmの吸光度を測定する。
⑤ 3mLのキシレン層に1mLの0.3% α, α'-ジピリジル-エタノール溶液、1mLの0.12% $FeCl_3$エタノール溶液を加えて混和する。
⑥ 2分後に520nmの吸光度を測定する。
⑦ 血清試料の代わりに水を試料として同様に処理して520nmの吸光度を測定する。
⑧ 下の式に代入してA_Tを算出する。

$A_T = A_{520} - (A_B + 0.217 \times A_{460})$

A_B：血清の代わりに水を用いて同様に処理したA$_{520}$

(3) 検量線の作成

dL-α-トコフェロール酢酸を10, 30, 70μgを血清と同様に処理してA_Tを求め検量線を作成する。

2.2 水溶性ビタミンの定量

2.2.1 ビタミンB_1

ビタミンB_1は一般にチアミンを指す。またそのリン酸エステルである、チアミン1リン酸、チアミン2リン酸、チアミン3リン酸が存在する。活性型はチアミン2リン酸である。ここではリン酸エステル型をすべて脱リン酸化した総チアミン量を定量する方法を紹介する。

(1) 試薬

① 0.5M 塩酸
② 0.1M 酢酸緩衝液 pH4.5
③ 0.5% アミラーゼ
④ 陽イオン交換樹脂（パームチット）
⑤ 25% KCl-0.1M HCl溶液
⑥ 0.01M NaH_2PO_3-0.15M 過塩素酸ナトリウム溶液
⑦ 0.05% フェリシアン化カリウム-15%NaOH

(2) 試料の調製

① 2gの組織を40mLの生理食塩水でホモジナイズする（血清の場合は2mLを生理食塩水でメスアップ）。
② 0.5M 塩酸を10mL加え混和後、30分間沸騰水浴中で加熱撹拌する。
③ 室温まで冷却した後、4M 酢酸ナトリウム溶液でpHを4.0〜4.5に調整する。
④ 0.5%アミラーゼ溶液を5mL加える。防腐のためにトルエンを0.1mL加える。
⑤ 37℃で一晩インキュベートする。
⑥ 0.1M 酢酸緩衝液 (pH4.5) で100mLに定容する。
⑦ 固相カラム (Bond Elut Jr. SCX 500mg) をメタノール5mLで洗浄後、水5mLでメタノールの流出、0.1M 酢酸緩衝液5mLでカラムを平衡化する。
⑧ 抽出液10mLをカラムにアプライする。
⑨ 5mLの水で非吸着画分を流出する。
⑩ 10mLの溶出液（メタノール：25%KCl-0.1M HCl 溶液 = 2:8）および8mLの25% KCl-0.1M HCl

溶液で溶出される画分を回収し，25%KCl-0.1M HCl溶液で20mLに定容する。

(3) HPLCによる分離と定量

カラム　Inertsil ODS-3 (150mm×4.6mm)

移動相　メタノール：0.01M NaH_2PO_3-0.15M 過塩素酸ナトリウム溶液 = 1：9 混合液 v/v

流速　0.8mL/min

反応液 0.05%フェリシアン化カリウム-15% NaOH 0.4mL/min

反応コイル 5m×0.33mm

温度　40℃

蛍光検出器　励起波長375nm　蛍光波長440nm

抽出液20μLをHPLCに供する。

(4) 検量線の作成

チアミン塩酸標準品100mgを1M HCl溶液で溶解し100mLに定容する（1,000μg/mL）。原液を0.1M HCl溶液で1.0μg/mLに希釈して標準溶液とする。標準溶液を2.5%KCl-0.1M HCl溶液でさらに 0.1 および 0.02 μg/mLに希釈してHPLCに供して検量線を作成する。

2.2.2　ビタミンB_2

ビタミンB_2の化合物名はリボフラビンである。体内でフラビンモノヌクレオチド（FMN）やフラビンアデニンジヌクレオチド（FAD）に変換され，電子伝達系等の生体内酸化還元に関与する。これらの物質は紫外線照射により黄緑色蛍光を発し，この特性を利用して定量できる。ここではHPLCを用いた分離定量を紹介する。

(1) 試薬

生理食塩水

(2) 試料の調製

①2gの組織に5mLの生理食塩水を加えホモゲナイズし，10mLにメスアップする（血清の場合は2mLを生理食塩水で10mLにメスアップする）。

②80℃で15分間加温する。

③10,000×gで5分間遠心した上清を試験液とする。

(3) HPLCによる分離と定量

カラム　Inertsil ODS-3 (150mm×4.6mm)

移動相　メタノール：0.01M NaH_2PO_3 (pH5.5) = 35：65 混合液 v/v

流速　0.8mL/min

温度　40℃

蛍光検出器　励起波長 445nm　蛍光波長 530nm

抽出液20μLをHPLCに供する。

(4) 検量線の作成

それぞれの標準液FAD（2, 20, 50μg/mL），FMN（0.1, 0.5, 1.5μg/mL），riboflavin（0.1, 1, 2μg/mL），lumiflavin（1, 10, 20μg/mL）を水に溶解し作製する。20μLをHPLCに供して検量線を作成する。

2.2.3　ビタミンB_6

ビタミンB_6はピリドキシン，ピリドキサール，ピリドキサミンおよびそれぞれのリン酸エステルであるピリドキシン5'リン酸，ピリドキサール5'リン酸，ピリドキサミン5'リン酸の総称であるが，一般にはピリドキシンと呼ばれる。体内での活性型はピリドキサールリン酸である。それぞれを分離して定量可能なHPLC法もあるが，ここでは操作が簡便なバイオアッセイ法を紹介する。

(1) 試薬

①8％および10%TCA

②0.023M 硫酸

③培地　ビタミンB_6定量用基礎培地（日水製薬）2倍濃度で作成する。

④標準液　塩酸ピリドキシンを溶解して 0, 0.5, 1.0, 2.0, 4.0, 5.5, 7.5ng/mLの水溶液を作製する。

⑤菌　ビタミンB_6要求性を示す *Saccharomyces carlsbergensis* ATCC 9080

(2) 試料の調製

組織：

①1g組織に0.023M 硫酸を10mL，加え氷上でホモゲナイズする。

②300rpmで30分間振とう後，600×gで5分間遠心分離して上清を得る。
③沈澱はさらに3回，各3分間ずつ0.023M硫酸10mLで振とうした後の遠心上清を回収する。
④液を合わせて120℃で2時間オートクレーブする。
⑤水で100mLに定容して試料とする。

血清：
①血清100μLに，10%TCAを400μL加えて混合後，600×gで5分間遠心分離して上清を得る。
②沈澱を8%TCA 400μLに懸濁した後，再度遠心する。
③上清を合わせて，同量のエーテルを加え混和後遠心する。
④水層を別チューブに移して同量のエーテルを加え混和後遠心する。
⑤水層を別チューブに移して同量のヘキサンを加え混和後遠心する。
⑥水層を別チューブに移し，減圧乾燥機（SpeedVac）で5分程度減圧し，ヘキサンを除去する。
⑦水で10mLに定容して試料とする。

(3) 菌を用いた定量
①試料もしくは標準液1.5mLに2mLの2×ビタミンB_6定量用基礎培地を試験管に入れてオートクレーブで滅菌する。
②冷却後菌液0.5mL植菌（640nmでの吸光度が0.4になるように滅菌生理食塩水で希釈する）する。
③30℃で15〜18時間振とう培養する。
④菌の濁度を640nmで測定する。

2.2.4 ビタミンB_{12}

ビタミンB_{12}の化合物名はコバラミンである。生体内ではメチルコバラミンとアデノシルコバラミンが補酵素として機能している。ここでは操作が簡便なバイオアッセイ法を紹介する。

(1) 試薬
①0.1M酢酸緩衝液（pH4.5）
②2.5μg/mL KCN溶液
③培地　ビタミンB_{12}定量用基礎培地（日水製薬）2倍濃度で作成する。
④標準溶液　シアノコバラミンを溶解し，0, 5, 10, 20, 50, 100 pg/mLに調製する。
⑤菌　ビタミンB_{12}要求性を示す *Lactobacillus leichmannii* ATCC7830

(2) 試料の調製
組織：
①1gの組織に0.1M 酢酸緩衝液pH4.5を2mL，水を19.8mL加えてホモゲナイズする。
②ホモジネートを試験管に移し，0.2mLの2.5μg/mL KCN溶液を加えよく混和する。
③3,000×gで20分間の遠心し，上清を試料とする。

血清：
①1mLの血清に1mLの0.1M 酢酸緩衝液（pH4.5），0.1mLの2.5μg/mL KCN溶液，9.9mLの水を加える。
②120℃5分間オートクレーブする。
③0.1mLの10%メタリン酸溶液を加えよく混和する。
④3,000×gで20分間の遠心した上清を試料とする。

(3) 菌を用いた定量
①試料もしくは標準液1.5mLに2mLの2×ビタミンB_{12}定量用基礎培地を試験管に入れて120℃で3分間オートクレーブする。
②一晩，前培養し増やした菌を600×gで5分間遠心で沈澱させて滅菌生理食塩水に懸濁する。2回繰り返す。
③菌を滅菌生理食塩水で再懸濁して640nmでの吸光度が0.4になるように希釈する。0.5mLを植菌する。
④37℃で17〜20時間振とう培養する。
⑤菌の濁度を640nmで測定する。

2.2.5 ビタミンC

ビタミンCの化合物名はアスコルビン酸である。その定量にはビタミンCとヒドラジンによって有色のオ

サゾンを生成させるヒドラジン法がよく用いられるが長時間の反応が必要である。ここでは比較的短時間で定量可能なα, α'-ジピリジル法を紹介する。ビタミンCの還元力を利用した方法である。

(1) 試薬

① 10%および5%TCA液

② アスコルビン酸標準液 5%TCAで溶解し、5 mg/dL溶液を調製する。

③ 呈色試薬

A液：0.8gのα, α'-ジピリジルを80mLの水で溶解し、5mLのリン酸を加える。

B液：3%塩化第二鉄（6水塩）とリン酸を2：1で混和

使用直前にA液とB液を85：15の割合で混和

(2) 比色法（血清試料の測定）

① 1.2mLの血清に1.2mLの10%TCAを加えよく混和後に氷中に10分間放置。

② 2,000×gで3分間遠心して上清を回収する。

③ 1.5mLの上清に1mLの呈色試薬を加えて37℃で15分間加温。

④ 波長525nmの吸光度を測定する。

(3) 検量線の作成

各1.5mLの0, 1, 2, 3, 4, 5 mg/dLの標準液に1mLの呈色試薬を加え上記と同様に測定する。

Point
（ビタミンの定量）

- **ビタミンA** 熱および光により酸化分解が促進される。
- **ビタミンD** 溶媒中では空気に接しても安定で、熱に耐性である。
- **ビタミンE** 熱や酸に耐性であるが、アルカリ下では加熱により分解される（ケン化の際にはアスコルビン酸等の抗酸化剤を添加する必要がある）。可視光線に耐性があるが紫外線により分解される。空気中の酸素に安定であるが徐々に酸化される。
- **ビタミンB_1** 酸性下で安定であるが加熱により分解が進む。
- **ビタミンB_2** 酸性下では安定で熱や紫外線に耐性があるが、中性では加熱、紫外線により容易に分解される。重金属も分解を促進するのでキレートの添加により分解が防止できる。
- **ビタミンB_6** 酸性下では光に耐性があるが、中性では光によって急速に分解される。pHに関わらず熱には耐性がある。
- **ビタミンB_{12}** 酸性下で安定であり紫外線に耐性がある。中性では紫外線により分解される。加熱には弱く酸性下でも分解される。
- **ビタミンC** 乾燥状態では空気中でも安定であるが、水溶液中では容易に酸化される。加熱により不安定になる。Cu^{2+}, Ca^{2+}, Fe^{3+}は酸化を促進するためキレートの添加によりビタミンCの酸化が抑制される。

G 糖質の定性，定量

糖質は単糖を基本単位とし，グリコシド結合により重合し，グリコーゲンなどの巨大な分子となるほか，核酸や糖タンパク質，糖脂質として多様な生理活性を担っている。糖類の定性や定量法はその化学的特性や物理的特性に基づいて行われ，ここでは基本的な単糖類および多糖類について，基礎的な化学的定性法および定量法を述べる。化学的方法は糖の還元性に基づくもの，特殊な化合物との反応による呈色反応を利用するもの，酵素を利用するものがある。

1. 糖質の定性，定量

1.1 糖類の定性反応

(1) Benedict反応

目的：糖の還元性を利用した糖の代表的検出法である。

原理：糖の環状構造がアルカリ性溶液でほどけ還元性を示すカルボニル基が露出し，アルカリ性溶液中で硫酸銅を酸化銅に変え溶液内に赤色の沈澱を生成させる反応である。還元性を持たない糖は反応しない。

$$Na_2CO_3 + 2H_2O \longrightarrow 2NaOH + H_2CO_3$$
$$CuSO_4 + 2NaOH \longrightarrow Cu(OH)_2 + Na_2SO_4$$
$$2Cu(OH)_2 \longrightarrow Cu_2O + O + 2H_2O$$

試薬：
① 各種糖液；arabinose, galactose, fructose, glucose, mannose, lactose, sucroseを採り，それぞれ0.5％糖溶液を調製する。
② Benedict試薬；クエン酸ナトリウム173gと無水炭酸ナトリウム90gとを純水約600mLに溶解し，ろ過後のろ液に純水を加え約850mLとし，これをA液とする。硫酸銅（5分子の結晶水を含む）17.3gを純水100mLに溶解しB液とする。A液にB液を混入攪拌し，最後に純水にて全容積を1,000mLに合わせる。

操作：Benedict試薬5mLを7本の試験管にとり，各種糖液をそれぞれの試験管に数滴ずつ加え，沸騰水中にて正確に2分間加熱後，流水中にて冷却し，沈澱の有無と沈澱があればその色を観察する。還元性を持つ糖はすべて黄赤色の沈澱を生ずる。

(2) Fehling反応

目的：還元糖の検出に用いられる。

原理：Benedict反応に同じ。

試薬：
① 糖液；Benedict反応にて記述したものを用いる。
② Fehling試薬；硫酸銅（5分子の結晶水を含む）34.6gを500mLの純水に溶解しA液とする。酒石酸ナトリウム・カリウム173gと水酸化ナトリウム50gを純水500mLに溶解，B液とする。A液とB液を等量混合する。

操作：糖液にFehling試薬を混和し，加熱する。黄赤色の沈澱を生ずる。

注意：糖以外でもアルデヒド基を持つ化合物は陽性反応を示す。

(3) Barfoed反応

目的：糖の還元性を利用した反応である。単糖と二糖を鑑別するのに都合がよい。

原理：Benedict反応の変法である。酸性溶液中で還元性糖が酢酸銅を酸化し，酸化銅の赤色沈澱を生成する。還元性を示さぬ二糖も加熱によるグリコシド結合の加水分解により還元性を有する単糖を生成するので，時間が経過すると赤色沈澱を生成する。

試薬：
① 糖液；Benedict反応にて調製したもののうち，glucose, fructose, lactose, sucroseの各糖液を利用する。
② Barfoed試薬；酢酸銅24gを450mLの純水に懸濁し煮沸溶解する。溶解後直ちに8.5％乳酸25mLを加え，混和後冷却し，純水にて全容量を500mLとする。

操作：
① 4本の試験管にBarfoed試薬5mLずつをとり，上記4種の糖液1mLをそれぞれに加え混和する。
② 沸騰水中に立て，それぞれの試験管の沈澱生成にかかる時間を計る。単糖はすばやく反応し，黄色－赤色の酸化銅の沈澱を生ずる。長時間加熱すると，二糖も反応する。

(4) Nylander反応

目的・原理：Benedict反応に同じ。

$$BiONO_3 \cdot H_2O + NaOH \longrightarrow Bi(OH)_3 + NaNO_3$$
$$2Bi(OH)_3 - 3O \longrightarrow 2Bi\downarrow + 3H_2O + 3O$$

試薬：
① 糖液；Benedict反応にて使用したものと同じ。
② Nylander試薬；10％水酸化ナトリウム100mLに酒石酸ナトリウム・カリウム4.0gを溶解し，次硝酸ビスマス2.0gを加え，加温溶解し，混濁がある場合は静置し，上清のみを分離，褐色ビンに貯蔵する。

操作：
① 試験管にとった糖液に，その1/5か1/10容量のNylander試薬を加え，よく混和する。
② 加熱・煮沸する。糖が多いときは煮沸後間もなく金属ビスマスが析出し，濃黒色となる。糖量が少ないときは褐色から暗褐色を示す。

注意事項：
① glucoseの場合，検出感度は50mg/100mLである。
② 尿中の糖の検出に用いられる。

(5) Molisch反応

目的：5炭糖や6炭糖の検出に用いる。

原理：糖が濃硫酸により脱水され，フルフロールまたはジヒドロキシメチルフルフロールを生じ，これがα-ナフトールのスルフォン化物と化合して紫赤色の色素を生ずる（図G-1）。

試薬：
① 糖液；Benedict反応で記述したものを用いる。
② Molisch試薬；α-ナフトール15gをエチルアルコール100mLに溶解する。

操作：
① 試験管に糖液1mLをとり，Molisch試薬1～2滴を加え，よく混和する。
② 濃硫酸を静かに重層させる。

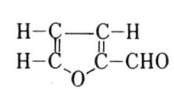

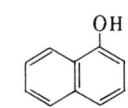

フルフロール　　ジヒドロキシメチルフルフロール　　α-ナフトール

[図G-1] Molisch反応の原理

```
〔アルドース〕  H-C=O      H-C=N-NH-C₆H₅     H-C=N-NH-C₆H₅    H-C=N-NH-C₆H₅
              H-C-OH  →  H-C-OH         →  C=O           →  C=N-NH-C₆H₅
              R          R                 R                R
                         (フェニールヒドラゾン)                (オサゾン)

〔ケトース〕    H₂-C=OH    H₂-C=OH           H-C=O            H-C=N-NH-C₆H₅
              C=O     →  C=N-NH-C₆H₅   →  C=N-NH-C₆H₅   →  C=N-NH-C₆H₅
              R          R                 R                R
```

[図G-2] Phenylhydrazine反応の原理

③両液の境界に紫赤色を生ずる。

注意：
①糖の検出反応として汎用される。特にアルドースは鋭敏である。
②多糖，糖タンパクは反応する。アミノ糖は反応しない。
③グルクロン酸は緑色の呈色を示すなど糖の種類・濃度によっては異なる色調を示すことがある。

(6) Phenylhydrazine反応

目的：種々の糖液を還元反応や呈色反応のみで鑑別することは場合によっては困難なことがある。Phenylhydrazineを各種糖に作用させると糖によって形の異なる結晶を形成し，それによって糖の鑑別が可能である。

原理：糖のカルボニル基（-C=O）にphenylhydrazineが反応する。Phenylhydrazineが適量のときはhydrazoneが，過剰の時はosazoneが生じ，糖の種類によって異なる結晶を生成する（図G-2）。

試薬：
①糖液；Benedict反応の項にて調整したものを利用する。なお，さらにmaltose, arabinose溶液も準備する。
②phenylhydrazine試薬；phenylhydrazine-HCl 2gと酢酸ナトリウム3gとの割合で混合し，乳鉢でよく粉砕し，さらに純水を10mLの割合で加え，小火炎上で加熱溶解した後，ろ過する。

操作：
①各糖液1mLを別々の試験管にとり，それぞれにphenylhydrazine試薬2mLを加え，よく混和し，煮沸水浴中で加熱する。
②10～15分後mannoseの試験管内容を一部とり分け，室温に放置する。
③さらに20～30分加熱を継続する。
④重湯煎の火を除き，自然に放冷する。
⑤試験管内の沈澱物をすくいとり，顕微鏡下で観察する。糖によって異なる黄色の結晶がみられる（図G-3）。

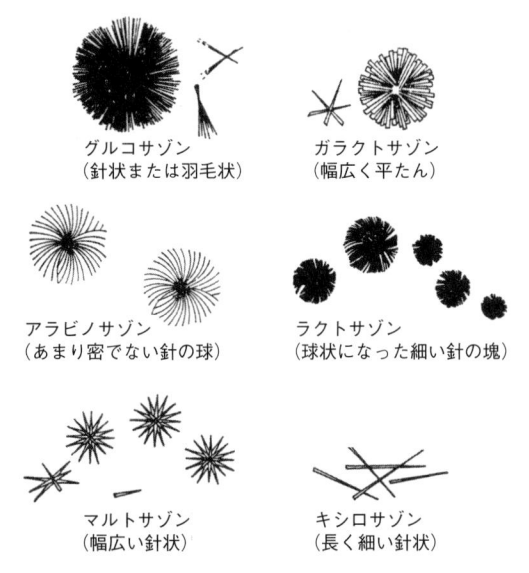

グルコサゾン（針状または羽毛状）
ガラクトサゾン（幅広く平たん）
アラビノサゾン（あまり密でない針の球）
ラクトサゾン（球状になった細い針の塊）
マルトサゾン（幅広い針状）
キシロサゾン（長く細い針状）

[図G-3] 低い倍率の顕微鏡で観察されるオサゾン類の結晶形

(7) ヨウ素デンプン反応

目的：デンプンの希薄溶液にヨウ素液を加えると，デンプンはヨウ素と複合体をつくり青色を呈する。この反応は定性的なデンプンの検出に用いられ，また逆にヨウ素の検出にも用いられる。比色法や電圧滴定法と組み合わせ定量的に用いるとデンプンのアミロース含量や純度測定さらに最大吸収波長から鎖長測定の簡便法として用いられる。

原理：デンプンは通常20～25％のアミロースを含む。アミロースはグルコース6分子で一巻する螺旋状になっており，その空間に1分子のヨウ素が入り，複合体を形成すると特有の青色（最大吸収波長；650nm）を示す。

試薬：
① ヨウ素液；（ヨウ素-ヨウ化カリウム液）2％ヨウ化カリウム溶液にヨウ素0.2％の割合に溶かす。
② 希薄デンプン液；通常1％デンプン溶液を用いる。三角フラスコに1gの可溶性デンプンを秤量しておき，別に100mLの純水を計り，その一部をとり，三角フラスコ内のデンプンを湿らせる。残りの水を沸騰させ，一気にフラスコ内に注ぎ，デンプンを溶かし，さらに2～3分煮沸して溶液を透明にする。

操作：
① 試験管に1～2mLの希薄デンプン液をとる。
② ヨウ素液を1滴加える。アミロース含量が高い（アミロース18.5～20.0mg/100mgデンプン）ものでは鮮やかな青色を示すが，アミロペクチンは赤色を与える。アミロース鎖長が短いグリコーゲンは赤褐色（最大吸収波長460～470nm）となる。

1.2 糖類の定量法

糖の定量法として実用化されている方法はクロマトグラフィーによるものが主流である。即ち薄層クロマトグラフィー（TLC），ガスクロマトグラフィー（GC），高速液体クロマトグラフィー（HPLC）である。特にGCは質量分析装置と組み合わせGC-MSとして，さらにHPLCはごく微量の混合検体を分析できる方法として優れている。しかしクロマトグラフィーによる分離は他章で触れるので本章では化学的方法についてのみ述べる。

糖の化学的定量法としては，糖の還元性による方法，酸等の処理により糖を脱水または酸化することにより生じた化合物を発色させる方法，酵素処理による方法の3つに大別される。ここでは，全糖の定量法として，Somogyi-Nelson法，DNA分析に利用されるものとして，Diphenylamine法，さらに臨床上に利用されるものとして，Glucose-galactose選別定量法を述べる。

(1) Somogyi-Nelson法

目的：還元性を持つ糖の一般的定量法である。定量法としては古くから行われてきたSomogyi法が滴定法であるのを，Nelsonが比色法に改良した。再現性がよく，比較的鋭敏な方法である。

原理：糖と銅試薬の反応で生じた酸化銅を硫酸酸性下でヒ素モリブデン酸と反応させ，モリブデンブルーを定量的に生成させ比色する。

$RCHO + 2CuO \longrightarrow Cu_2O + RCOOH$

$Cu_2O + H_2SO_4 \longrightarrow 2Cu^+ + SO_4^{2-} + H_2O$

$2Cu^+ + MoO_4^{2-} + SO_4^{2-} \longrightarrow 2Cu^+ + モリブデンブルー$

試薬：
① 銅試薬；硫酸銅（5分子の結晶水を含む）15gを純水100mLに溶解した15％溶液をA液とする。無水炭酸ナトリウム25g，酒石酸カリウムナトリウム25g，炭酸水素ナトリウム20g，無水硫酸ナトリウム200gを純水1,000mLに溶解しB液とする。使用直前にA液1mL，B液25mLの割合で混合し銅試薬とする。
② Nelson試薬；モリブデン酸アンモニウム（4分子の結晶水を含む）25gを純水900mLに溶かし，これに濃硫酸42gおよび亜ヒ酸ナトリウム（7分子の結晶水を含む）3g（予め50mLの純水に溶かしておく）を加える。さらに純水を加え1,000mL

とし Nelson 試薬とする。
③標準糖液；純水1mL中にglucoseをそれぞれ10, 20, 40, 80, 160, 320μg含むように調製する。

操作：
①30mLの液量を十分含み得る大きさの径の揃った試験管に，それぞれ試料（1.0mL中に含まれる糖は10～180μgになるように調製する）ないし標準糖液1mLと銅試薬1mLを加え緩く栓をする。
②沸騰湯浴中に10分間置く。
③取り出し，栓を締め，流水中で急冷する。
④Nelson試薬1.0mLを加え，よく振とうする。
⑤純水を加え25mLに希釈する。
⑥15分後，660または500nmの波長で吸光度を測定する。
⑦試料の代わりに純水を用いて得た盲検値を差し引いて標準曲線を作成し，試料値より糖量を求める。

(2) Diphenylamine法

目的：DNA中のデオキシリボースの特異的呈色反応で，高感度である。DNAの定量法としても利用される。ここに記載した方法はDischeの原法で，短時間で実施できる簡便な方法である。

原理：5炭糖（この場合はリボース）を弱酸下で加熱すると，furfuryl-alcoholやhydroxylevulinic aldehydeとその誘導体を生じ，これらはdiphenylamineと反応し，青色を呈する。

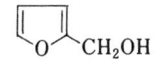

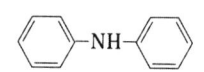

furfuryl-alcohol   diphenylamine

試薬：
①ジフェニールアミン試薬；特級ジフェニールアミン（帯色している場合は70％アルコールか石油エーテルで再結晶したもの）1gを濃硫酸2.75mLに溶解し，これを特級氷酢酸で100mLとする。
②標準デオキシリボース溶液；10～100μg/mLの濃度になるようデオキシリボースを純水に溶解する。DNAを用いるときはその濃度範囲を倍量とする。

操作：
①検体液または標準デオキシリボース溶液1容に対し，ジフェニールアミン試薬2容を加え，よく混和する。
②100℃にて，10分間加熱する。
③冷却後，600nmの波長で吸光度を測定する。

注意事項：
①本法より長時間（約2日）かかるが，特異性と感度に優れているBurton法がある。
②試薬は冷暗所に置いて長時間保存できる。

(3) 血糖の定量法

目的：グルコースに特異性の高い，血液中の糖定量法である。高い特異性はグルコースに特異性の高い酵素を定量法の中に組み込んでいることによる。糖尿の試験紙はこの方法を原理に利用している。

原理：グルコースは酵素の存在下で，glucose-oxidaseの特異的作用をうけてgluconic acidに酸化される。このとき過酸化水素を生ずる。過酸化水素は試薬中のphenolと4-aminoantipyrineとを定量的に酸化・縮合させて赤色を呈する。これを505nmで比色し測定する（図G-4）。

試薬と操作：
すべての試薬標準液を含むグルコースCⅡテスト，ワコー（和光純薬）が市販されている。血清あるいは血漿20μLを用い，キット添付の説明書に従い操作を行う。

$$C_6H_{12}O_6 + O_2 + H_2O \xrightarrow[\text{oxidase}]{\text{glucose}} C_6H_{12}O_7 + H_2O_2$$
グルコン酸

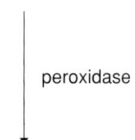

[図G-4] 血糖の定量法の原理

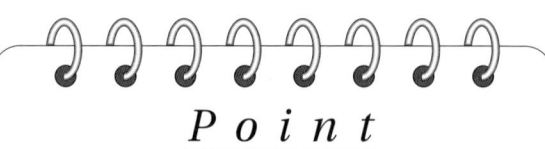

> **Point**
>
> ■糖質の定性・定量にはその還元性が利用される。
> ■糖質の定量はDNA定量に応用される。
> ■血糖値の測定には特異性の高い簡便なキットが利用できる。

H 糖鎖実験法

細胞内外で機能しているタンパク質は，そのほとんどが糖タンパク質である。糖鎖は機能発現や細胞内分子振り分け，体内での半減期および糖タンパク質の立体構造等に関与する。従って糖鎖構造の解析はタンパク質の一次構造・立体構造解析と同様に重要である。

糖タンパク質糖鎖を酵素的あるいは化学的に遊離し，蛍光物質ラベルを行う。高速液体クロマトグラフィーを用い，二種類のカラムからの溶出時間を二次元座標とし，標準物質との比較により糖鎖構造が推定される。

1. 糖鎖の切り出し

1.1 酵素法

N-glycosidase を使用。

① 2 mg/mL（またはそれ以下）に調製した糖タンパク質 50 mL を 5 分間煮沸して変性させる。

調製用 buffer の組成：
 15 mM リン酸ナトリウム緩衝液（pH 7.4）
 0.2% SDS
 1% 2-メルカプトエタノール
 50 mM EDTA

② 2% の MEGA 10（n-decanoyl-N-methylglucamide）を 30 mL 加え，タンパク質に付着している SDS と置換する。

③ N-glycosidase を 1 mL（0.5 U）添加し 37℃ に 20 時間置いておく。

1.2 ヒドラジン分解法

Hydraclub C-206（ホーネンコーポレーション）を使用。

2. 切り出し糖鎖の蛍光ラベル

2.1 ピリジルアミノ化

試薬：
① 2-Aminopyridine
② Borane-dimethylamine complex
③ Acetic acid
④ Triethylamine-methanol
⑤ Toluene
⑥ Methanol

方法：
① オリゴ糖試料（50 pmol - 50 nmol）をガラス製チューブに入れ凍結乾燥等の方法で十分乾燥させる。

② 試料カップリング試薬を 10 μL 添加しよく攪拌し，ヒートブロックで 90℃ にて 60 分間反応させる。

（注）カップリング試薬は，試薬① 2-Aminopyridine のバイアルに試薬③ Acetic acid を 100 μL 注入し，加熱して均一に溶解し調製する。

(注)この試薬は常温以下では凝固するので使用直前に加熱して溶かし，使用するマイクロピペット，チップ類も加熱して試薬注入を行う。

③反応液に還元試薬を10μL添加し，よく攪拌して，80℃にて60分間反応させる。

(注)還元試薬は，試薬②Borane-dimethylamine complexをガラス製試験管に必要量とり，試薬②1 mgに対し試薬③Acetic acidを5μLの割合で加えて均一に溶解し調製する(用時調製)。

④反応液に試薬④Triethylamine-methanolを20μL添加しよく攪拌した後，さらに試薬⑤Tolueneを40μL添加し，よく攪拌して60℃にて10分間，窒素気流下濃縮乾固する。

⑤反応液に試薬⑥Methanolを20μL添加し，よく攪拌した後，さらに試薬⑤Tolueneを40μL添加し，よく攪拌して，60℃にて10分間，窒素気流下濃縮乾固する。

⑥残渣に試薬⑤Tolueneを50μL添加し，よく攪拌して，60℃にて10分間，窒素気流下濃縮乾固する。

⑦残渣を100 mLのH_2Oに溶かす。

ここでPA化糖鎖をsialdase消化して，シアル酸を切り外す。

3. PA化糖鎖の精製

先記の方法でPA化すると，反応液中に未反応のピリジルアミンが残ってしまい，後のHPLCによる分析に支障をきたしてしまう。そこで，反応液からPA化糖鎖だけを取り出す操作が必要になる。以下にそれに関する2通りの操作を示す。

3.1 ゲルろ過法

使用するカラムは，TOYOPEARL HW40S/13 mL (1.3×10 cm)

10 mM酢酸，1 mL/minで溶出。

PA化糖鎖画分(4 min付近)を分取し，free-PA画分(8 min付近以降)と区別する。

分取後，酢酸を飛ばしH_2Oに再溶解する。

3.2 ペーパークロマトグラフィー

①展開溶媒を調製する。組成は，n-ブタノール/エタノール/水＝4：1：1で，1度の展開に30 mL程度を要する。

②ペーパーの一方の端から1 cmくらいのところに反応液をスポットする。

③30分ほど室温で乾燥させた後，展開層に浸す。

④溶媒の先端部がペーパーの上部，約1 cmまで展開されたら，ペーパーを取り出し，図H-1の太線部にならい，ペーパーをハサミで切る。

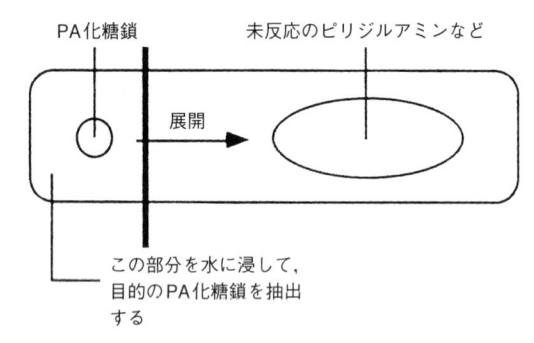

[図H-1] ペーパークロマトグラフィー

⑤切り取ったペーパーのPA化糖鎖の部分を軽く巻いて先端にフィルターの付いたシリンジに入れ，1 mLの精製水を直接シリンジに入れペーパーを浸す。

⑥5分間放置した後，ピストンを押しPA化糖鎖水溶液として抽出する。

4. 二次元糖鎖 Mapping

4.1 Amide 吸着カラムによる解析

東ソーAmide-80カラム(0.46×25cm)を使用。
カラムオーブンで40℃にして使用。
溶媒は，次のA，B液を用い，A液100%からB液100%に30分かけて直線的に置換するgradientで溶出する。流速は，1.0 mL/min。

　A液　3%酢酸-トリエチルアミン緩衝液(pH7.3)
　　　とアセトニトリルとの35：65の混液
　B液　3%酢酸-トリエチルアミン緩衝液(pH7.3)
　　　とアセトニトリルとの50：50の混液

励起波長は320nm，検出波長は400mで蛍光を測定する。
これにより糖鎖は，その大きさにより分離される。

4.2 逆相カラムによる解析

島津製作所 Shim-pack CLC-ODSカラム(0.6×15cm)を使用。
カラムオーブンで55℃にして使用。
溶媒は，次のA，B液を用い，A液100%からB液100%に30分かけて直線的に置換するgradientで溶出する。流速は，1.0 mL/min。

　A液　10mMリン酸ナトリウム緩衝液 pH3.8
　　　(0.1%ブタノール含有)
　B液　10mMリン酸ナトリウム緩衝液 pH3.8
　　　(0.25%ブタノール含有)

励起波長は320nm，検出波長は400mで蛍光を測定する。
これにより糖鎖は，構造によって分離される。

【資　料】

human alpha 1-acid glycoprotein (α_1AGP)をヒドラジン分解により糖鎖を切り出し，PA化，脱シアル酸処理を経てゲルろ過法により精製したサンプルをAmide-80，ODSの両カラムを用いて，構造推定した一例を図H-2, 3に示す。

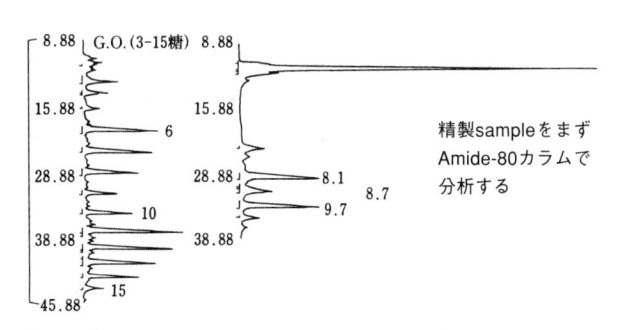

[図H-2] Amide-80カラムによる α_1AGP の分析

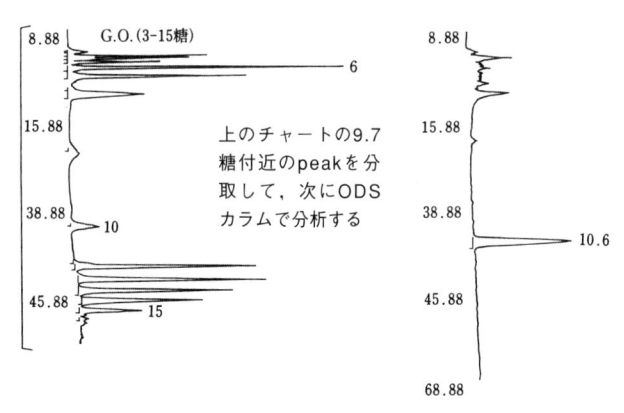

[図H-3] ODSカラムによる α_1AGP の分析

以上の分析により，Amide-80カラムで約9.7糖，ODSで約10.6糖となり，図H-4に示す糖鎖構造と推定される。

$$
\begin{array}{l}
G\beta4\text{---}GN\beta6 \\
G\beta4\text{---}GN\beta2
\end{array} M\alpha6 \\
\begin{array}{l}
G\beta4\text{---}GN\beta4 \\
G\beta4\text{---}GN\beta2
\end{array} M\alpha3
$$
M—GN—GN

または

$$
\begin{array}{l}
G\beta4\text{---}GN\beta6 \\
G\beta4\text{---}GN\beta2
\end{array} M\alpha6 \\
\begin{array}{l}
G\beta4\text{---}GN\beta4 \\
G\beta4\text{---}GN\beta2
\end{array} M\alpha3
$$
M—GN—GN

[図H-4]

Point

- 精製したタンパク質の糖鎖構造解析だけでなく，組織や細胞中の糖タンパク質全体の糖鎖プロファイルを解析することも可能である。
- イオン交換カラムを利用すれば，液クロでシアル酸含有糖鎖の分離も可能である。
- 液クロ使用開始時と終了前に，標準糖鎖の溶出時間を測定し，常に補正を行うこと。
- 構造解析に用いる糖鎖分解酵素の純度や活性はロットによる違いが発生することがあるので，酵素消化による解析には注意が必要である。

I 脂質の定性，定量

生体試料中の脂質は単純な組成で存在することはまれで，糖質やタンパク質とイオン結合していることから，効率よく抽出するためには，測定対象の化学特性を考慮し，極性溶媒と非極性溶媒を合理的に組み合わせて行う必要がある。また，それぞれの測定法が本質的に何を測定しているかを十分に認識し，常に検出限界や測定精度について理解することが大切である。

1. 脂質の定性

1.1 脂質の定性および脂肪尿の検査

(1) Sudan Ⅲ染色による定性

試薬：

① 2 mg/dL-Sudan Ⅲエタノール溶液
② オリーブ油または脂肪尿

操作：

① 試験管に蒸留水を5 mLとり，これに2 mg/dL-Sudan Ⅲエタノール溶液0.1 mLを加え，十分に混和する。
② これにオリーブ油を加え十分に混和する。水層のSudan Ⅲがオリーブ油に移行し赤染する。
③ 脂肪尿の場合には脂肪尿を5 mLとり，これに2 mg/dL-Sudan Ⅲエタノール溶液0.1 mLを加え，十分に混和すると，水層のSudan Ⅲが脂肪に移行し赤染する。

1.2 脂質の成分であるグリセリンおよび脂肪酸の定性

原理：グリセリンは硫酸水素カリウムとともに加熱すると，脱水され還元性の強いアクロレインを生成する。また，遊離脂肪酸（モノカルボン酸）は溶液中でイオンに解離する。このことを利用し，pHの変化で確認する。

(1) グリセリンの定性（アクロレイン反応）

試薬：

① グリセリン
② オリーブ油
③ ステアリン酸
④ 硫酸水素カリウム（KHSO₄）
⑤ アンモニア性硝酸銀：AgNO₃液に希アンモニア水を滴下して，最初に発生した沈澱が再び溶けるまで希アンモニア水を加えた溶液。

操作：

① 乾燥した試験管を用意し，オリーブ油，グリセリンおよびステアリン酸を少量とり，これに約1 gの硫酸水素カリウム（KHSO₄）の結晶粉末を加え，よく混和する。
② 白煙が現れるまで直火で加熱すれば，オリーブ油，グリセリンではアクロレインの刺激臭がする。
③ アンモニア性銀液に浸したろ紙片を白煙にかざすと，オリーブ油，グリセリンでは黒変する。

(2) 脂肪酸の定性（モノカルボン酸によるpH変化）

試薬：

① エタノール
② フェノールフタレイン溶液

③0.1 N-水酸化ナトリウム溶液
④脂肪酸(オレイン酸)

操作：
① 試験管にエタノール 2 mL を入れフェノールフタレイン溶液 1〜2 滴を加えた後，0.1 N-水酸化ナトリウムを滴加すると濃紅色に変化する。
② これにオレイン酸を少量とりエタノール 1〜2 mL に溶かす。これを①の試験管内に滴加すると中和されて無色に変わる。

(3) その他の脂質（コレステロール）の定性

リーベルマン・ブルヒアルト (Libermann-Burchard) 反応

原理：コレステロールを無水酢酸に溶解し，これに無水硫酸を加えると縮合反応により発色する。

試薬：
① コレステロール結晶
② クロロホルム
③ 無水酢酸
④ 無水硫酸

操作：
① 試験管にコレステロール結晶約 10 mg をとり，2 mL のクロロホルムを加えて溶かす。
② 無水酢酸 1 mL を加え，無水硫酸 1 滴を静かに加え，十分に混和する。
③ ステロール類が存在すれば，紅色→紫色→青緑色と変化する。

2. 脂質の定量

2.1 総脂質の定量

(1) ソックスレー法 (Soxhlet method)

原理：脂質は有機溶媒に溶解するので，ソックスレー抽出装置によりエーテルで抽出し，抽出物を秤量し粗脂肪として定量する。

試薬：
エチルエーテル

操作：
① 試料 2〜3 g (Sg) を正確に秤取し，円筒ろ紙に入れる。
② 試料を入れた円筒ろ紙をビーカーなどに立て 95〜100℃の蒸気浴内で 2〜3 時間乾燥しデシケーター内で放冷する。
③ 試料の上に脱脂綿を軽く詰め，ソックスレー抽出管に入れる。
④ 予め恒量を求めてあるフラスコ (Wg) を装着する。
⑤ 恒温水槽上で 8〜16 時間抽出を行う。
⑥ 抽出後円筒ろ紙を抜き取り，再び冷却管を連結し，加温し受器フラスコ中のエーテルをほとんど全部抽出管に移す。
⑦ フラスコをはずし，フラスコを加温しエーテルの残りを蒸発させる。
⑧ 100〜105℃の定温乾燥器中で 2 時間乾燥後，デシケーターに移し，1 時間放冷後秤量する。
⑨ 恒量 (W_1g) が出るまで⑧の操作を繰り返す。
　エーテルが揮発するために漸次重量を減じ恒量に達するか，または脂質の酸化により再び重量を増すようになる。この場合には最低重量をもって恒量とする。

計算：
$$試料の脂質\% = (W_1 g - W g) / S g \times 100$$

2.2 単純脂質（中性脂肪）の定量

(1) Fletcher の変法

原理：被検液中のトリグリセライドを抽出溶媒で抽出し水酸化カリウムでケン化し，生じたグリセリンをメタ過ヨウ素酸ナトリウムで弱酸性下で酸化させ，その結果生じるホルムアルデヒドとアンモニウ

ム塩およびアセチルアセトンを縮合させ生成される3,5-ジアセチル-1,4-ジヒドロルチジンを定量する。

試薬：

①抽出溶媒：n-ヘプタン1容とイソプロパノール2容の混合溶液
②0.1N 硫酸
③イソプロパノール〔再蒸留〕
④10% 水酸化カリウム
⑤酸化試薬：
（0.05Mメタ過ヨウ素酸ナトリウム容と2M酢酸1容の等容混液）
⑥発色試薬：アセチルアセトン0.75mL，イソプロパノール180mL，2M酢酸アンモニウム溶液67mL，2M酢酸53mLを混合する（調製後は褐色ビンに保存する）。
⑦標準液：トリオレイン80mgをイソプロパノール100mLに溶解（使用時に20倍希釈する。トリグリセライド200mg/dLに相当する）。

操作：

① 3本の清浄な試験管（a, b, c）を用意し，aには被検液（トリグリセライドとして50～200mg/dLが適当），bには標準液，cには蒸留水を0.1mLとる。
②それぞれの試験管に抽出溶媒1.5mL，0.1N硫酸0.5 mLを加え十分に混和し，トリグリセライドの抽出を行う。
③室温に15分間静置後，2,000rpmで15分間遠心分離する。
④新たに試験管3本（a', b', c'）を用意し，それぞれの上清（Heptane層）を0.2mLとる。
⑤それぞれの試験管にイソプロパノール0.3mL，10%水酸化カリウム0.05mLを加え，37℃10分間加温（鹸化）する。
⑥酸化試薬0.1mLを加え十分に混和後室温で10分間静置する。
⑦発色試薬3mLを加え十分に混和後37℃で30分間静置する。

⑧ cを盲検とし，420nmで測定し次式により計算する。

計算：

E_{sa}/E_{st} ×標準液の濃度 ＝ トリグリセライド濃度（mg/dL）

2.3　複合脂質（例：リン脂質）の定量

原理：リン脂質を硫酸で酸化分解し，リン脂質に含まれるリンを硫酸酸性下でモリブデン酸と結合させ，これをアミノナフトールスルホン酸試薬で還元し，生ずる青色を比色定量する。

試薬：

①30%過酸化水素水
②5％モリブデン酸アンモニウム溶液
③アミノナフトールスルホン酸試薬：酸性亜硫酸ナトリウム（$NaHSO_3$）60g，無水亜硫酸ナトリウム（Na_2SO_3）1g，1-アミノ-2-ナフトール-4-スルホン酸1gを乳鉢でよく混和し褐色ビンに密栓しておく（長時間保存可）。この粉末7.5gを水50mLに溶解する。
④10N硫酸
⑤標準液：リン酸二水素カリウム（KH_2PO_4）0.439gを水に溶解し100mLとする（100mg Pi/dL）。これにクロロホルム少量を加え氷室に保存する。

操作：

①被検液（脂質リンとして0.5～10μgが適当，抽出溶媒を含む場合は有機溶媒を除去する）を試験管にとる。
②蒸留水1mL，10N硫酸溶液を2mL加え150～180℃で3時間加熱する。
③30%過酸化水素水2滴加え1.5時間加熱し完全に酸化する。
④これに蒸留水4.4mL，5％モリブデン酸アンモニウム溶液0.2mL，アミノナフトールスルホン酸試薬0.2mLを混和しながらこの順に加える。

⑤沸騰水浴中で2分間加熱し，室温まで冷却し盲検を対照に830nmで測定し，検量線より試料中のPiを求める。盲検は被検液の代わりに蒸留水を用い②以下の操作を行う。

⑥検量線は標準液について同様の操作を実施し作成する。

総リン脂質量 ＝ 無機リン量（Pi）× 750/30

（750：リン脂質の平均分子量）

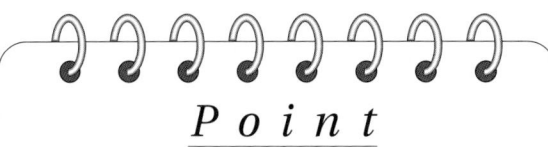

Point

- 生体試料（組織の磨砕抽出は可能な限り細分）は低温下で速やかに適切な有機溶媒で抽出する。
- 試料を保存する場合は急冷後，有機溶媒に浸し窒素気流中で−20℃以下で保存。凍結乾燥保存は脂質の酸化を促進する。
- 操作は脂質が空気中の光や酸素で容易に酸化されることを考慮し，可能な限り低温下，窒素気流中で行う。脂質は純化がすすむにつれて自動酸化を受けやすくなる。

J 核酸実験法

分子レベルの知識と技術習得は，生命科学分野の理解には必須である。DNA分子の情報は4種の塩基の組み合わせにより決まり，すべての生物に共通した言語である。その情報を生体外で取り扱うことを容易にしたのはキット化という技術の発展である。本章で紹介する技術は，基礎研究だけでなく臨床研究への応用が可能な解析手法である。

1. 核酸定量法

目的：DNA/RNAの定量として，1) 分光光度計を利用する方法，2) 紫外線照射器（トランスイルミネーター）を利用する方法，3) 特異蛍光物質（Hoechst Dye No.33258, Bisbenzimide）による方法がある。

なお，1) と2) は遺伝子工学的手法で頻繁に使われる。この場合，核酸は精製されていることが必要である。3) は精製されている必要はなく，例えば細胞丸ごとや細胞ホモジネート中のDNAの定量を行う際等に用いられる。

1.1 分光光度計を利用する方法

原理：核酸は可変波長で吸光度を測定した場合，260 nm付近で強い吸光極大を持つので，この性質を利用して定量する。塩基の種類やその高次構造によって吸光係数が異なり，260 nmでの吸光度1に対して次の値が与えられている。

2本鎖DNA	50 μg/mL
1本鎖DNA	33 μg/mL
RNA	40 μg/mL

試薬：
滅菌水

操作：
① 分光光度計のUVランプのスイッチを入れ，30分程度安定になるまで待つ。
② セルに500 μLの蒸留水を入れ，230〜290 nmまで可変波長で吸光度を測定する（バックグランドの測定）。
③ 試料を適当に希釈して②と同様にして吸光度を測定する。
④ 260 nmの試料とバックグランドの吸光度の差から，上記の吸光係数に基づいて試料中の核酸濃度を算出する。

注意：
① 試料の精製度が低い場合は，定量に誤りが生じやすい。そのため，試料を可変波長で測定し，核酸のOD 260 nm/OD 280 nmの比が1.8〜2.0であることから（図J-1），タンパク質の混在がないことを確認する。

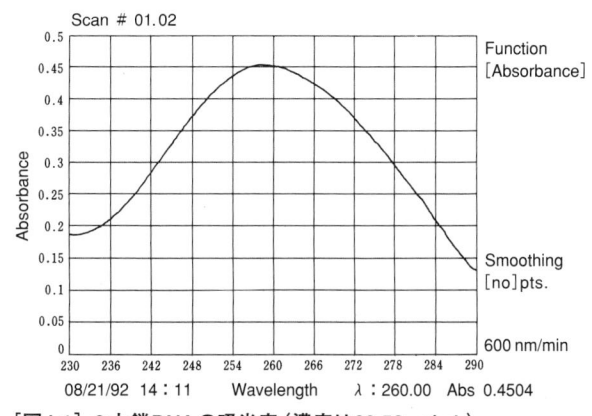

[図J-1] 2本鎖DNAの吸光度（濃度は22.52 μg/mL）

②試料の精製度が低いときは，フェノール処理を2回行った後にクロロホルム処理し，エタノール沈澱させて蒸留水に溶解し，タンパク質を除く。

1.2 紫外線照射器（トランスイルミネーター）を利用する方法

原理：エチジウムブロマイドは核酸と結合し，紫外線照射下では蛍光を発する。核酸標準液とエチジウムブロマイド溶液を混合し，同様の処理をした試料と蛍光度を比較することで核酸の濃度を測定する。この方法は，微量の試料を測定することに適している。

試料：
① $2\mu g/mL$ になるようにエチジウムブロマイドを蒸留水（あるいは緩衝液）に溶解する。
② 核酸 0.5, 1.0, 5.0, 10, 50, 100 ng/μL になるように蒸留水（あるいは緩衝液）に溶解し，核酸標準液をつくる。
③ 試料を同様に蒸留水（あるいは緩衝液）に溶解する。

操作：
① 紫外線照射器（トランスイルミネーター）の上にサランラップを広げ，その上に 1μL ずつ核酸標準液をのせる。
② ①の標準液の中に，$2\mu g/mL$ のエチジウムブロマイド溶液を 1μL 加えピペッティングにより混ぜる。
③ 1μL の滴下した試料でも同様の操作を行う。
④ サランラップの下から紫外線を照射させ，写真を撮り，試料の蛍光と核酸標準液の蛍光と比較して試料の濃度を求める（図J-2）。

注意：
① 精製試料の測定に適する。
② サランラップを広げるときはしわが寄らないように気をつけること。

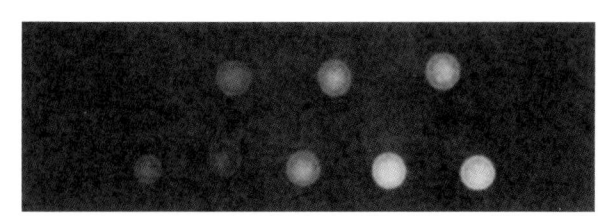

[図J-2] 上段は濃度未知数の試料
下段は標準溶液（左より 0, 1, 5, 10, 50, 100ng/μL）

③ トランスイルミネーターの波長は（245nm, 302nm, 365nm）がある。短波長の方が感度は向上する。

1.3 特異蛍光物質（Hoechst Dye No.33258, Bisbenzimide）による方法

原理：Hoechst Dye No.33258（Bisbenzimide）は，DNAに結合して，蛍光を発する性質を持つ。試料と Hoechst Dye No.33258 の混合物に 356nm の励起光を当てて励起状態にして，458nm の発光を測定する。

核酸標準液と Hoechst Dye No.33258 を混合し，検量線を描いた後，同様の処理をした試料の蛍光を測定することによりDNAを定量する。

試薬：
① リン酸バッファー（0.05M NaH_2PO_4-Na_2HPO_4, 2M NaCl, pH7.4）
② $2\mu g/mL$ になるように Hoechst Dye No.33258（Bisbenzimide）を上記のバッファーに溶解する。
③ 標準液用DNAとして，0.1, 0.25, 0.5, 1.0 μg/10μL になるように標準試料 Calf thymus DNA（Sigma D-1501）などをバッファーに溶解する。

操作：
① 上記で準備した標準液 10μL に，Hoechst Dye No.33258 溶液 1mL とバッファー 1mL を混合する。
② バッファーで適当に希釈した試料溶液 10μL に，Hoechst Dye No.33258 溶液 1mL とバッファー 1mL を混合する。

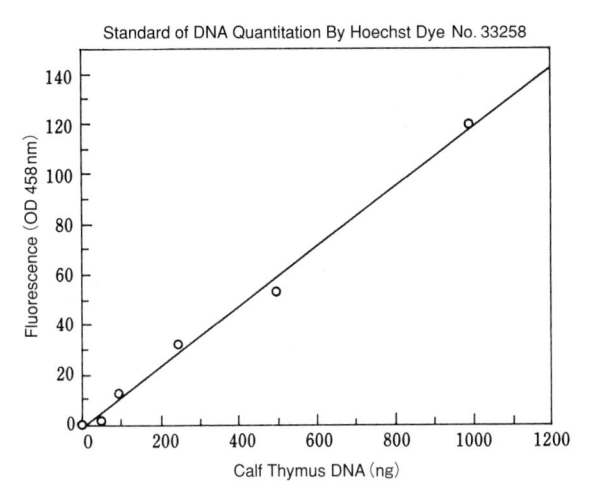

[図J-3] Calf Thymus DNAを用いた検量線

③ ①②の試料を30分間室温で反応させる。
④ 蛍光光度計で測定する（356 nmで励起させ，458 nmで測定する）。
⑤ 検量線を描き，試料の濃度を求める（図J-3）。

注意：
① 反応時はHoechst Dye No.33258の濃度が$1\mu g/mL$となるようにすること。
② Hoechst Dye No.33258自体の発光は492 nmであるが，組織や培養細胞のホモジネートの発光は458 nmである。
③ 試料が低濃度の場合，操作②において，試料を増やし，バッファーを減らす等，条件を自分で設定しなければならない。

2. 核酸分離法

核酸を分離するには，タンパク質や脂質，糖質等の成分からなる細胞構造物を様々な方法により破壊して除去し，最終的に核酸だけを沈澱させて回収する。ただし，デオキシリボ核酸（DNA）とリボ核酸（RNA）では，両者の生物化学的性質，あるいは分解酵素の細胞内分布や安定性が異なるためにそれぞれの核酸の分離法は異なる。さらにDNAの中でもゲノムDNAは高分子であるために，物理的な力により容易に切断されるのに対し，細菌のプラスミドDNAは比較的低分子であるために，ゲノムDNAよりも安定であるなど性質が異なるため，目的とする核酸にあった分離方法を選んで実験を行う必要がある。

ここでは，核酸を分離する上で必要なごく基本的な予備知識についてまずはじめに述べ，さらに具体的に大腸菌のプラスミドDNA，哺乳動物細胞のRNAおよびDNAの分離方法について述べる。

2.1 核酸を分離する上での予備知識

(1) 一般的な注意事項

核酸はタンパク質に比べて化学的にはおおむね安定であるが，核酸を分解する酵素（DNase，RNase）が唾液や汗の中に大量に存在するため，これらの酵素による試料や実験器具の汚染には十分注意しなければならない。また，DNAはベクターに組換えたり，ポリメラーゼ連鎖反応（PCR）を行うことにより容易に増幅されるため，試料間あるいは実験環境からの極微量DNAの混入（コンタミネーション）にも注意しなければいけない。

このためには実験台を清潔に保ち，器具や試薬は可能な限り乾熱滅菌か高圧蒸気滅菌（オートクレーブ）で処理して微生物および核酸分解酵素を除去する。また，実験者は私語をひかえ，必要のない器具には手を触れない。特に，ピペットチップや遠心管の中（フタの内側を含む）には絶対に触れてはいけない。

特にRNAを取扱う実験に際しては，RNaseが非常に安定で通常のオートクレーブでは失活しないため，乾熱滅菌できる器具は長め（3時間以上）の乾熱滅菌にかけ，液体試薬は強力なアルキル化剤であるジエチルピロカーボネート（DEPC）で処理してRNaseを失活させる。また，実験者は実験用手袋とマスクを着用する。

(2) フェノール抽出とクロロホルム抽出

有機溶媒であるフェノールおよびクロロホルムは，脂質を溶かすが核酸やタンパク質は溶かさない。核酸とタンパク質を含む水溶液をフェノールあるいはクロ

ロホルムで抽出すると，核酸は影響を受けずに水層にとどまるがタンパク質は不可逆的に立体構造が破壊されて水溶性を失い中間層に回収される。この性質を利用して細胞からの核酸の抽出，あるいは核酸を酵素処理した後に，反応を止めて酵素を除去する際などにフェノール抽出とクロロホルム抽出は極めて頻繁に行われる。

フェノールは，核酸の実験では特に但し書きがない限り，酸化防止剤（0.05% 8-ヒドロキシキノリン）を溶かしてから等量の1M Tris-HCl（pH 8.0）を加えて混合する操作を2回ほど行った「Tris平衡化フェノール」を使用する。

クロロホルムは，通常24：1（v/v）の割合でイソアミルアルコールを添加して層の分離をよくしたものを使用する。

一般的な抽出操作では，次の①と②を続けて行う。
① 試料と等量のTris平衡化フェノールを加えてよく混ぜた後，マイクロチューブであれば室温で12,000～15,000rpmの遠心を約5分間行って上層（水層）を回収する。この時，中間層（変性したタンパク質）は決して回収しない。
② 上記①で回収した試料にクロロホルム-イソアミルアルコール（24：1）を加えてよく混ぜた後，同様にマイクロチューブであれば室温で12,000～15,000rpmの遠心を約5分間行って上層（水層）を回収する。このとき，やはり中間層は決して回収しない。

ただし，作業を簡便化するためにあらかじめフェノール-クロロホルム混液（Tris平衡化フェノール：クロロホルム：イソアミルアルコール＝25：24：1，v/v）を作製しておいてこれを試料に等量加えて上記の要領で抽出を行ったり，あるいは，1/2量のTris平衡化フェノールを加えてよく混ぜた後，すかさず1/2量のクロロホルム-イソアミルアルコール（24：1）を加えてよく混ぜて同様に上記の要領で抽出を行う場合も多く，場合によって実験者が適宜選択して使い分けている。

(3) エタノール沈殿

核酸は通常の条件では水に溶けるが有機溶媒には溶けない。核酸の水溶液にエタノールを加えると，エタノール濃度が70%ほどに達した時点で核酸が溶けなくなり沈殿してくる。この性質を利用して核酸溶液の溶媒を交換すると同時に核酸を濃縮するのがエタノール沈殿である。通常は沈殿を生じやすくするために，塩を適量加えた後，溶液の2～3倍量のエタノールを加え冷凍庫で冷やしてから冷却遠心にかけて沈殿を回収する。さらに塩を除くために70～80%のエタノールでリンスし，沈殿を乾燥させる。

なお，イソプロピルアルコールによって同様の沈殿・濃縮の操作を行うこともできる。この場合には試料の0.6～1倍量のイソプロピルアルコールを加えて室温に10分以上おいた後，室温でエタノール沈殿の場合と同様に遠心してから70%エタノールでリンスする。

エタノール沈殿の具体的な操作としては，一般的に次のように行う。
① 核酸溶液の0.1量の3M酢酸ナトリウムと2.5量の100%エタノールを加え，－20℃に20分（あるいは－70℃に5～10分）おいた後，マイクロチューブであれば4℃で12,000～15,000rpmの遠心を15分間行ってDNAを沈殿させ，上清を捨てて沈殿を回収する。
② 0.5mLの70%エタノールを加えて室温（あるいは4℃）で12,000～15,000rpmの遠心を5分間行い，上清を捨てて沈殿を回収する。
③ 室温に数十分間放置するか，真空乾燥器でDNAを乾燥させる。

2.2 大腸菌からのプラスミドDNAの分離

(1) 大腸菌少量培養液からのプラスミドDNAの分離

大腸菌からプラスミドを分離するには様々な方法があるが，ここでは最も一般的に行われているアルカリとラウリル硫酸ナトリウム（SDS）で菌体を溶かしてプラスミドを抽出した後，酢酸カリウムで中和するとともに高塩濃度にしてゲノムDNAとタンパク質を複

合体として沈殿させることにより除去する方法，すなわちアルカリ-SDS法について述べる。下記ではさらにポリエチレングリコール沈殿を行ってプラスミドDNAの純度を高めているが，制限酵素で切断して組換えを確認する場合など純度の低いDNAでもかまわない場合には，この操作は必要ない（注*3参照）。

大腸菌を取扱う操作は無菌的に行うこと。実験終了後，菌の付着した器具や菌を含む溶液はオートクレーブにかけること。

方法：
① 白金耳を用いてLB寒天培地（50μg/mLアンピシリン加）*1 に大腸菌を接種し，37℃で14～16時間培養する。
② 単一のコロニーを滅菌済みの爪楊枝で，約1.5mLのTerrific Broth*2, 3（50μg/mLアンピシリン加）を入れた12mL丸底遠心管に接種する。
③ 37℃，14～18時間，振とう培養する。
④ 菌溶液の1.5mL弱を，1.5mLマイクロチューブに移す。
⑤ 12,000rpm，室温（あるいは4℃）で1分間遠心して上清を捨て菌体を沈殿として回収する。
⑥ 200μLのGTE（Solution Ⅰ）*4 を加えてピペッティングで菌を完全に浮遊させ氷上に5分間置く。
⑦ 300μLの0.2N NaOH，1% SDS（Solution Ⅱ）*5 を加えてよく攪拌し，氷上に5分間置く。
⑧ 300μLのKOAc（Solution Ⅲ）*6 を加えよく攪拌し，氷上に5分間置く。
⑨ 12,000rpm，4℃で10分間遠心し，上清を別のマイクロチューブに回収する。
⑩ 20μg/mLとなるようにRNaseAを加え，37℃に20分間置く。
⑪ 1/2量のフェノールを加えて混ぜた後，さらに1/2量のクロロホルムを加えて混ぜ，室温で12,000rpm 5分間遠心し，上層を別のマイクロチューブに回収する。
⑫ 等量のクロロホルムを加えて混ぜた後，室温で12,000rpm 5分間遠心し，上層を別のマイクロチューブに回収する。この操作を，もう一度繰り返す*3。
⑬ 等量のイソプロパノールを加えて混ぜ10分間放置した後，室温で12,000rpm 10分間遠心する。
⑭ 注意深く上清を捨てて沈殿を回収する。
⑮ 0.5mLの70%エタノールを加えて混ぜ，12,000rpm室温で5分間遠心する。
⑯ 上清を捨て5秒間遠心して管壁の液を落とし，先のとがったチップで液を完全に取り除いた後，室温で乾燥させる*3。
⑰ 沈殿を33.6μLの水に溶かし，6.4μLの5M NaClを加え，さらに40μLの13%ポリエチレングリコールを加えて混ぜる。
⑱ 氷上に20分以上静置した後，12,000rpm 4℃で15分間遠心した後，注意深く上清を捨てて沈殿を回収する。

---

*1 LB寒天培地（アンピシリン加，1Lの組成）：トリプトン10g，イーストエキストラクト5g，NaCl 10g，バクトアガー15gを蒸留水に入れて攪拌し，NaOHでpH7.4にしてから1Lに合わせ，オートクレーブする。滅菌終了後，50℃まで冷ましてから50μg/mLとなるようにアンピシリンを加え，手早くシャーレに分注してゲル化させる。

*2 Terrific Broth：トリプトン12g，イーストエキストラクト24g，グリセロール4mLを純水に溶かし900mLとする。さらに0.17M KH_2PO_4，0.72M K_2HPO_4 を100mL作製する。両者を別々にオートクレーブにかけた後，室温まで冷ましてから混合する。

*3 純度が低くても問題ない場合：単に制限酵素で切断して確認する場合など，純度の低いプラスミドDNAでも問題ない場合も多い。その場合には，ステップ⑫のクロロホルム抽出を省略し，さらにステップ⑯で終了してポリエチレングリコール沈殿を省略してもかまわない。また，培養液もLB培地（注*1のLB寒天培地の組成からバクトアガーを除いたもの）を使用する場合が多い。

*4 GTE（Solution Ⅰ）：50mM Glucose，25mM Tris-HCl，10mM EDTA（pH 8.0）。

*5 0.2N NaOH，1% SDS（Solution Ⅱ）：8容量の蒸留水に1容の2N NaOHを加えて攪拌し，さらに1容の10% SDSを加えて攪拌する。用時調製。

*6 KOAc（Solution Ⅲ）：60mLの5M酢酸カリウム，11.5mLの氷酢酸，28.5mLの蒸留水を混合する。

⑲ 0.5 mLの70%エタノールを加えて混ぜ，12,000 rpm，室温で5分間遠心する。

⑳ 上清を捨て，5秒間遠心して管壁の液を落とし，先のとがったチップで液を完全に取り除いた後，室温で乾燥させる。

㉑ 沈殿を20 μLの蒸留水に溶かし，一部（1 μL）をアガロースゲル電気泳動にかけて既知のDNAと比較し濃度を測定する。

(2) 超遠心法によるプラスミドDNAの分離

アルカリ-SDS法で大腸菌からプラスミドDNAを抽出した後，塩化セシウム密度勾配超遠心で比重の違いによって精製することにより，ゲノムDNAやニックの入ったプラスミドの混入していない純度の高いプラスミドDNAを得ることができる。この方法で得たプラスミドDNAは，ほかの方法と比べても最も良質で，あらゆる実験に使用することができる。ここでは，小型超遠心機を用いて比較的少量（100 μg以下）のDNAを分離する方法を述べる。用途や実験環境によってスケールアップが可能である。超遠心の条件は遠心機やロータによって異なるのでそれぞれ適切な条件を選ぶこと。

方法：

① 白金耳を用いてLB寒天培地（アンピシリン加）に大腸菌を接種し，37℃で14～16時間培養する。

② 単一のコロニーを滅菌済みの爪楊枝で，20 mLのTerrific Broth（50 μg/mLアンピシリン加）を入れた100 mLフラスコに接種する。

③ 37℃，14～18時間，振とう培養する。

④ 培養後のフラスコを氷上に置いて冷却した後，遠心チューブ（例えばKUBOTA RA3）に移し，5,000 rpm 4℃で5分間遠心する。

⑤ 上清を捨てて菌体の沈殿を回収し，2 mLのGTE（Solution I）[*4]を加え，ボルテックスミキサー（あるいはピペッティング）で菌を完全に浮遊させる。

⑥ 塩化リゾチームを約2 mg/mLとなるように加えて溶かし，氷上に10分間置く。

⑦ 3 mLの0.2N NaOH，1% SDS（Solution II）[*5]を加え転倒攪拌し，氷上に10分間置く。

⑧ 3 mLのKOAc（Solution III）[*6]を加え転倒攪拌し，氷上に10分間置く。

⑨ 10,000 rpm 4℃で10分間遠心した後，上清を50 mL遠心管に回収する。

⑩ 等容のクロロホルムを加えてよく混ぜ，室温で3,000 rpm 5分間遠心し，上層を別の50 mL遠心管に移す。

⑪ 等容のイソプロパノールを加えて混ぜ，室温で10分間遠心し，上清を捨てて沈殿を回収する。

⑫ 70%エタノールを加えて混ぜ，室温で5分間遠心し，上清を捨てて沈殿を回収する。

⑬ 5秒間遠心して管壁の液を落とし，先のとがったチップで液を完全に取り除いた後，乾燥させる[*7]。

⑭ TE[*8]を0.7 mL加えて沈殿を溶かす。

⑮ 粉末のセシウムクロライドを0.75g加えて溶かす。

⑯ DNA溶液を50 μLのエチジウムブロマイド（10 mg/mL）[*9]をあらかじめ入れて置いたPCチューブ[*10]に移す。

⑰ セシウムクロライド液で総サンプル量を1 mLに合わせる。

⑱ 120 ATローター（HITACHI）を用い，120,000 rpm 20℃で2.5時間遠心[*11]。

⑲ 遠心終了後[*12]，チューブを取り出し，プラスミドDNAのバンド（チューブの中ほどに赤く浮かぶ）を確認する（図J-4参照）。

アングルロータで遠心したオープンチューブ（A）およびバーティカルロータで遠心したシールチューブ（B）

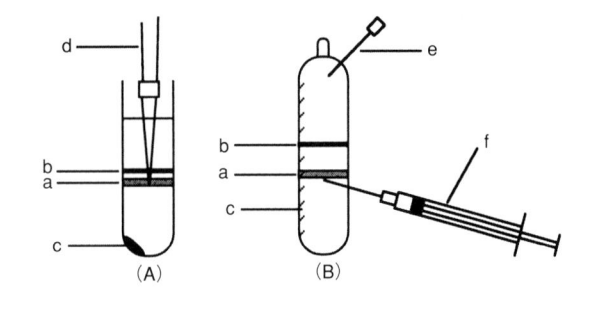

a：スーパーコイル状プラスミドDNA
b：ニックの入ったプラスミドDNAとゲノムDNA
c：RNA
d：ピペットマン
e：空気抜き注射針
f：注射筒

[図J-4] 超遠心後のプラスミドDNAの回収

⑳ DNAバンドの上にある不要の液をプランジャー式ピペット（P-200）で捨てた後，DNAバンドをP-200で回収し（〜0.3 mL），1.5 mLマイクロチューブに移す。

㉑ 等容のTE飽和イソアミルアルコールを加え，エチジウムブロマイドを抽出する（この操作を，肉眼で赤色が見えなくなってから，さらに3回繰り返す：合計6〜8回くらい）。

㉒ 遠心管に移し，TEを加えて4倍に希釈する。

㉓ 2.5倍量（超遠心で得た試料の10倍）のエタノールを加える。

㉔ −20℃に20分間（−80℃に5分間）置く。

㉕ 12,000 rpm，4℃，15分間遠心する。

㉖ 上清を捨て，沈澱を400 μLのTEに溶かす。

㉗ 40 μLの3M酢酸ナトリウムおよび1 mLのエタノールを加える。

㉘ −20℃に20分間（−80℃に5分間）置く。

㉙ 12,000 rpm，4℃，15分間遠心。

㉚ 上清を捨て，沈澱に500 μLの70％エタノールを加える。

㉛ 12,000 rpm，室温（あるいは4℃）で5分間遠心する。

㉜ 上清を完全に取り除いた後，室温で乾燥させる。

㉝ 沈澱を50 μLのTEに溶かし，一部を用いてアガロースゲル電気泳動およびDNA濃度の測定を行う。

2.3 AGPC法によるRNAの分離

細胞からRNAを抽出するために，様々な方法が開発されている。いずれも，はじめに細胞を強力なタンパク質変性剤でホモゲナイズすることによって細胞由来のRNaseを急速に失活させ，その後で超遠心や沈澱，分配等の操作によってRNAを純化していく。ここでは，操作が比較的簡便で最近よく利用されているAcid Guanidium thiocyanate-Phenol-Chloroform法（AGPC法）について述べる。なお，AGPC法をさらに改良してTRIzol（GIBCO社）などいくつかの商品が販売されているが，これらを用いる場合には商品に添加の説明書にしたがって操作すること。

細胞からRNAを抽出する際には，操作中にRNaseによる分解を受けないように細心の注意を払って実験すること。RNaseは非常に安定で通常のオートクレーブでは失活しないため，乾熱滅菌できる器具は長め（3時間以上）の乾熱滅菌にかけ，液体試薬はジエチルピロカーボネート（DEPC）で処理してRNaseを失活させる。また，実験者は実験用手袋とマスクを着用すること。

方法：

① 動物から組織を採取し，速やかに液体窒素を用いて凍結する。組織を保存する場合には−70℃以下にて保存する。

② 組織を凍結したままの状態で速やかに遠心管に入れ，10倍量のRNA抽出用変性溶液（D液）を加える[*13, 14]。

③ ポリトロン型ホモゲナイザーを用いて速やかに完全に組織をホモゲナイズする（約1分間）。

④ D液の0.1倍量の2M酢酸ナトリウム（pH 4.0）を加

- [*7] PC（ポリカーボネート）の遠心管の場合，ここでの乾燥が不十分だと遠心チューブにひびが入りやすい。沈澱はTE[*8]に溶かすこと。セシウムクロライド液には試料が溶け難いので注意。
- [*8] 10 mM Tris-HCl，1 mM EDTA（pH 8.0）。
- [*9] エチジウムブロマイドは発ガン物質なので取扱いには注意する。必ず手袋を着用する。
- [*10] PCチューブは再生して使用できる。変形してひびが入ったものは捨てる。
- [*11] 100,000 rpmで4時間遠心しても同等の結果を得る（HITACHI CS-120，Beckman TL-100など）。
- [*12] 遠心機停止後は，速やかに次の作業に移らないと分離した層が拡散してしまう。
- [*13] RNA抽出用変性溶液（D液）：4Mグアニジンチオシアネート，25 mMクエン酸ナトリウム（pH 7.0），0.1M 2-メルカプトエタノール，0.5％ Sarcosyl。
- [*14] 組織に対して必ず10倍量以上のD液を加えること。

え，フタをして転倒攪拌しよく混ぜる。

⑤D液と等量の水飽和フェノールを加え，よく混ぜる[*15]。

⑥D液の0.2倍量のクロロホルム-イソアミルアルコール（49：1，v/v）[*16]を加えよく混ぜ，氷上に15分間静置する。

⑦4℃，8,000 rpm（8,000〜12,000 rpm。5,000×g以上かかればよい）にて20分間遠心し，水層と有機溶媒層とに分離する。

⑧上層の水層を回収し（D液とほぼ同じ程度の量になる），別の遠心管に移す。

⑨回収された量と等量のイソプロパノールを加えよく混ぜ，室温に10分間静置する。

⑩4℃，8,000 rpm（5,000×g以上）にて10分間遠心し，RNAを沈澱させる。

⑪上清を捨て，沈澱を回収する。

⑫沈澱を0.3 mLのD液に溶かし，1.5 mLのマイクロチューブに移す。

⑬0.3 mLのイソプロパノールを加えよく混ぜ，室温に10分間静置する。

⑭4℃，12,000 rpm（〜15,000 rpm）にて10分間遠心し，RNAを沈澱させる。

⑮上清を捨て，沈澱を回収する。

⑯0.5 mLの70％エタノールを加えて攪拌し，室温にて12,000 rpm（〜15,000 rpm）5分間遠心し，RNAを沈澱させる。

⑰上清を捨て，沈澱を回収する。

⑱軽く遠心して，マイクロチューブの壁に付いた液を落とし，ピペットで液をできるだけ除く。

⑲マイクロチューブのフタを開けたまま，室温で10分間ほど静置してRNAの沈澱を乾かす。

⑳RNAの沈澱を0.1 mLのDEPC水に溶かす。60℃で10分間ほど置くとよい。

㉑濃度を測定して実験に使用する。保存する場合は凍結保存。可能であれば-70℃にて保存する。

2.4 ゲノムDNAの分離

ゲノムDNAを抽出するために細胞を溶かす方法としては，ラウリル硫酸ナトリウム（SDS）存在下でProteinase Kを作用させる方法が最も一般的に利用されている。

ゲノムDNAは，高分子で物理的な力で切断されやすいので注意する。攪拌はゆっくりと優しく行い，ピペットはできるだけ口の太いものを使う。

①動物から組織を採取し重さを量る。

②ハサミやメスを用いて組織を細切し，遠心管に入れる。

③DNA抽出緩衝液にProteinase Kを100 μg/mLとなるように加えて抽出液を調製し，これを組織重量の10〜20倍量加える[*17, 18]。

④遠心管をゆっくり転倒させてよく混ぜる。

⑤55℃で2時間（組織が溶解しない場合は一晩）反応させる。ときどきゆっくり転倒させて混ぜるとよい[*19]。

⑥Tris飽和フェノールを等量加え，ゆっくり転倒させてよく混ぜる。室温で20分間。

⑦室温で遠心分離する。2,000×g以上（通常のスイング型ロータで3,000 rpm，マイクロチューブで12,000 rpm程度の遠心でよい）で10分間遠心。

⑧DNA層（上層）を口の太いピペットで回収し，別の遠心管に移す。このとき白い中間層を吸わないように注意する。

⑨等量をフェノール：クロロホルム：イソアミルアルコール（25：24：1，v/v）を加え，室温で20分

[*15] フェノールは必ず水飽和したものを用いること。Tris処理したものを用いてはならない。
[*16] 組成に注意すること。
[*17] DNA抽出緩衝液：150 mM NaCl，10 mM Tris-HCl（pH 8.0），10 mM EDTA，0.1％ SDS。
[*18] Proteinase K保存液：20 mg/mL proteinase K（-20℃に小分けして保存する）。
[*19] RNAを分解するためにここで20〜50 μg/mLとなるようにRNaseAを加えて1〜数時間反応させてもよい。

⑩ 室温で遠心分離する。2,000×g以上で10分間。
⑪ DNA層（上層）を口の太いピペットで回収し、別の遠心管に移す。白い中間層を吸わないように注意する。
⑫ 2倍量の100％エタノールを加え、ガラス棒（ガラスピペット）でゆっくりと混ぜて白く糸状に析出するDNAを巻き取って回収する。
⑬ ガラス棒に回収したDNAを5mL程度の70％エタノールで5秒間ほどリンスする。これをもう一度繰り返す。
⑭ ガラス棒を取り出し、DNAを風乾させる。
⑮ ガラス棒を1mLのTEに入れて放置し、DNAを溶解させる。
⑯ 260nmにおける吸光度を測定してDNAの量を求めるとともに、アガロースゲル電気泳動でDNAの質を調べる。

3. 核酸分析法

核酸を分析するための方法は多数あるが、ここでは、基本操作法として1）制限酵素消化、2）電気泳動法、3）Northern blot法、4）Southern blot法について述べる。

3.1 制限酵素消化

制限酵素は、DNAの特定の塩基配列を認識して切断するエンドヌクレアーゼである。DNAの組み換えにはなくてはならない酵素である。また、Southern blot法（3.4項参照）を用いてゲノムDNAの解析を行う場合等にも必須であり、核酸の実験で最も重要な酵素であるといっても差し支えない。

制限酵素は市販されているものでも100種類以上のものがあるので、目的に合った酵素をそれぞれの酵素ごとの適切な反応条件で使用する。制限酵素の認識配列長により6塩基認識、4塩基認識等があり、それぞれの認識配列の出現頻度が異なるために、切断によって生じる断片の数と長さも異なってくる。また、切断によって生じる断端の形状により、5'突出末端型、3'突出末端型、平滑末端型に分けられる。

制限酵素は、反応開始後急速に失活していく。また、乱暴に攪拌して泡立てると直ぐに失活するので取扱いには注意し、ボルテックスミキサーの使用はさける。いうまでもなく制限酵素間の汚染（コンタミネーション）は厳禁である。

以下にプラスミドDNAの切断実験例を記すが、これはプラスミドDNAの組換えを確認するための実験であり、他の場合については反応条件を若干変えて実験する。基本的な注意事項は同じである。ゲノムDNAの切断についてはSouthern blot法（3.4項）を参照のこと。

(1) 制限酵素によるプラスミドDNAの切断実験例

次の組成により、まず、滅菌蒸留水、10倍濃緩衝液、DNAをマイクロチューブに入れ、よく混合した後、軽く遠心して壁に付いた液を落とし、制限酵素を入れてピペットの先を使うなどして穏やかに攪拌してから、再び軽く遠心して速やかに反応を開始する。

DNA	5μL	: 1〜2μgのDNAを含むようにする。
H₂O	12.5μL	: 総量で20μLになるように調整する。
10 x Buffer	2μL	: 制限酵素に合ったものを総量の1/10容入れる[20]。
制限酵素	0.5μL	: 2unit以上入れる[21]（必ず新品のチップを使う）。
総量	20μL	

37℃に1時間以上おき、ここから5μLとってアガロースゲル電気泳動によりDNA断片を観察する。

3.2 電気泳動法

核酸を適当なゲルの分子のふるいの中に置いて電場

をかけると，見た目の体積が小さいものは速く，大きいものは遅れて移動する。この性質を利用して，核酸を分離し検出するのが電気泳動法である。

電気泳動の支持体のゲルとしては，比較的高分子の核酸を分離する場合にはアガロースを，低分子の核酸の場合にはポリアクリルアミドを使用する。電気泳動の向きは，通常，アガロースの場合は水平方向に（サブマリンゲルともいう），ポリアクリルアミドの場合は垂直に（スラブゲルという）セットする。核酸はリン酸基が負に帯電しているので陰極から陽極に向かって流れる。電気泳動の緩衝液系としては，DNAにはTris-酢酸-EDTA（TAE）とTris-ホウ酸-EDTA（TBE）が，RNAにはMOPSを主体とする緩衝液系が一般的に利用されている。見かけ上の大きさではなく正確な塩基鎖長に基づいて分離する場合には，ゲルに適当な変性剤を入れる（3.3 Northern blot法，4. 塩基配列決定法を参照）。核酸のバンドを検出するためには，通常エチジウムブロマイドによる染色を行う。

ここでは，DNAの実験で最も頻繁に行われるアガロースミニゲルによる電気泳動（アドバンス社 Mupidを使用）について述べる。100 bp以上の大きさのDNAをアガロースゲルによって分離し，エチジウムブロマイドで染色してDNAのサイズを推定する。変性条件下のRNAアガロースゲル電気泳動については3.3 Northern blot法に記した。DNAの変性条件下でのポリアクリルアミドゲル電気泳動については 4. 塩基配列決定法に記した。これらについても参照していただきたい。

(1) ミニゲル電気泳動装置（Mupid）のための1％アガロースゲルの作製と電気泳動

① 1.5 g[22]のアガロース粉末（GTG-agarose, Seakem）を計りとり，150 mLの蒸留水を加える。
② 電子レンジで沸騰と撹拌を繰り返しながらアガロースを完全に溶かす。
③ 水浴中，スターラーで撹拌しながら50〜60℃まで冷ます。
④ 3 mLの50 x TAE[23]と15 μLの10 mg/mLエチジウムブロマイド溶液[9]を加え，よく撹拌する。
⑤ あらかじめ水平に保った専用のトレイに手早くゲルを注ぐ。
⑥ 室温に20分〜1時間放置してゲルを固まらせる。
⑦ トレイからゲルをとりはずし，乾燥しないように保管する。
⑧ 手袋を着用し，アガロースゲルを電気泳動槽にセットし，1 x TAEをゲルが浸るくらい注ぐ。
⑨ 試料添加孔を 1 x TAEで洗うとともに，底に穴が開いていないことを確認する。
⑩ 5 μLのDNA試料（DNA量は数 μg以下）に対し，1 μLのDNA用Sample buffer[24]をパラフィルムの

---

[20] Universal bufferを使う。以下の5種類（L, M, H, K, T）がある。どれを使うかは酵素の種類によって決める。10倍濃度で調整されているので反応液総量の1/10容入れる。2種類以上の酵素でDNAを完全に切断する際には，1種類ずつ反応させ，そのたびごとにフェノール-クロロホルム抽出とエタノール沈澱を行ってから次の反応を行う。完全でなくともよい場合には，簡易的に，複数の酵素を同時に加え，より高い活性を示す緩衝液を選ぶ。Star活性等の影響を受ける緩衝液はさける。

	10 x L (mM)	10 x M (mM)	10 x H (mM)
Tris-HCl (pH7.5)	100	100	500
MgCl₂	100	100	100
Dithiothreitol	10	10	10
NaCl	0	500	1000

	10 x K (mM)		10 x T (mM)
Tris-HCl (pH85)	200	Tris-acetate (pH7.9)	330
MgCl₂	100	Mg-acetate	10
Dithiothreitol	10	Dithiothreitol	5
KCl	1000	K-acetate	660
		(Add final 0.01%BSA)	

[21] 1 μgのラムダファージDNAを1時間で切断する酵素量が1 unitである。酵素を少なめに加えるときは，反応時間を長くする。純度の低いDNAは完全な切断が難しい。

上で混合し，ゲルの試料孔に添加する。
⑪100 Vで20～30分間電気泳動する[*25]。
⑫トランスイルミネーター[*26]の上でバンドを観察する。
⑬必要ならばポラロイドカメラで写真を撮影して結果を保存する。

3.3 Northern blot法

RNAの解析法としては最も一般的な方法であり，特定の標識核酸（プローブという）を用いて特定のRNAの大きさと量を知ることができる。ここでは組織から総RNA（Total RNA）を抽出してホルマリンゲル変性条件下で電気泳動し，^{32}P標識cDNAプローブで検出する方法を述べる。この方法では感度が不十分な場合には，総RNAの代わりにmRNA画分（Poly(A)$^+$RNA）を用いたり，cDNAの代わりにcRNAプローブを用いることもある。

(1) プローブ作製のためのcDNA断片の調製
   （BIO 101社 GENECLEAN を用いた方法）

方法：
① 目的のcDNAがクローニングされたプラスミドDNAを適切な制限酵素で切断し，一部をとって電気泳動して確認する。
② フェノール-クロロホルム抽出：1/2容のフェノールを加え混ぜ，すかさず1/2容のクロロホルムを加え，混ぜた後15,000 rpm，室温で5分間遠心して上層のDNAを回収する。
③ エタノール沈澱：②で得た上層を別のチューブに回収し，1/10容の3 M NaOAc (pH 5.2)を加え，さらに2.5容のエタノールを加えて−70℃に10分間（−20℃に30分間）静置した後，12,000 rpm 4℃で15分間遠心，注意深く上清を捨てて沈澱を回収する。
④ 70%エタノールによるリンス：③で得た沈澱に200 μLの70%エタノールを加えて混ぜ，12,000 rpm，4℃（室温）で5分間遠心，上清を捨て5秒間遠心して管壁の液を落とし，先のとがったチップで液を完全に取り除く。
⑤ 沈澱を20 μLのTE[*9]に溶かしてから4 μLの電気泳動用色素液を加え，全量をアガロースゲルにかけて電気泳動する[*27]。
⑥ 目的のDNAのバンドをナイフで切り出し，2～3 mmに切る。
⑦ ゲルの重さを計りその約2.5倍量のNa I液[*28]を加える。
⑧ 50℃，5～10分にてゲルを溶かす。ときどきチューブを転倒させて攪拌する。
⑨ Glassmilk[*28]を加え（5 μg以下のDNAには5 μL），氷上に5分間置きDNAを結合させる。
⑩ 12,000 rpm室温（あるいは4℃）で5秒間遠心し，上清を捨てて沈澱を回収する。
⑪ 沈澱を200 μL（沈澱の10～50倍量）のNEW[*28]にピペッティングで浮遊させる。
⑫ 12,000 rpm室温（4℃）で5秒間遠心し上清を捨て

[*22] 短い（500 bp以下）DNAを分離するときは，ゲル濃度を高くする（2～3%）。

[*23] 1 × TAEの組成は，0.04 M Tris-acetate, 0.001 M EDTA (pH 8.0)。TAEに比べTBEの方がシャープなバンドを得られるものの，ホウ酸が析出しやすい，泳動中に熱を発しやすい，GENECLEAN（3.3 Northern blot法を参照）でDNAをゲルから回収し難い等の欠点があるので，頻繁に行うミルゲル電気泳動ではTAEの方がよい。

[*24] 30%グリセロール，0.25%ブロモフェノールブルー（BPB），0.25%キシレンシアノール（XC），6 μg/mLのエチジウムブロマイドを含む1 × TAE。

[*25] 電極の向きを確認して逆に泳動しないように注意する。

[*26] トランスイルミネーターは危険な紫外線を発するので専用のマスクで顔を保護する。

[*27] 電気泳動の方法については，3.2 (p87) を参照。

[*28] これらの試薬はGENECLEANキットに含まれるもので，詳しい組成や製法は不明。

て沈殿を回収する。

⑬上記⑪と⑫の操作をさらに2回繰り返す。

⑭12,000 rpm室温（4℃）で30秒間遠心し，先のとがったチップで液を完全に取り除く。

⑮沈殿を5μL（沈殿の1/2～1倍容）のTEに浮遊させ，50℃，5分間にてDNAを溶出する。

⑯12,000 rpm室温（4℃）で30秒間遠心し，先のとがったチップで上清のDNA液を完全に回収する。

⑰上記⑮と⑯の操作をもう一度行い，DNAの液を合わせて回収する。

⑱電気泳動に1μLをかけてDNA量をチェックした後，ラベルを書いて-20℃に保存する。

(2) マルチプライム法によるcDNAの標識

アマシャム Multiprime DNA Labeling Kitを用いて[α-^{32}P]dCTPにより標識する方法を述べる。このほか，同社からはRediprime DNA labeling systemのように反応時間の短い簡便なキットも提供されており，また，他社からも同等のキットが入手できる。それぞれのキットの説明書にしたがって実験すればよい。

方法：

①cDNA断片25ng～1μgをマイクロチューブにとり，純水で28μLにする。

②フタが開かないように押さえてから5分間煮沸した後，氷水で急冷しDNAを変性させる。

③5×ラベリングバッファーを10μL，プライマーを5μL，[α-^{32}P]dCTPを5μL，Klenow enzymeを2μL加え，穏やかにピペッティングして液を混合する。

④37℃で1～3時間反応させる。

⑤スピンカラム等により標識cDNAを分離してハイブリダイゼーションに使用する。

(3) スピンカラムによるRI標識cDNAの分離

RI標識cDNAを分離するには，分子ふるいを使うのが一般的である。ここでは1mLのプラスチック注射筒にSephadexを詰めてスピンカラムを自作して使用する方法を述べる（図J-5）。すでにカラムになったものも多数市販されているので，もちろんそれを使用し

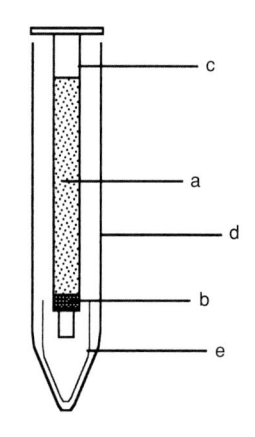

a：Sephadex G-50
b：グラスウール
c：1mLプラスチック注射筒
d：15mL遠心管
e：フタを切り取ったマイクロチューブ

[図J-5] スピンカラム

てもよいが，その場合はそれぞれの説明書にしたがって操作すること。

方法：

①1mLのプラスチック注射筒の先に，乾熱滅菌したグラスウールを詰める。

②TNE（10mM Tris-HCl，1mM EDTA，100mM NaCl，pH8.0）で膨潤させたSephadex G-50を注射筒に詰める（図J-5参照）。

③注射筒を15mL遠心管に立て，1,600×gで4分間遠心する。

④上記②と③のステップを，注射筒のゲルが約0.9mLになるまで続ける。カラムを保存する場合には，この段階でゲルの上端をTNEで湿らせてパラフィルムで上下をふさぎ，ラップに包んで冷蔵保存すればよい。

⑤TNE 100μLをゲルの上端の中心にアプライして1,600×gで4分間遠心し，約100μL回収されてくることを確認する。この操作をもう一度繰り返す。

⑥フタを切り取ったマイクロチューブを15mL遠心管の中に入れてカラムをセットし，0.1mLのcDNA標識反応物（容量はTNEであわせる）をゲル上端の中心にアプライして1,600×gで4分間遠心し，約100μLの標識プローブを回収する。

⑦汚染に注意しながら，標識プローブをフタ付きマイクロチューブに移し，カウントを測定してハイ

ブリダイゼーションに用いる。

(4) ホルマリンゲルによる電気泳動

① RNA電気泳動用ホルマリンゲルの作製

1％アガロースゲルを100 mLつくる場合（実際につくる量は電気泳動槽によって変える），アガロース1 g，10 x RNA泳動用緩衝液10 mL，純水72 mLを電子レンジにかけてアガロースを完全に溶かす。ゲルの温度が60℃程度になるのを待って，18 mLのホルマリンを加えよく混ぜる。電気泳動装置のゲル作製用トレイを準備しておき，そこにゲルを流し込んで30分以上放置してゲルが固まるのを待つ。

② 電気泳動試料の調製（総量25 μLの場合）

RNA	6 μL
10x RNA泳動用緩衝液[*29]	2.5 μL
ホルムアルデヒド	4 μL
ホルムアミド	12.5 μL
総量	25 μL

上記試料を65℃で10分間反応させ，氷水で急冷してRNAを直鎖状にした後，RNAゲルローディングバッファー[*30] 2.5 μL，エチジウムブロマイド溶液（1 mg/mL）1 μLを加えて混ぜる。

③ ゲルトレイのビニールテープをはがして電気泳動槽にセットし，1 x RNA泳動用緩衝液をゲルをおおう程度に注ぎ，コームを丁寧に取り除く。

④ マイクロピペッターを用いてサンプルウェルをリンスした後，ウェルの底にRNAサンプルを丁寧にアプライする。

⑤ 通電して電気泳動を開始する。発熱して電気泳動の像が乱れないように注意すること。
色素（BPB）がゲルの2/3くらい流れたところで電気泳動を止める。

⑥ トランスイルミネータにラップを敷き，その上にゲルを置いてUV光をあてて観察する。

⑦ ゲルの周囲やRNAを泳動していない余分なところを，メスなどを用いて取り除く。

⑧ リボゾーマルRNAの位置を正確に記録するために，専用のものさしを置いて写真を写す。

⑨ 蒸留水を入れた容器にゲルを移し，室温で振とうしながら15分間の洗浄を2回行い，ホルマリンを除く。さらに20 x SSC[*31]にゲルを浸して室温で30分間振とうし，ゲルを平衡化した後，メンブランにRNAをトランスファーする。

(5) メンブランへのトランスファー

ここでは，ナイロンメンブラン（Hybond N）を用いる方法を述べる。ナイロンメンブランの方がニトロセルロースよりも，ハイブリダイゼーションのときに若干バックが高くなるといわれているが，通常は問題ない。ナイロンの方が丈夫で，扱いやすく，加熱してプローブをはがして別のプローブで再びハイブリダイゼーションを行う（リハイブリダイゼーション）ことも可能なので，ナイロンの方がよく使われている。

方法：

① トランスファー用トレイにガラス板を渡し，20 x SSCを入れる。ガラスの上からバッファーまで十分に届くように切ったろ紙（ワットマン 3 MM）をバッファーに浸してから3枚重ねておき，トランスファーブリッジを作製する（図J-6参照）。

② ゲルの大きさに切ってバッファーに浸したろ紙3枚，洗浄後のゲル，2 x SCCに浸したナイロンメンブラン，2 x SSCに浸したろ紙3枚を，気泡が入らないように注意しながら順に重ねる。

③ ゲルの周囲をビニールラップで四角に囲む。これはトランスファーの際にバッファーがゲルを通ら

[*29] 10 x RNA泳動用緩衝液：0.2M MOPS (pH 7.0)，50mM 酢酸ナトリウム，10mM EDTA。

[*30] RNAゲルローディングバッファー：50％グリセロール，1mM EDTA (pH 8.0)，0.25％ブロモフェノールブルー（BPB），0.25％キシレシアノール（XC）。

[*31] 20 x SSC：0.3M クエン酸ナトリウム，3M NaCl (pH 7.0)。1L作製する場合には，クエン酸ナトリウム88.2 g，NaCl 175.3 gを溶かして1Lに合わせる。

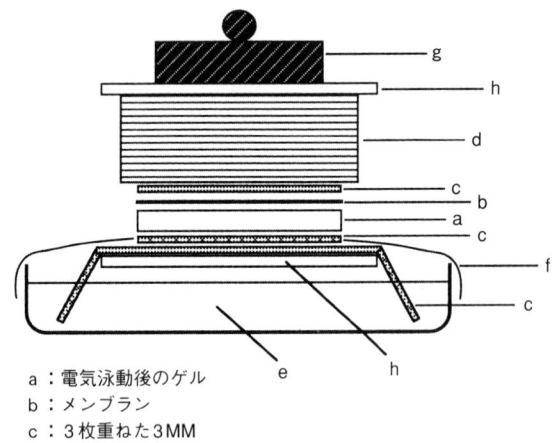

a：電気泳動後のゲル
b：メンブラン
c：3枚重ねた3MM
d：ペーパータオル
e：トランスファーバッファー
f：ラップ
g：重り
h：ガラス板

[図J-6] 核酸のトランスファー

ずに，直接ペーパータオルに吸い上げられて効率が低下するのを防ぐためである。

④トランスファースタック（ろ紙，ゲル，ナイロンメンブランを積み重ねたもの）の間に入った空気を完全に追い出すため，ガラス管かガラス棒をスタックの上から軽く押さえつけながら転がす。

⑤ペーパータオルを適当な大きさに切って積み重ね，最後にガラス板で押さえて上に数百g程度の重石をのせる。

⑥一夜放置してトランスファーする。

⑦トランスファー終了後，ペーパータオルとろ紙を取り除き，メンブランがゲルにのったままの状態で，電気泳動のウェルの位置にボールペンで印を付ける。さらにメンブランをゲルからはがして，日付等の必要事項をRNAのない端の部分に記入しておく。

⑧メンブランをろ紙の上に置き乾燥させた後，UVトランスイルミネーターの上に2～3分間放置してUV光を照射し，RNAをメンブランに固定化する。乾燥させたメンブランは冷蔵庫で数週間以上保存できる。

(6) ハイブリダイゼーションとオートラジオグラフィー
方法：

①RNAをトランスファーしたメンブランをハイブリダイゼーションバッグに入れ，ここにハイブリダイゼーション溶液[*32]を入れる。バッグの内側の面積10cm^{2}当たり0.5～1mLが溶液の量の目安である。

②気泡をできるだけ除き，ポリシーラーで口を閉じる。さらに，メンブランを机の角やゴムベラ等を用いてハイブリダイゼーション溶液になじませながら，気泡を完全に取り除く。気泡をバッグのすみに集めてもう一度シールする。

③バッグを2枚のガラス板に挟んでひもでしばり，42℃の恒温槽で3時間以上反応させてプレハイブリダイゼーションを行う。

④ラジオアイソトープで標識したcDNAプローブを，5分間ボイルして氷水で急冷して熱変性させ，バッグを開けて0.5～2 x 10^6cpm/mLでハイブリダイゼーション溶液に加える。

⑤気泡をできるだけ除き，ポリシーラーで口を閉じる。さらに，メンブランを机の角やゴムベラ等を用いてハイブリダイゼーション溶液になじませながら，気泡を完全に取り除く。気泡をバッグのすみに集めてもう一度シールする。

⑥バッグを2枚のガラス板に挟んでひもでしばり，42℃の恒温槽で一晩（14～20時間）反応させてハイブリダイゼーションを行う。

⑦メンブランの洗浄を行う前に，洗浄液を65℃[*33]の恒温槽で温めておく。

[*32] ハイブリダイゼーション溶液：5 x SSPE，50%ホルムアミド，5 x デンハルト溶液，0.1% SDSに熱変性させたサケ精子DNAを100μg/mL入れて使う（20 x SSPEは，200mMリン酸ナトリウム，3M NaCl，20mM EDTAである。100 x デンハルト液は，2%ウシ血清アルブミン，2%フィコール400，2%ポリビニルピロリドンである）。

[*33] 洗浄の条件：塩基対形成の反応は，塩濃度の高いほど，また温度の低いほど起こりやすい。ここで述べた，0.1 x SSC，0.1% SDSで65℃で洗浄する条件は，きびしい条件（いわゆるHigh stringency）である。この条件ではきびしすぎる場合には，塩濃度を上げるか温度を下げる。

⑧バッグを開けてメンブランを取り出し，2 x SSC，0.1% SDSの入った密閉容器に入れて5分間振とうしながら洗浄する。

⑨メンブランを2 x SSC，0.1% SDSで5分間振とうしながら洗浄する。

⑩次に，メンブランを0.1 x SSC，0.1% SDSで5分間振とうしながら洗浄する。

⑪最後にメンブランをもう一度，0.1 x SSC，0.1% SDSで65℃[*33]，20分間振とうしながら洗浄する。

⑫メンブランは，洗浄液をろ紙で軽く取り除いてからラップでしわにならないように包み，増感紙を入れたカセットにX線フィルムとともに挟んで-80℃に放置することによってオートラジオグラフィーを行う。

3.4 Southern blot法

DNAを制限酵素で切断した後，アガロースゲル電気泳動で分離し，メンブランに転写して特定の遺伝子プローブとハイブリダイズさせて，特定遺伝子断片の大きさを調べるのがSouthern blot法である。1975年にE.M. Southernにより考案，発表された。

(1) 制限酵素によるゲノムDNAの切断と電気泳動
方法：

①10μgのゲノムDNAを100 Unit前後の制限酵素により総液量100μLで最適反応条件下，一晩（14～18時間）反応させて完全に消化する。

②消化されたことを確認するため，反応液から2μLとってアガロースのミニゲルで電気泳動する。このとき，消化前のDNAもコントロールとして同時に泳動する。

③消化されたDNA試料溶液に100μLのフェノール：クロロホルム：イソアミルアルコール（25：24：1，v/v）を加え，ボルテックスミキサーでよく混ぜる。

④室温で15,000rpm，5分間遠心する。

⑤DNA層（上層）をピペットで回収し，別のチューブに移す。白い中間層を吸わないように注意する。

⑥3M酢酸ナトリウムを10μL，100%エタノールを250μL加え，よく混ぜた後，-20℃に20分間静置する。

⑦4℃で15,000rpm，15分間遠心してDNAを沈澱させ，上清を捨てて沈澱を回収する。

⑧0.5mLの70%エタノールを加えて撹拌し，室温にて12,000rpm（～15,000rpm）5分間遠心してDNAを沈澱させ，上清を捨てて沈澱を回収する。

⑨軽く遠心して，マイクロチューブの壁に付いた液を落とし，ピペットで液をできるだけ除く。

⑩マイクロチューブのフタを開けたまま室温で10分間ほど静置してDNAの沈澱を乾かす。

⑪DNAの沈澱を15μLのTEに溶かす。

(2) 電気泳動

0.8%アガロースゲルを1 x TAEの緩衝液系で作製する。基本操作は，3.2 電気泳動法で述べたものと同じであるので参照していただきたい。電気泳動槽のゲル作製用トレイの大きさに応じて，適切な量のアガロースを作製する。

方法：

①適切な量のアガロース粉末を計って1 x TAEを加え電子レンジで完全に溶かす。ゲルが50℃前後まで冷えたら水平にセットしたゲル作製トレイに流し込んでゲル化するのを待つ。

②ゲル化したらビニールテープをはがして電気泳動槽にセットし，1 x TAEをゲルをおおう程度注ぎ，コームを丁寧に取り除く。

③サンプルDNAに3μLのゲルローディングバッファー[*34]を加える。同様にサイズマーカーも忘れずに準備すること。

[*34] ゲルローディングバッファー：30%グリセロール，10mM EDTA（pH 8.0），0.25%ブロモフェノールブルー（BPB），0.25%キシレンシアノール（XC）。

④マイクロピペッターを用いてサンプルウェルをリンスした後，ウェルの底にDNAサンプルを丁寧に入れる。

⑤通電して電気泳動を開始する。発熱して電気泳動の像が乱れないように注意すること。

⑥色素(BPB)がゲルの2/3くらい流れたところで電気泳動を止める。

⑦エチジウムブロマイド(0.5μg/mL)を入れた容器にゲルを移し，室温で約20分間振とうしながらDNAの染色を行う。

⑧トランスイルミネータにラップを敷き，その上にゲルを置いてUV光をあてて観察する。

⑨ゲルの周囲やDNAを泳動していない余分なところをメスなどを用いて取り除く。

⑩サイズマーカーの位置を正確に記録するために，専用のものさしを置いて写真を写す。

(3) メンブランへのトランスファー

ここでは，アマシャム社のナイロンメンブラン(Hybond N)を用いる方法を述べる。基本操作はほかのメンブランの場合でも同じであるが，詳しくはそれぞれのメンブランの取扱い説明書を参考にする。

方法：

①電気泳動後のゲルを0.05N HClに浸し，室温で10分間振とうする。この操作によりDNAが部分的に分解され，トランスファーの効率が高まる。

②液を捨て，次にアルカリ変性溶液(0.5N NaOH, 1.5M NaCl)にゲルを浸して室温で30分間振とうする。

③液を捨て，中和溶液[0.5M Tris-HCl (pH 7.5), 1.5M NaCl]にゲルを浸して室温で20分間振とうする操作を2回行った後，ナイロンメンブラントにトランスファーする。

④トランスファー用トレイにガラス板を渡し，20 x SSCを入れる。ガラスの上からバッファーまで十分に届くように切ったろ紙(ワットマン3MM)をバッファーに浸してから3枚重ねて置き，トランスファーブリッジを作製する(図J-6参照)。

⑤ゲルの大きさに切ってバッファーに浸したろ紙3枚，アルカリ変性と中和の終了したゲル，2 x SSCに浸したナイロンメンブラン，バッファーに浸したろ紙3枚を，気泡が入らないように注意しながら順に重ねる。

⑥ゲルの周囲をビニールラップで四角に囲む。トランスファーの際に，バッファーがゲルを通らずに直接ペーパータオルに吸い上げられて効率が低下するのを防ぐためである。

⑦トランスファースタック(ろ紙，ゲル，ナイロンメンブランを積み重ねたもの)の間に入った空気を完全に追い出すため，ガラス管かガラス棒を，スタックの上から軽く押さえつけながら転がす。

⑧ペーパータオルを適当な大きさに切って積み重ね，最後にガラス板で押さえて上に数百g程度の重石をのせる。

⑨一夜放置してトランスファーする。

⑩トランスファー終了後，ペーパータオルとろ紙を取り除き，メンブランがゲルにのったままの状態で電気泳動のウェルの位置にボールペンで印を付ける。さらに，メンブランをゲルからはがして日付等の必要事項をDNAのない端の部分に記入しておく。

⑪メンブランを2 x SSCで一分間ほど洗う。

⑫メンブランをろ紙の上に置き乾燥させた後，DNA面を下にしてUVトランスイルミネーターの上に2～3分間放置してUV光を照射し，DNAをメンブランに固定化する。乾燥させたメンブランは数週間以上保存できる。

(4) ハイブリダイゼーションとオートラジオグラフィー

プローブの作製法については，3.3 Northern blot法の(1)～(3)を参照していただきたい。

方法：

①DNAをトランスファーしたメンブランをハイブリダイゼーションバッグに入れ，ここにプレハイブリダイゼーション溶液[*35]を入れる。バッグの内側の面積10cm^{2}当たり0.5～1mLが溶液の量の目安である。

②気泡をできるだけ除き，ポリシーラーで口を閉じ

る。さらにメンブランを机の角やゴムベラ等を用いてプレハイブリダイゼーション溶液になじませながら気泡を完全に取り除く。気泡をバッグのすみに集めてもう一度シールする。

③ バッグを2枚のガラス板に挟んでひもでしばり，42℃の恒温槽で3時間以上反応させてプレハイブリダイゼーションを行う。

④ バッグを開けてプレハイブリダイゼーション溶液を捨て，ラジオアイソトープで標識したcDNAプローブを，5分間ボイルして氷水で急冷して熱変性させ，$0.5 \sim 2 \times 10^6$ cpm/mLでハイブリダイゼーション溶液[*36]に加えてバッグに入れる。

⑤ 気泡をできるだけ除き，ポリシーラーで口を閉じる。さらに，メンブランを机の角やゴムベラ等を用いてハイブリダイゼーション溶液になじませながら気泡を完全に取り除く。気泡をバッグのすみに集めてもう一度シールする。

⑥ バッグを2枚のガラス板に挟んでひもでしばり，42℃の恒温槽で一晩（14〜20時間）反応させてハイブリダイゼーションを行う。

⑦ メンブランの洗浄を行う前に，洗浄液を65℃[*33]の恒温槽で温めておく。

⑧ バッグを開けてメンブランを取り出し，2 x SSC，0.1% SDSの入った密閉容器に入れて5分間振とうしながら洗浄する。

⑨ メンブランをもう一度，2 x SSC，0.1% SDSで5分間振とうしながら洗浄する。

⑩ 次にメンブランを 0.1 x SSC，0.1% SDSで5分間振とうしながら洗浄する。

⑪ 最後にメンブランをもう一度，0.1 x SSC，0.1% SDSで65℃[*33]，20分間振とうしながら洗浄する。

⑫ メンブランは，洗浄液をろ紙で軽く取り除き，ラップでしわにならないように包み，増感紙を入れたカセットに X線フィルムとともに挟んで−80℃に放置することによってオートラジオグラフィーを行う。

4. 塩基配列決定法

塩基配列の決定は，核酸の性状解析において最も重要かつ基本的な実験操作であるといえる。新規遺伝子を分離した場合には，そこにコードされるタンパク質の構造を推定したり，特定の配列のパターン（モチーフ配列）を探すことによってコードされるタンパク質の機能を予測するなど様々な解析が可能となる。また，遺伝子の組換えを行う場合などでも，塩基配列を決定することによって組換えが正しく行われたことを確認できるなど，その用途は広範にわたる。

DNA塩基配列については，マクサム・ギルバート法とジデオキシ法（サンガー法）があるが，最近では主に後者のジデオキシ法が広く普及している。この方法では，4種類の核酸の構造類似体であるジデオキシヌクレオチドをDNAポリメラーゼによる合成反応中に取り込ませて，特定の塩基で反応を停止させ，電気泳動によってそれぞれの構造類似体ごとの反応産物の塩基鎖長を比較し，塩基配列を決定する。核酸のバンドを検出する方法も，ラジオアイソトープを使う方法から蛍光色素を利用したオートシークエンサーを使用する方法へとその主流が変わりつつある。

ここでは，1本鎖DNAばかりでなく2本鎖DNAも鋳型として塩基配列を決定でき，それほど特別な器具を必要としない，BcaBEST DNAポリメラーゼ（TaKaRa）とラジオアイソトープを用いた方法について述べる。

[*35] プレハイブリダイゼーション溶液：50%ホルムアミド，5 x SSC，5 x デンハルト溶液，50 mMリン酸ナトリウム（pH 6.5），500 μg/mL変性サケ精子DNA，1%グリシン。

[*36] ハイブリダイゼーション溶液：50%ホルムアミド，5 x SSC，1 x デンハルト溶液，20 mMリン酸ナトリウム（pH 6.5），100 μg/mL変性サケ精子 DNA，10%デキストラン硫酸ナトリウム500（Pharmacia）。

4.1 シークエンスゲルの作製

(1) ガラス板の洗浄

手袋をはめて，ガラス板を中性洗剤を使ってきれいに洗浄し，水道水と純水でよく濯ぐ。さらに70％エタノールで拭いて乾燥させる。コームとスペーサーも適宜洗浄して濯いでおく。

(2) ゲル板の作製

① ガラス板を組み立てる。ガラスの内側を確認し，スペーサーの間に隙間ができないようにしっかりと合わせて大型のクリップで固定する。

② アクリルアミドゲル保存液[*41]を50mLとり（使用するゲル板の大きさに応じて変える）脱気する。

③ 10％過硫酸アンモニウム溶液（用事調製）240μLとTEMED 24μLを加えてすばやくかき混ぜ，50mLのプラスチック製注射筒でガラス板の間に流し込む。

④ 空気が入った場合はガラス板をたたいて追い出し，すかさず，コームのまっすぐな方を5mmさし込んで横にねかせてゲル化するのを待つ。3時間以上静置。

4.2 シークエンス反応

① マイクロチューブに，プラスミドDNA 16μL（0.5〜1 pmol）[*38]，2N NaOH 2μL，2mM EDTA 2μLを入れ総量20μLとし，よく混ぜてから37℃で5分間反応させ，DNAをアルカリ変性させる。

② 3M酢酸ナトリウムを2μL，100％エタノールを50μL加えて混ぜ，−20℃で20分間静置した後，4℃，15,000rpm，15分間遠心してDNAを沈澱させる（エタノール沈澱）。上清を捨て，沈澱を回収する。

③ 0.2mLの70％エタノールを加えて攪拌し，室温にて15,000rpm，5分間遠心し，DNAを沈澱させる。上清を捨て，沈澱を回収する。

④ 軽く遠心して，マイクロチューブの壁に付いた液を落とし，ピペットで液をできるだけ除く。さらに，マイクロチューブのフタを開けたまま，室温で10分間ほど静置してDNAの沈澱を乾かした後，22μLの純水に溶かしてシークエンスに用いる。

⑤ 4種類のdddNTP溶液（4種類の各ddNTPとdNTPの混合液）を2μLずつそれぞれのサンプルの数だけ分注する。

⑥ 前項で得た鋳型DNAの11μLをマイクロチューブにとり，10 x 緩衝液1.5μLとプライマー（1 pmol/μL）を1μL，[α-^{32}P]dCTPを0.5μL，BcaBEST DNAポリメラーゼ（2U/μL）を1μL加えて混ぜ合わせ，4種類のdddNTPにそれぞれ3.5μLずつとって移す。

⑦ 65℃で10分間反応させた後，stop solutionを3μL加えて混ぜ，反応を停止させる。

⑧ 65℃で3分間加熱して氷水で急冷し，DNAを変性させて1本鎖にさせる。

[*37] アクリルアミドゲル保存液：

アクリルアミド	28.5g
ビスアクリルアミド	1.5g
尿素	210g
10 x TBE	50mL

純水で溶かし500mLにした後，0.45μmのフィルターを通して冷暗所に保存する。

10 x TBE

Tris	121.1g
ホウ酸	51.3g
EDTA-2 Na	3.7g

上記を純水で溶かし1Lにする。

[*38] 鋳型とするプラスミドDNAは，2.2項(1)大腸菌少量培養からアルカリ-SDS法とポリエチレングリコール沈澱で分離したものや，(2)超遠心法で分離したもの，さらに市販のプラスミド抽出キットで分離したものを用いることができるが，アルカリ-SDS法を行っただけの純度の低いDNAでは良い結果が得られない。

4.3 電気泳動

① ゲル化したシークエンスゲル板から下部スペーサーとコームをはずし，ガラス板を水で洗って電気泳動槽にセットする。放熱板を忘れないこと。
② 泳動バッファーを注いでゲルの上端，下端の空気を注射筒等を用いて取り除き，通電してプレランを行う。30分～1時間くらい。
③ 通電を中止してゲル上端にたまった尿素を注射筒等を使ってよく洗って取り除き，コームをとがった方を下にしてガラス板の間にゆっくりと挿入しゲルに左右均等に1mm程度さす。決してさし直しをしてはいけない。
④ 加熱処理を行ったサンプルを2.5μLずつ手早くアプライする。
⑤ 再び通電を開始し，電気泳動を行う。
⑥ 長くシークエンスしたい場合には，適切なところで一度通電を停止して尿素を洗って再びサンプルをアプライして電気泳動を行い，泳動距離の長いものと短いものとでデータをつなぎ合わせる。

4.4 ゲルの乾燥とオートラジオグラフィー

① 通電を停止してゲル板を電気泳動槽からはずす。
② 耳のあるガラス板が上になるように台の上に置いてスペーサーを取り除き，薄い金属の板でガラス板の間をこじ開けるようにして上のガラスをはがす。
③ ゲルの周囲の余分なバッファーをペーパータオルで吸い取り，ゲルと同じくらいの大きさの厚手のろ紙（ワットマン3MM）をゲルの上にしわにならないようにのせてゲルに張り付け，ゲルごとガラス板からはがす。
④ ゲルドライヤーにゲルを挟んで完全に乾燥するまで待つ。1～2時間くらい。乾燥が不完全な状態でゲルドライヤーの運転を停止するとゲルが割れてしまうので注意する。
⑤ ゲルをX線フィルムとともにカセットに挟んで室温に数時間おいた後，X線フィルムを現像してラダーから塩基配列を読み取る。

5. PCR法

ポリメラーゼ連鎖反応（PCR）は，鋳型DNAの熱変性，プライマーのアニーリング，ポリメラーゼによるDNAの合成を試験管内で数十回繰り返すことによってわずか数時間で目的遺伝子を数百万倍以上に増幅できる極めて優れた方法であり，分子生物学では欠くことのできない手技となっている。理論的には，1コピーのDNAから遺伝子を増幅してクローン化することが可能である。したがって，試料の汚染には十分に注意しなければいけない。プラスチック器具は可能な限り新品を用い，実験者はグローブとマスクを着用すること。

PCRは様々な実験に応用可能であるが，ここでは基本操作としてゲノムDNAを鋳型としたPCRおよびcDNAを鋳型としたPCRについて述べる。

5.1 ゲノムDNAを鋳型としたPCR

① PCR用のマイクロチューブに以下の試薬を入れる（総量50μL）。

ゲノムDNA（0.1～0.5μg/μL）	1μL
プライマー：Upper（100pM/μL）[*39]	0.5μL
プライマー：Lower（100pM/μL）[*39]	0.5μL
dNTP混合液（A, T, G, C各2.5mM）	4μL
10×緩衝液[*40]	5μL
純水	38.5μL

② 軽く遠心した後，混合してもう一度軽く遠心する。
③ Taq DNAポリメラーゼ（5U/μL）を0.5μL加え，ピペットの先でよく混ぜる。
④ ミネラルオイルを2滴ほど入れ，サーマルサイクラーにより反応を開始する[*41]。

例)

パターン1：	1回
94℃	3分
パターン2：	40回
94℃	1分
56℃	1分
72℃	2分
パターン3：	1回
72℃	3分
4℃	99.99分（4℃のまま保持）

⑤反応産物から5μLとり，アガロースゲル電気泳動により結果を分析する。

5.2 cDNAを鋳型としたPCR

まず，mRNAを鋳型にしてcDNAの合成を行う。次にcDNAを鋳型としてゲノムDNAの場合と同様にPCRを行う。

①RNA（Total RNA 2μg）を3μLの純水に溶かす。
②70℃5分の後，氷上で急冷してRNAの高次構造を壊す。
③マイクロチューブに以下の試薬を入れる。

RNase inhibitor（40U/μL）	1μL
5x緩衝液[*42]	4μL
0.1M DTT	2μL
dNTP混合液（A, T, G, C 各2.5mM）	8μL
Lowerプライマー（20pmol/μL）	1μL

④軽く遠心した後，混合してもう一度軽く遠心する。
⑤M-MLV reverse transcriptase（RT）を1μL（200U）加えてピペットの先でよく混ぜる。
⑥室温で10分，さらに37℃で60分反応させて逆転写を行う。
⑦70℃，10分間で酵素を失活させ反応を止める。
⑧前項「ゲノムDNAを鋳型としたPCR」に記載されたPCR用のマイクロチューブに入れる試薬のうち，ゲノムDNAの代わりに上記逆転写（RT）産物を1μL入れて同様にPCRを行う。

6. マイクロアレイ

実用的なマイクロアレイは1995年Science誌に「Quantitative monitoring of gene expression patterns with a complementary DNA microarray」としてSchenaらにより発表されて以来，著しく発展している。高密度に数千から数万のcDNAあるいはオリゴDNAをガラスあるいは膜上に配置したものをマイクロアレイという。オリゴDNAを用いたものはDNAチップとも呼ばれる。遺伝子を定量的に解析する手段には，PCR，RT-PCR，ディファレンシャルディスプレイ，SAGE（serial analysis of gene expression），ノーザンブロッティング，サザンブロッティングなどがある。マイクロアレイは微量で数千から数万の遺伝子を一気にノーザンブロッティングあるいはサザンブロッティングすることと同じである。

[*39] PCRの結果の良否にもっとも重要な影響を及ぼすのがプライマーである。プライマーは，特異性を持たせるとともに比較的高い温度でもアニーリングするように，20塩基以上のオリゴヌクレオチドを用いる。プライマー間でアニーリングしない（プライマーダイマーを作らない）配列を選ぶこと。GC含量に注意して，プライマーと増幅される間の配列のGC含量が50％前後でほぼ同じになるのが望ましい。プライマー分析専用のパソコンソフトも開発されているので，これを利用すると便利である。

[*40] 10x緩衝液は，通常，酵素に添付されてくる。マグネシウム濃度を増減させることで，プライマーのアニーリング特異性が上下するので注意する。

[*41] プライマーのアニーリングの温度を上下させることで，アニーリング特異性が変わるので注意する。また，PCR専用の壁の薄いチューブを使用する場合とそうでない場合とでは反応条件が変わってくるので注意する。

[*42] 5x緩衝液は，通常，酵素に添付されてくるのでそれを使用する。

ヒトをはじめ数多くの動物種のゲノム解析がその配列から機能の解明へ進行している現在，単に発現遺伝子の増減だけでなく，遺伝子のコピー数の定量，多型解析に用いられており，マイクロアレイ技術は遺伝子機能の解析に不可欠な手法となりつつある。

6.1 マイクロアレイの基礎知識

6.1.1 原理

図J-7に遺伝子発現解析を行う場合のDNAマイクロアレイ実験の概略を示した。基本的な原理は単純であり，目的とする組織，細胞からRNAを抽出して標識cDNAあるいはcRNAを調製した後，DNAマイクロアレイとハイブリダイゼーションを行い，洗浄後に蛍光シグナルを読み取り，数値化するというものである。技術開発の当初は，放射性同位元素でcDNAなどを標識する手法が用いられたが，現在では標識にはCyanine3 (Cy3) やCy5などの蛍光色素を用いるのが一般的である。2つの組織・細胞間での遺伝子発現の差異を調べる場合は，一方のサンプルから得たRNAをもとにCy3で標識し，もう一方をCy5で標識する。これをひとつのマイクロアレイ上で競合的にハイブリダイゼーションすれば，二者間での遺伝子発現の比較が可能となる。いわゆる2色法であり，2サンプルを同一アレイ上で比較することができるが，蛍光色素間での標識効率や検出効率，退光速度の問題から色素補正が必要となる（図J-8：A）。一方，オリゴDNAマイクロアレイを使用する場合，その精度の向上から1サンプル，1アレイで実施する1色法も繁用されている。1色法の場合，色素補正は必要としないが，アレイ間補正が必要となる（図J-8：B）。

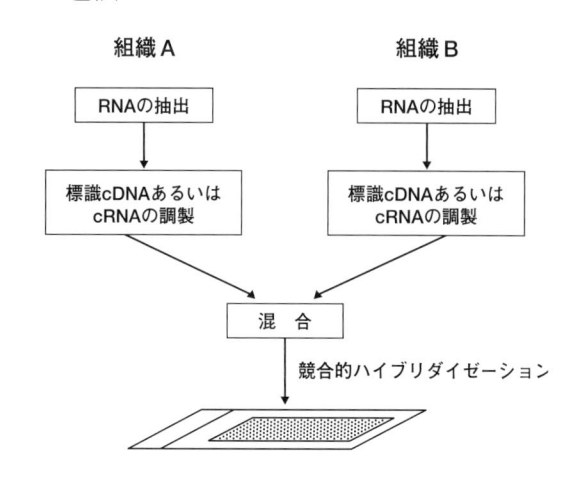

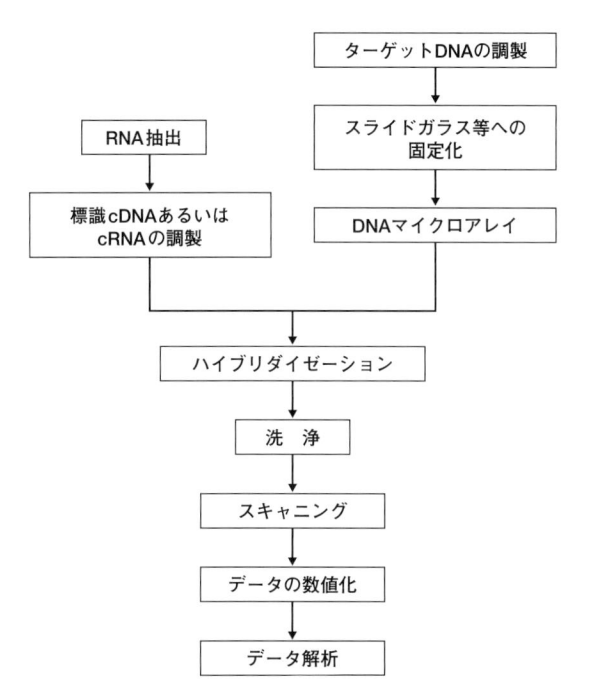

[図J-7] DNAマイクロアレイ実験の概略

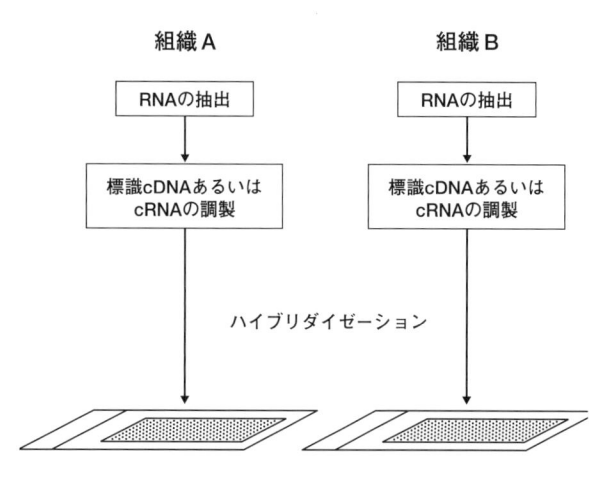

[図J-8] 1色法あるいは2色法によるマイクロアレイ実験

6.1.2 種類

マイクロアレイは2つに大別され，1）スライドガラスやシリコンなどの基盤上に数十塩基のオリゴヌクレオチド，cDNAのPCR産物，あるいはプラスミドに挿入された状態で貼り付けられたもの，2）数十塩基のオリゴヌクレオチドを基盤上で直接（in situ）合成したものである。前者がいわゆるStanford型のマイクロアレイ（貼り付け型）であり，後者がAffymetrix社が先鞭をつけたGeneChip技術を用いたものである。Stanford型のマイクロアレイは，ある特定の組織・臓器由来の遺伝子情報をもとに作製することが可能で，未知の組織特異的な遺伝子を効率よく搭載できる。しかし，基盤上でDNAを合成するタイプ（後者）に比べると，スポットが均一にならないことなどが問題となる。

6.2 cDNAマイクロアレイ作製方法とその実例

数千から数万個の遺伝子を搭載したcDNAマイクロアレイの作製を実施する場合，数十枚の96ウェルプレートあるいは384ウェルプレートを自動処理する分注機などのハイスループットシステム，スライドガラスに遺伝子を貼り付けるアレイヤーなどの大型機器が必要となるため，実際問題として誰もが自由に作製することは難しい。現在では，cDNAマイクロアレイやオリゴDNAマイクロアレイが市販されており，購入して実験が可能である。ここでは，その原理や基本的な概念を理解するため，実際に著者らが行った牛子宮・胎盤特異的cDNAマイクロアレイの作製法をもとにして概略を述べる。詳細については参考文献5，6）を参照していただきたい。

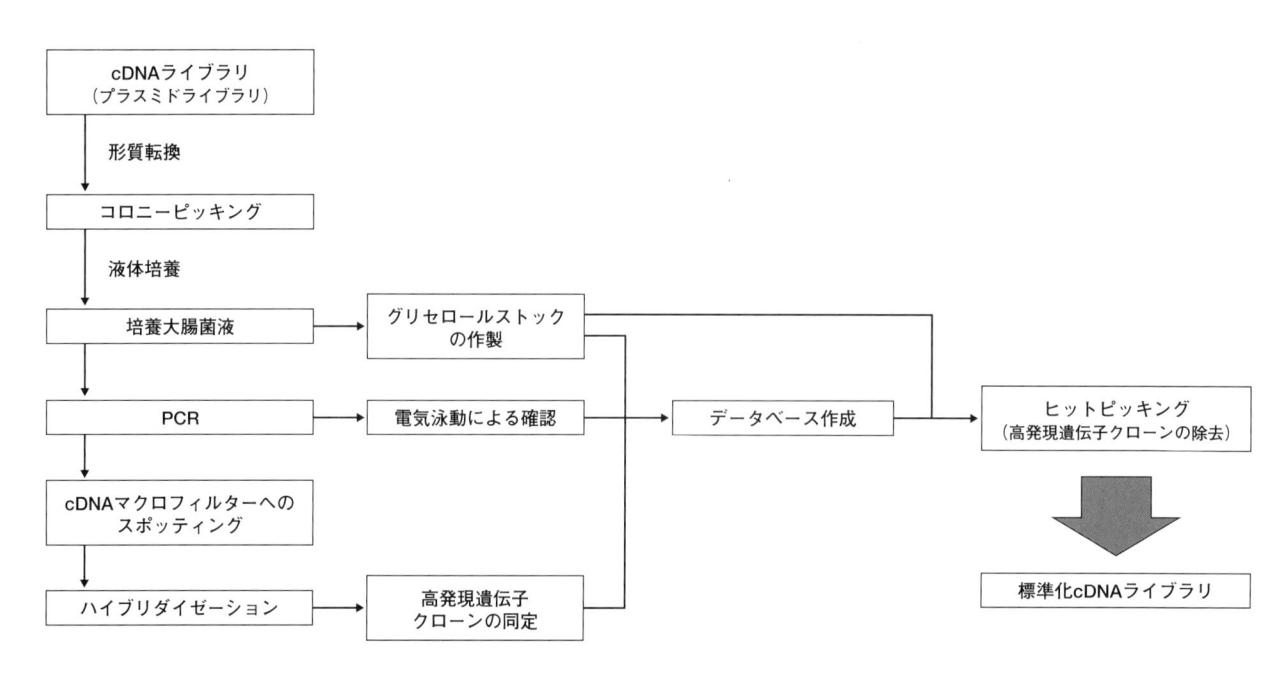

6.2.1 ヒットピッキング法による標準化cDNAライブラリの作製

アレイ作製には，もとになる良好なcDNAライブラリの確立が寛容であり，また重複する遺伝子クローンの排除がポイントとなる。標準化cDNAライブラリの作製法の概略を図J-9に示した。基本的には，1）標的組織からpoly（A）＋RNAの調製，2）ZAP Express Vector kit（Stratagene社）など市販のシステムを使用したcDNAライブラリの構築（このとき，ライブラリ作製に使用するcDNA長は500〜2,500bpを選択した），3）約5,000個の大腸菌コロニーの自動コロニーピッカーによる抽出，4）大腸菌コロニーの液体培養，5）菌液のグリセロールストックを作製，6）少量の菌液を鋳型としたPCRの実施，挿入cDNAサイズの確認（プラ

[図J-9] ヒットピッキング法による標準化cDNAライブラリの作製

イマーはインサート両端に位置するベクター配列を利用することが可能）と進む。さらに得られたPCR産物をナイロンメンブランフィルターにスポッティングしてマクロアレイを作製する。本マクロアレイを使用してオリジナルのcDNAライブラリに存在する重複遺伝子を同定する。オリジナルのcDNAライブラリから切り出したcDNA断片をDIG（ジゴケシギニン）DNA標識キット（ロシュ社）を使用してDIG標識し，調製したマクロアレイとハイブリダイズさせる。発現量の高い遺伝子は重複している可能性が高いので，ある一定シグナル以上のクローンを選択，除去する（ヒットピッキング）。著者らの牛子宮・胎盤特異的cDNAマイクロアレイでは，オリジナルの約5,000クローンのうち，重複クローンと考えられる約1,000クローン（20%程度）を除去し，最終的に約4,000個の遺伝子クローンを得た[3]。

6.2.2 スライドガラスへのcDNAのスポッティング

標準化ライブラリの各クローンからスライドガラスへのスポッティングまでの工程を図J-10に示した。1）大腸菌（標準化cDNAライブラリの各クローン）のグリセロールストックを液体培養する，2）各菌液からのプラスミドDNAの抽出，3）各プラスミドを鋳型としたPCRによるcDNAの増幅，4）PCR産物の精製，5）アレイヤーによるスライドガラスへのPCR産物のスポッティング，6）スポットしたスライドガラス上のDNAの固定化。使用するスライドガラスはポリ-L-リジンやシランコート，MASコートなど種々のものが用いられている。また，抽出したプラスミド中のcDNA塩基配列のシークエンスも同時進行で実施する。

6.2.3 スライドの固定化とブロッキング

ハイブリダイゼーションの前にスポッティングしたcDNAの固定化（再湿潤を含む）およびブロッキングを行う。

① マイクロアレイスライドのスポット位置を確認し，スポット裏面にダイヤモンドペンで印を付ける。このとき，スポットされたグリッドの範囲外の裏面に印を付けるようにする。

② ビーカーに水を入れ，沸騰させる。アレイスライドのスポット面を下にして蒸気に30秒間かざした後，スポット面を上にして100℃のブロックヒーターにスライドを5秒間のせる。

③ 80℃のインキュベーター内で1時間放置する。放置終了後，UVクロスリンカー内で紫外線を照射（60mJ）し，固定化する。

④ 固定化終了後のスライドを染色バスケットに入れ，0.2% SDS中に2分間浸して洗浄する。その後，オートクレーブ済みMilliQ水で洗浄（2分間×2回）する。これらの洗浄操作では，染色壺中でバスケットを2秒間に1回程度の割合で上下させる。

⑤ ブロッキング溶液に20分間浸す。次に，オートクレーブ済みMilliQ水で洗浄（1分間×3回）して，ブロッキング溶液を完全に除く。この洗浄操作ではバスケットを激しく上下させる。

⑥ スライドを沸騰したオートクレーブ済みMilliQ水に2分間浸し，最後に95%エタノールに1分間浸す。エタノール処理後は，キムワイプ等を敷いたスライドケースに入れ遠心するなどして余分なエ

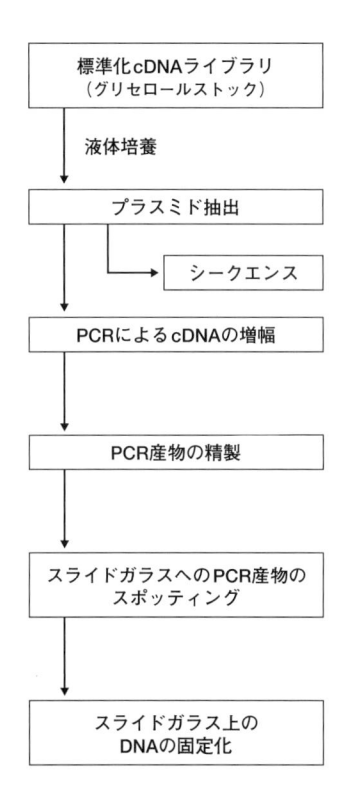

[図J-10] 標準化cDNAライブラリを用いたマイクロアレイの作製の概略

タノールを除き乾燥させる。ブロッキング後のアレイスライドはデシケーター内で保存する。

6.3 cDNAマイクロアレイ実験法

Cy3およびCy5の2つの蛍光色素を用いた2色法による実験法について述べる。2色法を実施する場合，各色素により標識効率や検出効率，退光速度が異なるので，Dye-swap実験を実施する必要がある。Dye-swap実験とは，標識色素のみを入れ替えて行う実験である（図J-11）。

6.3.1 RNAの抽出

RNA抽出法およびpoly（A）＋RNAの調製ついては他稿で詳述されているので参考にしていただきたい。総RNAの抽出では，Acid Guanidium thiocyanate-Phenol-Chloroform法を改良したTRIzol試薬（インビトロジェン社）やISOGEN（ニッポンジーン社），またRNeasyシリーズ（キアゲン社）のキットの利用も可能である。また，poly（A）＋RNAの調製ではOligodex dT30（タカラバイオ）などが利用できる。ただし，マイクロアレイ実験の結果は使用するRNAの品質に左右されることはいうまでもなく，抽出後のRNAの品質についてはA260/A280比，電気泳動等で必ずチェックする必要がある。抽出実験は細心の注意を払い，精製度が悪かったり，少しでも分解を受けたRNAのマイクロアレイ実験への使用は好ましくない。

6.3.2 標識cDNAの合成とハイブリダイゼーション

① 下記のような反応液を調製し，42℃で2時間反応させる（図J-11のDye-swap実験の概要にあるように，反応液は各RNAに対してCy3とCy5標識用を用意する）。

poly（A）＋RNA（2 μg）	x μL
1 μg/μL Random primer（9 mer）	0.6 μL
5× First strand buffer	6 μL
0.1 M DTT	3 μL
dNTP mixture（A, G, C, T 各25mM）	0.6 μL
Cy3 or Cy5-dUTP	3 μL
SuperScript II（200U/μL）	2 μL
Nuclease-free water	y μL
（総容量を30 μLとする）	

② 1N NaOH/20mM EDTAを1.5 μL加え，反応液を中和する。Cy3およびCy5標識した反応液を混合し，TE緩衝液を270 μL加える。

③ 混合液をマイクロコン遠心式フィルターユニット（Microcon YM30, ミリポア社）のカップに移し，12,000rpmで遠心する。カップ内の混合液が10 μL

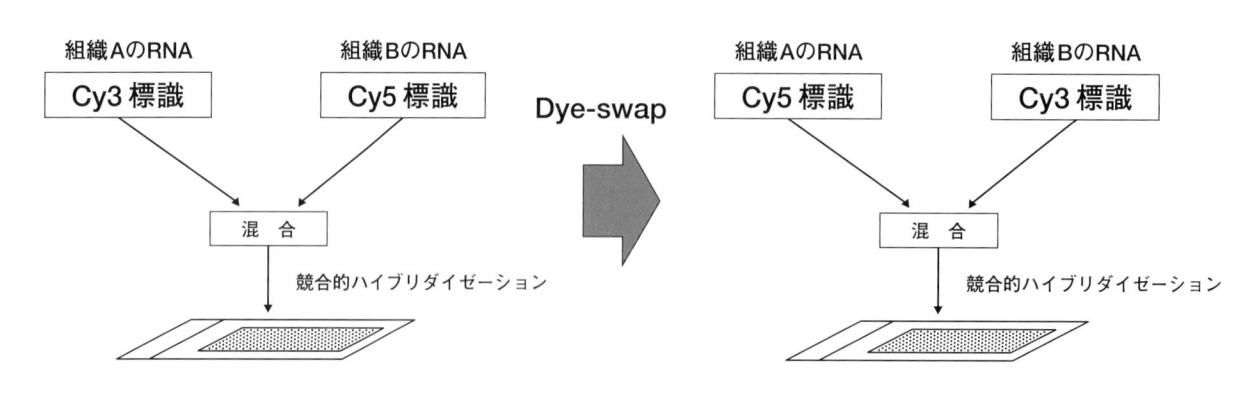

[図J-11] Dye-swap実験の概要

程度になるまで遠心濃縮する。

④フィルターを素通りした溶液を別チューブに移した後，カップに500 μLのTE緩衝液とサケ精子DNA（20 μg）を加え，12,000rpmで遠心する。カップ内の混合液が6 μL程度になるまで遠心濃縮する。濃縮液の回収は，1.5 mLチューブにフィルターユニットのカップを逆さに装着し，遠心（3,000 rpm, 5分間）することにより行う。

⑤回収後の濃縮液に下記の試薬を加える。

20 μg/mL 酵母tRNA	1 μL
20 μg/mL ポリアデニル酸	1 μL
20X SSC	2.55 μL
10% SDS	0.45 μL
（総容量をTE緩衝液で15 μLとする）	

⑥上記⑤で調製した標識cDNA溶液を100℃で2分間加温し，その後30分間室温で放置して冷却させる。

⑦冷却後の標識cDNA溶液をアレイスライドに滴下し，カバーガラスを掛ける。このとき，泡が入らないように注意深く行う。溶液の蒸発を防ぐため，カバーガラスの周りをペーパーボンドで固める。市販のハイブリダイゼーションチャンバーの使用も可能であり，その場合は加える標識cDNA溶液の容量を調整して行う。

⑧65℃のインキュベーター内で12〜16時間ハイブリダイゼーションする。

⑨ハイブリダイゼーション終了後，2X SSC/0.1% SDS中でペーパーボンドを取り除き，カバーガラスが自然にはがれるまで待つ。アレイスライドを新たな2X SSC/0.1%SDS中に移し，室温で振とうしながら5分間洗浄する。これを2回繰り返す。

⑩0.2X SSC/0.1% SDS中に移し，40℃で振とうしながら5分間洗浄する。これを2回繰り返す。最後に0.2X SSCで3分間リンスする（室温）。

⑪キムワイプ等を敷いたスライドケースに入れ遠心するなどして乾燥させ，直ぐにスキャニングを開始する。

6.3.3 スキャニングとシグナルの数値化

マイクロアレイスキャナー（Axon Instruments社製GenePix 4000）を使用したアレイスライドのスキャニングと画像処理ソフトウェア（GenePix Pro）によるシグナルの数値化の概要について記述する。カスタムcDNAマイクロアレイの場合，スキャンエリアや解析テンプレート作成など，各アレイに対応した設定が必要となる。詳細については機器添付の使用マニュアルを参照していただきたい。

①スキャナー本体の電源を投入後，コンピューターの電源を入れGenePix Proソフトウェアを起動する。

②アレイスライドのスポット面を下，フロスト側を手前にしてスキャナーにセットする。

③最初にプレビューでスキャンする。蛍光シグナルが強すぎる，もしくは弱い場合にはPMT（Photo Multiplier Tube Gain）値を変更して，適当な強度が得られるようにする。Hardware Settingの項目からPMT値の変更は可能であり，635 nmの波長がCy5，532 nmがCy3である。

④スキャニングする領域については，各スライドで異なるのでスポット全域が含まれるようにドラッグして設定する。

⑤本スキャン後に画像をTIFF形式で保存する。635 nm（Cy5）と532 nm（Cy3）の蛍光波長のスキャニング画像が別々に保存される。

⑥上記⑤で得られた画像をもとに，蛍光シグナルの数値化を行うが，その前に解析テンプレートを作成する。解析テンプレートはアレイ上の各スポットへのグリッティング（各スポットにグリッドを付けること）に必要であり，スポットの行列数や行間，列間のスペースの設定等である。

⑦上記⑤で得られた画像を開き解析する。このとき，2色法の場合はCy5とCy3の両方のシグナルを数値化するので同時に開く。⑥で作成したテンプレートを割り当て，大まかなスポット位置を合わせる。アレイヤーを使用してスポットしたアレイの場合，解析テンプレートで設定しただけでは各スポットとグリッドを完全に一致することは難

しい。したがって，手動での微調整が必要となる。
⑧埃の混入やバックグラウンド等の影響で正確なシグナルが得られないと思われるスポットがある場合，手動でフラグを立てることが可能である。フラグを立てたスポットは，数値化データ上で判別することが可能である。

6.4 オリゴDNAマイクロアレイ実験法

GeneChipやDNAチップとも呼ばれるオリゴDNAマイクロアレイは，数多くのカスタムアレイ作製会社や市販アレイがある。本稿では，著者らが農業生物資源研究所と協力して作製した牛のオリゴDNAアレイ（11,000遺伝子搭載，アジレント社製）を用いた1色法の実例について述べる。そのため，特に断らない場合は使用するキットや試薬はアジレント社製を用いた。基本的な実験法は2色法の場合も同じであるが，標識に使用する蛍光色素が2種類であること，それに伴いスキャニングの設定が若干異なる。本方法では，試料から抽出した総RNAを鋳型としてcDNAを調製し，そのcDNAを基にcRNAを合成する際に蛍光色素を取り込ませ，ハイブリダイゼーションに用いる。そのため，プローブはcRNAであり，ハイブリダイゼーションまでの各操作はRNase混入を避け注意深く行う必要がある。

6.4.1 RNAの抽出

前述の6.3.1と同様に総RNAを抽出する。本オリゴDNAマイクロアレイを使用する場合，必要となる総RNA量は1μg以下である。しかし，マイクロアレイ実験後のリアルタイムRT-PCRによる検証などを考えると，総RNAとして10μg程度は抽出しておけば安心である。なお，最終的に総RNAを溶解する溶媒としては，市販されているNuclease（DNase/RNase）-free水を使用する。ジエチルピロカーボネート（DEPC）処理水を使用した場合，残存したDEPCがその後の反応を阻害する恐れがあり，良好な結果が得られない。

6.4.2 cDNA合成および標識cRNAの調製

cDNA合成および標識cRNAの調製には，Low RNA Fluorescent Amplification kitを使用する。本キット付属の各試薬の組成は未公表のため，濃度等を記載していない。本法はT7プロモーター配列を付加したプライマーを使用したT7-based RNA増幅法を利用したものであり，T7 RNAポリメラーゼによるin vitro転写でRNAを合成する際にCyanine 3-CTPを取り込ませるものである。したがって，本キットを使用せずともプローブ（本法では蛍光標識cRNA）を合成することは可能である。しかし，いずれの社のアレイを用いるにしても，個々の作製会社の特徴とノウハウが結果を左右するため，最適なキットや試薬を用いることが望ましい。

①下記のような反応液を調製し，65℃で10分間加温後，5分間氷中に置く。

総RNA（400ng）	x μL
T7 promoter primer	1.2 μL
Nuclease-free water	y μL
（総容量を5.75 μLとする）	

②上記①の混合液に下記のcDNA合成反応液4.25μL加え，40℃で120分間加温してcDNAを合成する。cDNA合成反応液は必要本数分をあらかじめ混合しておき，4.25μLを加えるようにする。逆転写酵素とRNse阻害剤は最後に加える。反応終了後，65℃で15分間加温し逆転写酵素を失活させ，氷中に置く。5x First strand bufferは析出物があるため，事前に十分に加温し溶解しておく。

5x First strand buffer	2.0 μL
（80℃であらかじめ加温）	
0.1M DTT	1.0 μL
10mM dNTP mixture	0.5 μL
MMLV-RT	0.5 μL
RNase OUT	0.25 μL

③上記②の混合液に，まず10mM Cyanine 3-CTP（Cy3-CTP）を1.2 μL加える。次に下記のin vitro transcription反応液28.8μLを加え，40℃で120分間加温してCy3標識cRNAを合成する。Cy3-CTP添加後は退光を防ぐため遮光する必要がある。

Nuclease-free water	7.65 μL
4x Transcription buffer	10.0 μL
0.1M DTT	3.0 μL
NTP mixture	4.0 μL
50% PEG（直前に添加） （あらかじめ加温）	3.2 μL
RNase OUT（直前に添加）	0.25 μL
Inorganic pyrophosphatase（直前に添加）	0.3 μL
T7 RNA polymerase（直前に添加）	0.4 μL
（Total 28.8 μL）	

④上記③で得られた標識cRNA混合液をQiagen RNeasy Mini Kit（キアゲン社）を使用して精製する。最終的にRNeasy Miniカラムから標識cRNAを溶出させるヌクレアーゼ・フリー水の容量は30μL程度とする。通常，本システムで標識cRNAを合成した場合，2〜4μg程度の量が得られるが，元の総RNAの純度や分解度によっても異なる。

⑤次に精製した標識cRNAの濃度を分光光度計で測定する。260nm，280nmおよびCy3の吸収波長である552nmの波長で測定する。通常のキュベットを使用した測定では測定値が低すぎる場合が多いので，そのような場合はNanoDrop（NanoDropテクノロジー社）などの微量でも測定可能な分光光度計を使用することが必要である。測定値からRNA濃度，Cy3-CTP濃度およびCy3-CTP取り込み効率を計算する（式J-1）。操作上，問題がなければCy dyeの取り込み効率は9pmol/μg以上と

なるが，それ以下の場合は再度cRNAの調製が必要である。濃度や取り込み効率の測定以外にもバイオアナライザ（アジレント社）などを使用して標識cRNAの品質をチェックすることが理想的である。

⑥濃度測定後の標識cRNAは遮光して−80℃で保管する。凍結融解を繰り返すと品質が低下するので注意する。

6.4.3 ハイブリダイゼーションと洗浄

Gene Expression Hybridization kit，ハイブリダイゼーションチャンバーおよび洗浄液キットを使用したハイブリダイゼーションと洗浄について記述する。下記の容量は11kフォーマットアレイ（11,000遺伝子がひとつのアレイスライドの2領域に搭載されている）に対応したものであり，22kや44kフォーマット（22,000，あるいは44,000遺伝子がひとつのアレイスライドの1領域に搭載されている）では容量を多くする必要がある。

①下記のような反応液を調製し，60℃で30分間（遮光）加温する。

350ng 標識cRNA	x μL
10X Blocking buffer	21 μL
Nuclease-free water	y μL
25X Fragmentation buffer	4 μL
（総容量を105μLとする）	

②上記①の反応液に105μLの添付の2X hybridization bufferを加え，標識cRNAのフラグメンテーションを停止させる。

③次にガスケットスライドのガスケットが付着して

$$\text{Cy3-CTP濃度 (pmol/μL)} = \frac{(A552) \times 1,000 \times 希釈倍数}{(150 \text{ mM}^{-1}\text{cm}^{-1})(1 \text{ cm 光路長})}$$

$$\text{Cy3-CTP取り込み効率 (pmol/μg)} = \frac{\text{Cy3-CTP濃度 (pmol/μL)} \times 1,000}{\text{cRNA濃度 (ng/μL)}}$$

（式J-1）取り込み効率の計算式

いる面を上にしてハイブリダイゼーションチャンバーにセットし，上記②の反応液をアプライする。

④ 上記③の状態でアレイスライドをセットする。スライドのDNAスポット面を間違えないこと，安易に触れないことである。通常，スポット面は目視できないので，各アレイの注意事項を熟読しておく必要がある。ちなみに本アレイの場合は，スライドに貼付してあるバーコードシールの文字側面にDNAがスポットされている。

⑤ アレイスライドのDNAスポット面を下側にして，上記③のチャンバーにセットする。アレイをセットした後は，液漏れの原因になるのでチャンバーや重なっているアレイスライド，ガスケットスライドを動かさないようにする。付属の止め具でしっかりと固定し，65℃で17時間ハイブリダイゼーションする。ハイブリダイゼーションオーブンは事前に65℃にセットしておく必要がある。

⑥ ハイブリダイゼーション終了後のマイクロアレイの洗浄にあたり，次の4つの溶液が入ったガラス容器を用意する。洗浄液にはGene Expression Wash Buffer（洗浄液1および2）を使用し，以下の順序で行う。

  a．チャンバー分解用（洗浄液1，室温）
  b．洗浄液1（室温，1分間）
  c．洗浄液2（37℃，1分間）
  d．アセトニトリル（室温，1分間）

チャンバーからスライドを取り去り，a. のガラス容器中でマイクロアレイスライドとガスケットスライドを注意深く分離してスライドラックにセットする。その後，b, c, dの順序で1分間ずつ浸す。各容器中には回転子を入れておき，スターラーで撹拌しながら洗浄する。最後のアセトニトリルの1分間が終了したら，ゆっくりと一定の速度で引き上げる。この時点でアレイスライドは既に乾燥しているので，次のスキャニングのステップを実施する。

6.4.4 スキャニングとシグナルの数値化

マイクロアレイスキャナー（アジレント社G2505）を使用したアレイスライドのスキャニングと画像処理ソフトウェア（Feature Extraction）によるシグナルの数値化について記述する。本アレイスキャナーは，通常のスライドガラス形状のマイクロアレイであればどのようなアレイでも読み込みが可能であり，Feature Extractionソフトウェアによる数値化もできる。ただし，カスタムアレイの数値化は，別途グリッドテンプレートというデザインファイル（マイクロアレイのどこの位置にどのような遺伝子が搭載されているかという情報が記載されたファイル）が必要となるので，製造元から入手する必要がある。

① スライドフォルダーに洗浄後のマイクロアレイスライドをセットし，スキャナーのカローセルにセットする。

② スキャナーに接続されたコントロールソフトウェアを立ち上げ，設定を確認する。特にデフォルトの設定を変更する必要はないが，1色法の場合はDye channelはGreen（Cy3用）とし，GreenレーザーのPMT値を100％とする。2色法の場合はGreenとRed（Cy5用）のレーザーの両方を使用することになる。

③ 本マイクロアレイの場合は，アレイスライドにバーコードが付いているのでスキャナーが読み込み自動でファイル名を作成してくれるが，異なるファイル名を付ける場合は入力する。

④ メイン画面でスキャナーの状況がScanner Readyになっていれば，スキャニングを開始し，アレイスライドが1枚であれば10分程度でスキャニングが終了してTIFFファイルが作成される。図J-12にスキャニング後の画像の一例を示した。スポットによってシグナル（蛍光）強度が異なることが分かる。

⑤ 次に上記④で作成したTIFF形式のイメージファイルをもとに，Feature Extractionソフトウェアによるシグナルの数値化を行う。操作はいたって簡単であり，ソフトウェアを起動後にイメージファイル（スキャニング画像）を選択するだけである。本アレイはグリッドテンプレートと解析プロトコールは自動的に割り当てられ，グリティッシングが自動的に行われる。製造元の異なるアレイを

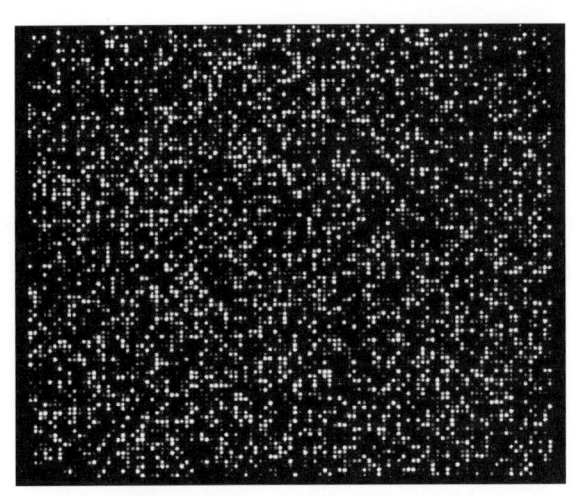

[図J-12] 牛肝臓から抽出した総RNAを1色法で牛の11,000遺伝子を搭載したオリゴDNAマイクロアレイとハイブリダイゼーションし、スキャナーで読み込んだ際の画像を示す。実際には緑色の蛍光を示している

用いる場合には、グリッドテンプレートと解析プロトコールを選択後、グリティッングを手動で行う必要がある。後は解析をスタートさせるだけで、1枚のアレイであれば数分で数値化は終了する。
⑥数値化が終了すると、アレイ情報を含む数値化ファイルがテキストファイル形式で出力される。本ファイル以外にもJPEGファイル等も出力されるが、基本的にその後の解析に使用するのは数値情報が記載されたテキストファイルのみである。本ファイルには、数値化されたシグナル値以外にもオリゴDNAの配列や遺伝子名、GenBankアクセション番号、フラグ（再現性、定量性に欠けると思われるスポット）など多くの情報が記載されている。

6.5 データ解析

マイクロアレイ実験のデータ解析は日進月歩であり、様々な解析法が続々と発表されている。データの標準化ひとつとっても、いくつかの標準化の方法が考案されており、実験の性質や目的によってケースバイケースで行われている。データ解析の項目だけでもひとつの章、あるいは書籍1冊に値するものなので、ここでは概要を述べる。詳細については参考文献に記載した優れた書籍があるので是非参照していただきたい[7, 8]。

6.5.1 データの標準化

複数の測定間でデータを比較するためには、各データを補正し、標準化することが必要となる。いわゆる、データの性質が測定間で一致するように、データを一定の方法で処理することを標準化という。例えば対照群に比較して、実験群で増加、あるいは減少する遺伝子を同定する場合、データの標準化をしない限り正確な比較ができない。前述した通り、2色法の場合はCy3やCy5によって標識効率や検出効率、退光速度が異なるので、Dye-swap実験を実施して補正する必要があり、1色法ではアレイ間での補正が必要となる。

(1) グローバルな標準化法

本標準化法では、多数の遺伝子を搭載したアレイを使用した場合、大多数の遺伝子の発現量に変化がないと仮定することに基づく。例えば、対照群と実験群を比較する場合、各測定間でのmRNA発現の全体量はほとんど変化せず、限られた特定の遺伝子群の発現が変化するときなどに適する標準化法である。図J-13にメディアン値を使用した場合のデータ補正の概略を示した。試料AとBシグナル値の分布を表したヒストグラムでは、Bのメディアン値が高い（シグナル値が全体的に高い）。大多数の遺伝子発現量に変化がないと仮定すると、AとB間におけるこのメディアン値の変動は実験誤差（RNA量、標識、ハイブリダイゼーション、洗浄およびスキャニングなど）による可能性が高い。このような場合、AとBのメディアン値が一定に

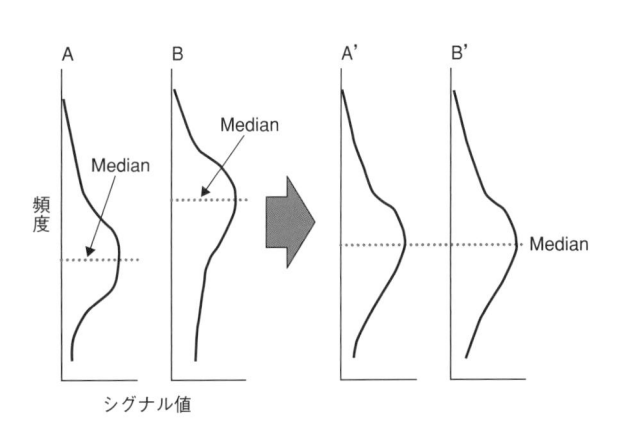

[図J-13] メディアン値を使用した標準化

なるように係数を乗除算してシグナル値を補正する。ただし，①大多数の遺伝子発現が変化する，②アレイ上の遺伝子数が少ないような条件下では本標準化法を適用することはできない。

(2) 特定遺伝子の発現量を指標にする標準化法

本標準化法では，ハウスキーピング遺伝子など常に一定のレベルで発現していると考えられる遺伝子群を指標に補正するものである。ノーザンブロット法やRT-PCR法で遺伝子発現を定量する際に，ハウスキーピング遺伝子で補正するのと同じ要領である。ただし，指標とする遺伝子の発現が変動した場合は結果に大きく影響する（影響を受けることが多いのも事実である）。

6.5.2 発現解析

前述の標準化法を行った後に遺伝子の発現解析が可能となる。発現解析といっても，発現比やクラスター解析など様々である。例えば，対照群と実験群の倍率変化を調べる場合，標準化後のシグナル値を用いて実験群の値を対照群の値で除すことにより，発現比が算出される。これにより，実験群で変化した遺伝子群を同定することが可能である。2倍以上の倍率変化を認めた場合，実験群と対照群で差があるとしている論文が多い。ただし，本来は2倍の倍率変化が有意であるか否かを決める必要があり，基本的には実験を繰り返し，有意性を評価することが必要である。また，倍率変化に限ることはないが，実際には「はずれ値」が含まれることが多い。実験操作上のアーチファクトでシグナル値が大きく変動するが，これについても実験の繰り返しで除外することが可能である。

マイクロアレイから得られたデータは数千から数万の数値データとなる。いくつかのマイクロアレイデータがある場合（遺伝子発現の経時的変化を調べる実験など），発現比の変化を算出することは可能であるが，数値データから何らかの傾向を見い出すには無理がある。そこで，近年では視覚的に分かりやすくする解析手法が考案されている。階層型クラスター化法，K-meansクラスター化法および自己組織化マップ（Self-organizing maps, SOM）などと呼ばれる手法である。詳細については参考文献を参照していただきたいが，これらの解析手法を用いることにより，異なる条件下で似たような変化・挙動を示す遺伝子群をクラスターとして分類することが可能となる。このような解析を実施する場合，解析ソフトウェアが必須となるが，GeneSpringソフトウェアが有名である。非常に有用なソフトウェアであるが，同時に高価であることが難点である。アメリカのThe Institute for Genomic Research (TIGR)〈http://www.tigr.org/〉から無償で提供されているTIGR Multiexperiment Viewer (MeV) ソフトウェア〈http://www.tm4.org/〉が使いやすい。

[参考文献]

1,2) Sambrook et al, Molecular Cloning (1989)：A Laboratory Manual, 2nd. Ed., E-5〜E-7, Cold Spring Harbor Lab. Press
3) Labarca C et al, Analytical Biochem., 102, 344-352 (1980)
4) Schena et al., Science, 270, 467〜470 (1995)
5) Katsuma et al., Methods Enzymol., 345, 585〜600 (2002)
6) Ishiwata et al., Mol. Reprod. Dev., 65, 9〜18 (2003)
7) 塩島聡 監訳，わかる使えるDNAマイクロアレイデータ解析入門，羊土社
8) 林崎良英 監修，必ずデータが出るDNAマイクロアレイ実践マニュアル，羊土社

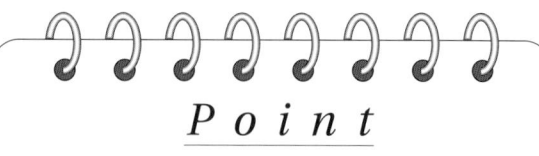

Point

- 少しでも分解を受けているRNAは実験に使用しないこと。
- アレイスライドのDNAスポット面を間違えないこと，安易に触れないこと。
- ハイブリダイゼーション終了後の洗浄過程でスライドを乾燥させないこと。

K バイオインフォマティクス

各生物種のゲノムDNA配列解読プロジェクトの成果に代表されるように，医学・生物学関連の研究データは近年加速度的に増加し，膨大な量になってきている。バイオインフォマティクスは，これらのデータの管理や解析を行い，生物学的に有意な情報を新たに提供するツールを開発する学際的な研究分野である。現在の医学・生物学研究の現場では，バイオインフォマティクスの成果であるデータベースを利用して，試験・研究をこれまで以上に円滑かつスピーディーに行うことが求められる。

一口に医学・生物学関連データベースといっても，その種類は核酸配列・ゲノム地図・疾患原因遺伝子情報・遺伝子発現プロファイルといった遺伝子関連のデータベースだけでなく，アミノ酸配列・タンパク質機能ドメイン・タンパク質立体構造などのタンパク質関連，さらには文献に関するデータベースまで多岐にわたる。これらのデータベースの多くはオンラインであり，ネットワーク接続された端末からWWWサイトを介してアクセスすることが可能である。利用方法としては，WWWブラウザ画面にあるテキストボックスに配列や単語を入力して検索を実行，得られた回答データをローカルに保存して加工することが基本となる。

1. 遺伝子情報の探索と情報処理

1.1 遺伝子情報を検索する

National Center for Biotechnology Information（国立医学図書館・米国バイオテクノロジー情報センター，NCBI）〈http://www.ncbi.nlm.nih.gov/〉では，種々の医学・生物学関連データベースを作成している（表K-1）。これらのデータベースを縦断的に検索するシステムが Entrez〈http://www.ncbi.nlm.nih.gov/Entrez/〉である。Entrezを用いて必要な遺伝子情報

［表K-1］NCBIで利用できるデータベース

GenBank	塩基配列データベース，EBI/EMBLとNIG/DDBJ（DNA Database of Japan）の3箇所で国際的な塩基配列データベースの構築を共同で行っている
Entrez Genome	ゲノム配列データベース，各生物種のゲノムプロジェクトの成果をデータベース化。MapViewer等で検索する
Entrez Protein	タンパク質配列データベース
dbSNP	一塩基多型データベース
HomoloGene	遺伝子配列比較データベース，オーソログ遺伝子（相同な遺伝子）のデータベース
Entrez Gene	遺伝子座データベース
UniGene	転写産物の配列，発現部位，関連遺伝子などの情報を統合したデータベース
Refseq	基準配列データベース
OMIM	遺伝子疾患情報データベース
Gene Expression Omnibus (GEO)	遺伝子発現情報データベース。各種組織・細胞における発現レベルが記載されている
PubMed	文献データベース，米国医学図書館（NLM）が作成するMEDLINE（世界中の科学論文雑誌の文献情報）をもとにしている
UniSTS	各種マーカー（STSマーカー，マイクロサテライトマーカー）のプライマー情報，位置情報などが収録されている

を得る方法を以下に示す。

例：「マウスOas1bはどのような遺伝子なのだろうか」

①NCBIのWWWサイト〈http://www.ncbi.nlm.nih.gov/〉トップページのキーワード検索テキストボックスに"oas1b"と入力し，Goボタンをクリックして検索を開始する（図K-1）。

[図K-1] NCBI Webサイト

②Entrezの検索結果が表示される。各データベース中の"oas1b"関連データ件数が示されている。"Gene"の項目をクリックする（図K-2）。

[図K-2] NCBI Entrezによる検索の結果

③遺伝子データベースEntrez Geneの検索結果が表示されるので，マウス（Mus musculus）Oas1bの項目をクリックする。

④Entrez Geneデータの内容が表示される（図K-3）。
　　遺伝子シンボル・遺伝子名
　　遺伝子の構造（エキソン・イントロン）
　　周囲のゲノム構造（Oas1bのゲノム中の位置，周辺の遺伝子とその構造）など

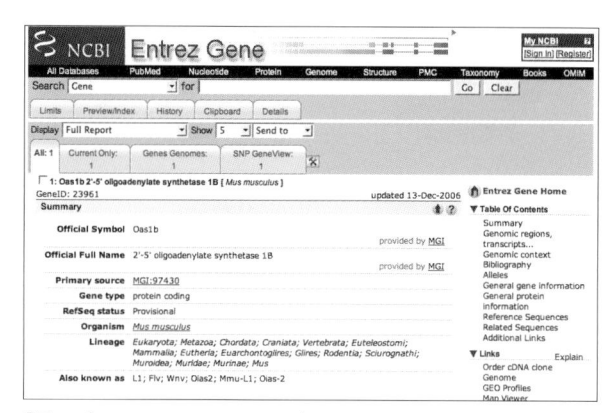

[図K-3] NCBI Entrez GeneデータベースのOas1b遺伝子に関するデータ

⑤データからマウスOas1bは2'-5' oligoadenylate synthetase 1B（2'-5' オリゴアデニル酸合成酵素1B）タンパク質をコードする遺伝子で，第5染色体67.0 cMに存在し，6つのエキソンから成り，周囲には他のOas1遺伝子群が存在する（遺伝子クラスターを形成している）ことが分かる。

⑥"Bibliography"より，Oas1b遺伝子はフラビウイルス抵抗性遺伝子であるという論文が発表されていることが分かる。

⑦それ以外にも，"general gene Informatin"欄には遺伝子産物の機能がまとめてあり（GeneOntologyの項目），タンパク質や遺伝子の配列情報が記載されている。

⑧その他のデータベースのOas1bに関するリンクが右にある。例えば"MGI"をクリックすると，Mouse Genome Informatics（マウスゲノムデータベース，ジャクソン研究所，アメリカ）のOas1bの項目を参照することができる。そこではOas1bの位置情報や配列情報，簡単な機能の情報，リファレンス情報などが確認できる（図K-4）。

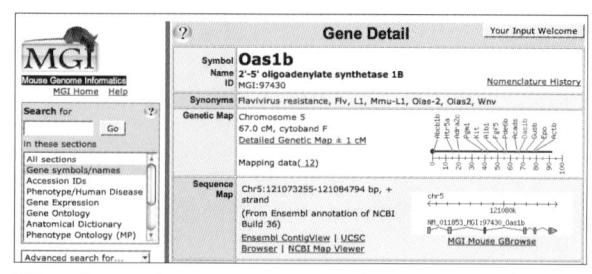

[図K-4] MGIデータベースのOas1b遺伝子に関するデータ

⑨また，"MapViewer"をクリックすると，さらに詳細なゲノム構造が確認できる。

このように，一度検索してその結果を表示させるとさらに芋づる式に関連情報にたどり着くことができるようになっている。

1.2 ゲノムの構造をのぞいてみる

Ensembl Genome browser〈http://www.ensembl.org/〉は，サンガー研究所（英）とEBI（欧州バイオインフォマティクス研究所）で開発されているゲノムブラウザである（図K-5）。多数の生物種のゲノムを選択して情報を閲覧できるようになっており，ヒト，マウス，ラット以外にもチンパンジー，フグ，カ（蚊），ショウジョウバエ，線虫等の多くの生物種のゲノム情報が検索できる。公開されたゲノム配列を計算機処理して遺伝子構造等の情報付加を独自に行っている。

UCSC（カリフォルニア州立大サンタクルズ校）〈http://genome.ucsc.edu/〉のGenome Browserも同様の検索が可能である。NCBI，Ensembl，UCSCはそれぞれ異なる方法で遺伝子構造などの注釈付け（アノテーション）を行っているので，同じゲノム領域に存在すると推定される遺伝子の数が異なっていることがある。

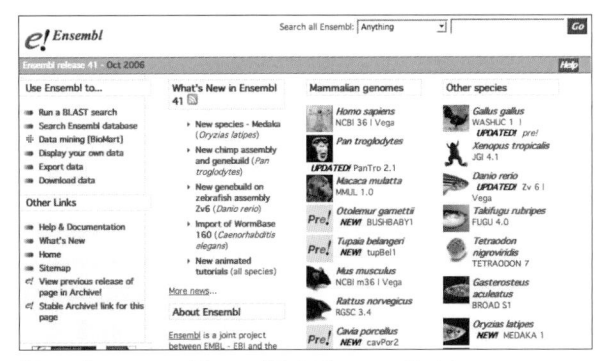

[図K-5] EnsemblゲノムブラウザーWebサイト

例：「Ensembl Genome browserを使ってマウスのゲノムをのぞいてみる」

①Ensembleのマウス（*Mus musculus*）の項目をクリックすると，マウス染色体のマップが現れる。これをクリックすると，クリックした箇所に相当するマウスゲノムの物理地図が現れ，その周辺の遺伝子の数や種類が図示される（図K-6）。

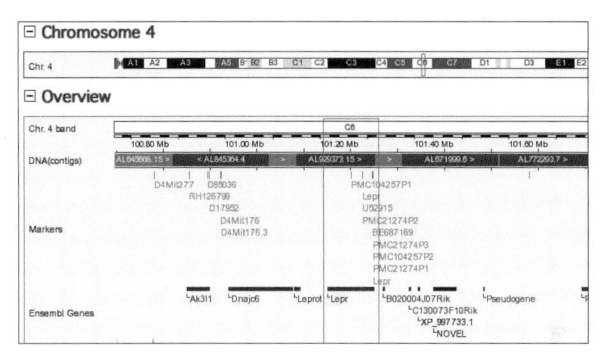

[図K-6] Ensemblによるマウスレプチンレセプター遺伝子（*Lepr*）周辺のゲノム地図の表示

②また，右上に検索ワードを入力して，該当する遺伝子について表示させることが可能である。"leptin receptor"で検索すると，レプチンレセプター遺伝子（*Lepr*）は第4染色体の三角で示された箇所に存在することが分かる（図K-7）。

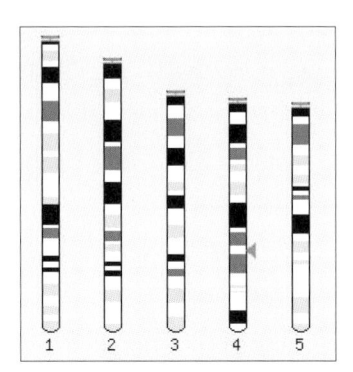

[図K-7] Ensemblによる*Lepr*の染色体上の位置表示

そのほか，遺伝子の構造やサイズ，mRNAの構造や配列情報，コードしているタンパク質の機能ドメインの種類など，ありとあらゆる情報が掲載されており，ダウンロード可能になっている。

1.3 配列情報の取扱い

データベース管理機関に送られた各生物種のゲノムDNAの配列や，cDNAの配列，タンパク質の配列の情報は，ある決まったファイル形式に変換され，さらにファイルを特定するための番号であるアクセッション番号を付加されて蓄積される．後述する配列解析プログラムを用いるときには，その形式に沿った配列ファイルを入力することになる．以下に主な配列ファイル形式を示す．

1.3.1 GenBank DNA配列エントリ

NCBIにあるGenBankデータベースで用いられるファイル形式．

- LOCUS　アクセッション番号，配列の長さ・種類，生物分類，登録年月日
- DEFINITION　エントリの記述：遺伝子の名前，配列の由来など
- ACCESSION　もともとのアクセッション番号
- VERSION　バージョン番号
- KEYWORDS　キーワード
- SOURCE　配列の由来生物
- ORGANISM　生物の記述
- REFERENCE　文献情報
- FEATURES　配列の位置や領域ごとの記述
    source　配列の範囲，もとの生物
    gene　遺伝子の名前と範囲
    misc_feature　配列の範囲と機能やシグナルの種類
- CDS　タンパク質コード領域の記述など
- ORIGIN　配列の始まり
  1 agcagctctg ccgcctctgg ctctccagtc cccagcgtca tggtggagct cagtgatacc
    //　配列の終わり

1.3.2 FASTA配列形式

1行目は"＞"で始まり，配列の注釈を示す．2行目より配列が記述される．タンパク質配列の場合，アミノ酸は1文字表記される．配列の最後に"*"を任意で付ける．FASTA配列形式のファイルは配列解析プログラムの入力に利用されることが多い．

例：

>gi|21325962|gb|AAM47542.1|AF328926_1 2'-5' oligoadenylate synthetase 1B [Mus musculus]
MEQDLRSIPASKLDKFIENHLPDTSFCADLREVI
DALCALLKDRSFRGPVRRMRASKGVKGKGTTL
KGRSDADLVVFLNNLTSFEDQLNQQGVLIKEIK
KQLCEVQHERRCGVKFEVHSLRSPNSRALSFKL
SAPDLLKEVKFDVLPAYDLLDHLNILKKPNQQF
YANLISGRTPPGKEGKLSICFMGLRKYFLNCRP
TKLKRLIRLVTHWYQLCKEKLGDPLPPQYALE
LLTVYAWEYGSRVTKFNTAQGFRTVLELVTK
YKQLRIYWTVYYDFRHQEVSEYLHQQLKKDRP
VILDPADPTRNIAGLNPKDWRRLAGEAATWLQ
YPCFKYRDGSPVCSWEVPTEVGVPMKYLFCRI
FWLLFWSLFHFIFGKTSSG*

1.4 配列ファイルの検索方法

NCBIやDDBJにアクセスする．前述のNCBIのWWWサイト〈http://www.ncbi.nih.gov/〉の場合，上部中央のボックスにキーワードやアクセッション番号を入力して検索する．その後各データベースからヒットしたデータ一覧が現れるので，"Nucleotide"の項目をクリックすると検索条件に合うDNA配列データ一覧が確認できる．"Protein"を選択するとタンパク質配列データ一覧になる．該当するエントリのアクセッション番号をクリックすると配列が現れる．左上のプルダウンメニューで表示させるファイル形式を選択することが可能である．

\# RefSeq：ある遺伝子のcDNA配列やタンパク質配列に対して，重複して複数のエントリが登録されていることが多い．RefSeqは，その代表となる配列エントリである．アクセッション番号が"NM_"や"XM_"（cDNA），"NP_"や"XP_"（タンパク質）で始まっている．

1.5 配列比較

　核酸やタンパク質の2つの配列を並べて配置し，比較する(アライメント)ことは生物学研究を行う上で必須の作業である．すなわち，ある機能既知の遺伝子に対して，配列が類似した遺伝子は同じ機能を持つと予測するのである．そのため，あるひとつの生物種で，ある遺伝子に類似した別の遺伝子があるかどうか検討したり，その他の生物種にその遺伝子と対応した遺伝子があるかどうか検討したりする．配列アライメントのための基本的な方法として，ダイナミックプログラミング法がある．この方法は，2つの配列の端から比較し，配列間の一致・不一致・ギャップに対してスコア化を行い，最終的に最もスコアの高い組み合わせをアライメントとする．スコア化には，タンパク質配列の場合はアミノ酸の類似性(疎水性・親水性・立体構造など)を数値化した置換行列を使用する．現在配列比較に広く用いられているFASTAやBLASTプログラムは，はじめに同一の短い配列(ワード)を探して，これらのワードをダイナミックプログラミング法で連結してアライメントを作成する．FASTAはBLASTよりも長い配列の類似性を保っているものを検出し，BLASTは局所的によく類似した(相同性の高い)配列を持つものを検出する．また，BLASTはFASTAに較べ処理時間が短い．

例：「マウスのOAS1bタンパク質に類似したファミリータンパク質を列挙するには」

①NCBIでマウスOAS1bタンパク質の配列を検索し，FASTA形式で表示させる．
>gi|21325962|gb|AAM47542.1|AF328926_1 2'-5' oligoadenylate synthetase 1B [Mus musculus]
MEQDLRSIPASKLDKFIENHLPDTSFCADLREVI
DALCALLKDRSFRGPVRRMRASKGVKGKGTTL
KGRSDADLVVFLNNLTSFEDQLNQQGVLIKEIK
KQLCEVQHERRCGVKFEVHSLRSPNSRALSFKL
SAPDLLKEVKFDVLPAYDLLDHLNILKKPNQQF
YANLISGRTPPGKEGKLSICFMGLRKYFLNCRP
TKLKRLIRLVTHWYQLCKEKLGDPLPPQYALE
LLTVYAWEYGSRVTKFNTAQGFRTVLELVTK
YKQLRIYWTVYYDFRHQEVSEYLHQQLKKDRP
VILDPADPTRNIAGLNPKDWRRLAGEAATWLQ
YPCFKYRDGSPVCSWEVPTEVGVPMKYLFCRI
FWLLFWSLFHFIFGKTSSG*

②タンパク質配列(1文字表記)の部分をマウスを使って選択し，コピーしておく．
③BLASTサーバーにアクセスする．NCBIのWWWサイト〈http://www.ncbi.nlm.nih.gov/〉のリンクバー(図K-1，キーワード入力ボックスの真上)にあるBLASTの箇所をクリックする．
④検索に用いる配列がタンパク質配列の場合は，protein-protein BLAST (blastp)をクリックする(図K-8)．塩基配列の場合は，Nucleotide-nucleotide BLAST (blastn)を選択する．

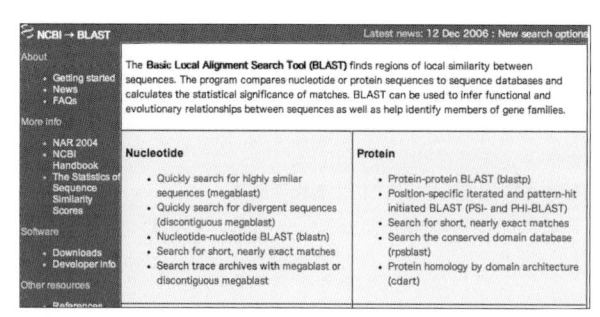

[図K-8] NCBI BLAST Webサイト

⑤一番上のSearchボックスにコピーしたFASTA配列をペーストする．"Options"で検索対象生物種を選択できる．マウスタンパク質のみを対象にする場合，"Mus musculus"を選択する(図K-9)．

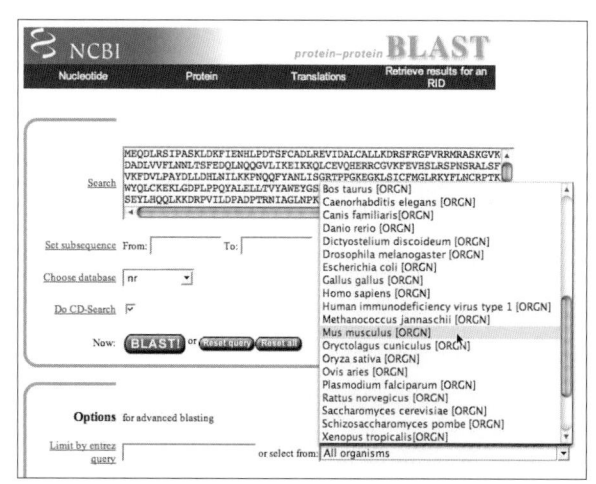

[図K-9] NCBI BLASTの検索配列入力画面

最後にBLASTボタンを押す。さらに次の画面でFormatボタンを押すと検索結果が表示される。

⑥検索結果表示画面には，元の配列と類似したタンパク質について相同性の高い箇所がグラフで表されている。マウスカーソルを当てると上のボックスにタンパク質の名前が表示される。

⑦これをクリックすると，類似タンパク質と元のタンパク質の配列を比較して並列した状態で表示されたデータが現れる（図K-10）。"G"のグラフィックはEntrez Geneへのリンクである。

[図K-10] NCBI BLASTによる検索結果

2. 多重配列比較と系統樹解析

ある生物種で相同性の高いタンパク質や遺伝子（homolog ホモログ）間の配列を比較したり，異なる生物種間で共通のタンパク質あるいは遺伝子（ortholog オーソログ）間の配列を比較することによって，保存されている配列領域（モチーフ）を見つけることができるようになる。このモチーフの構造と，タンパク質の機能を関連させて検討することによって，そのモチーフの機能を解析することが容易になる。CLUSTALWは，数多くの配列を一度に比較する多重配列比較と系統樹解析を行うためのプログラムである。このプログラムは，ダイナミックプログラミング法を用いて，最も類縁な配列の組を探し，これに次々とより遠縁な配列の組・グループを付け加えることによって多重アライメントを完成させるという累進法を用いている。配列間の関係は，系統樹によりモデル化される。

例：「各生物種のレプチンタンパク質の多重比較と系統樹作成を行うには」

①NCBIで"leptin"で検索する。

②"protein sequence databse"をクリックする。

③タンパク質配列エントリの一覧が現れる。ここでは，マウス（*Mus musculus*），ラット（*Rattus norvegicus*），ヒト（*Homo sapiens*），ブタ（*Sus scrofa*），ウシ（*Bos taurus*），ヤギ（*Capra hircus*），ネコ（*Felis catus*），イヌ（*Canis familiaris*）の配列を用いる。これらの配列の横にチェックボックスがあるのでクリックしてチェックを入れる。さらに，左上のファイル形式のメニュー（"Display"の横にあるメニュー）をFASTAにして，その右横のSend toメニューをTextにする（図K-11）。

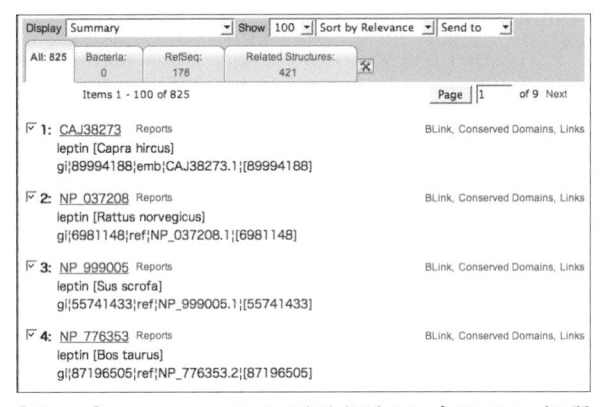

[図K-11] NCBI Entrezによる各生物種のレプチンタンパク質配列の検索結果

④各生物種のレプチンタンパク質配列がFASTA配列形式になって羅列されるので，これをコピーしてテキストエディタに貼り付けておく。便宜的に">"の注釈行を加工して，学名だけにしておくと後で系統樹を書くときに見やすくなる。

⑤GenomeNet（京都大学化学研究所バイオインフォマティクスセンター）〈http://www.genome.jp/〉（図K-12）にて，CLUSTALWを利用する。「GenomeNet Computation Service」のCLUSTALWの箇所をクリックする。

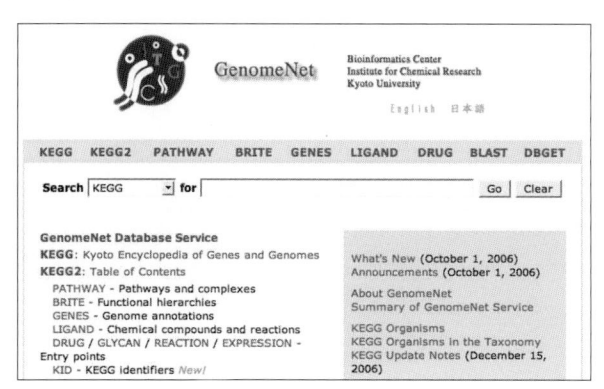

[図K-12] GenomeNet Web サイト

⑥Output FormatをCLUSTALにして，入力フォームに先程のFASTA配列形式のタンパク質配列をペーストする。Execute Multiple Alignmentをクリックして解析を実行させる。

⑦各生物種の配列が相同性比較されたデータがテキストで出力される（図K-13）。配列の下段の記号は次のような意味付けを持つ。

　　＊　　配列間でアミノ酸が完全に保存されている
　　：　　配列間で変異が起きている（性質が非常に近いアミノ酸残基）
　　．　　配列間で変異が起きている（性質が近いアミノ酸残基）
　（空白）　配列間で変異が起きている

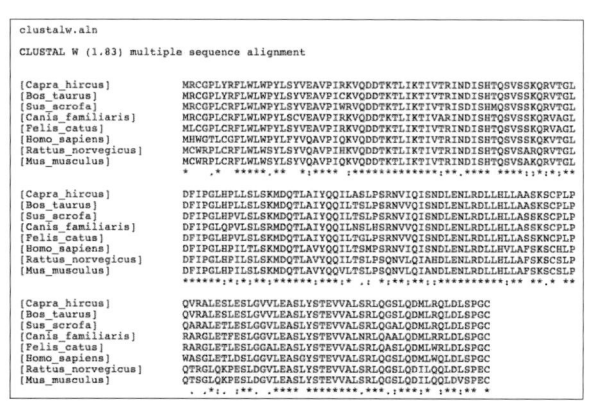

[図K-13] GenomeNet CLUSTALWによるレプチンタンパク質配列の多重比較の結果

⑧出力画面最下段に系統樹作成のプルダウンメニューがある。ここではN-J Tree with branch lengthを選択してExecをクリックする

⑨レプチンタンパク質の配列を基に作成した系統樹が図K-14になる。枝の長さが配列間の相同性を表しており，長さが短いほどお互いの配列が近縁であることを示す。

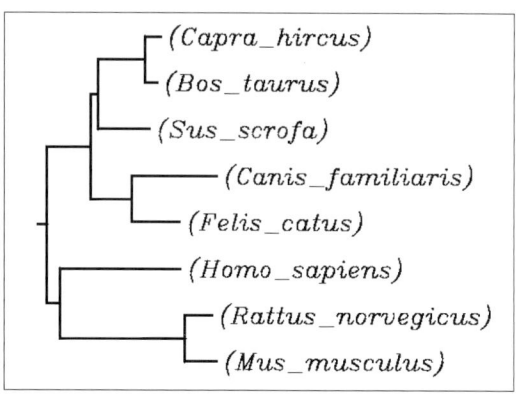

[図K-14] レプチンタンパク質配列を用いた系統樹解析

3. タンパク質機能ドメインのモチーフ検索

タンパク質の機能はアミノ酸配列や立体構造に大きく影響される。酵素タンパク質の触媒機能を担う活性部位や，転写因子タンパク質のDNA結合部位など，様々な機能を有する部分領域（モチーフ）が数多く同定されている。モチーフの組み合わせが，それぞれのタンパク質に特有の機能をもたらしている。各モチーフは特徴的な配列パターンを持っており，その配列パターンのデータベースを参照すると，興味を持ったタンパク質についてその機能を類推することができる。現在，PROSITE, Pfam, PRODOM, PRINTSなど種々のタンパク質のモチーフデータベースが存在する。

例：「マウスインスリン受容体タンパク質の構造解析を行う」

①統合モチーフデータベース検索システムInterProを用いて検索を行う。InterProでは多くのデータベースを横断的に検索することができる。
〈http://www.ebi.ac.uk/interpro/〉にアクセス

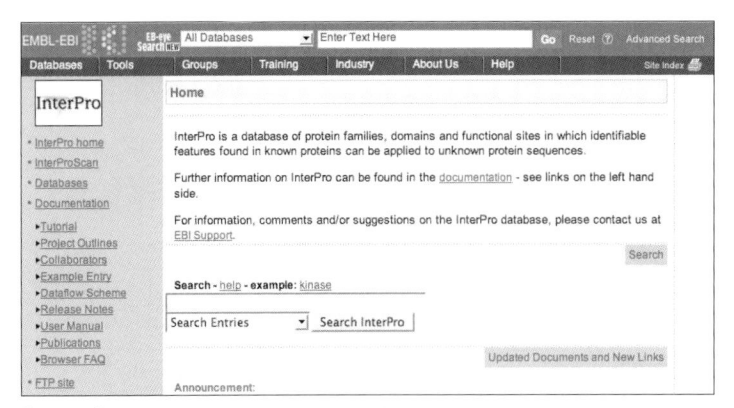

[図K-15] EMBL/EBI InterPro Web サイト

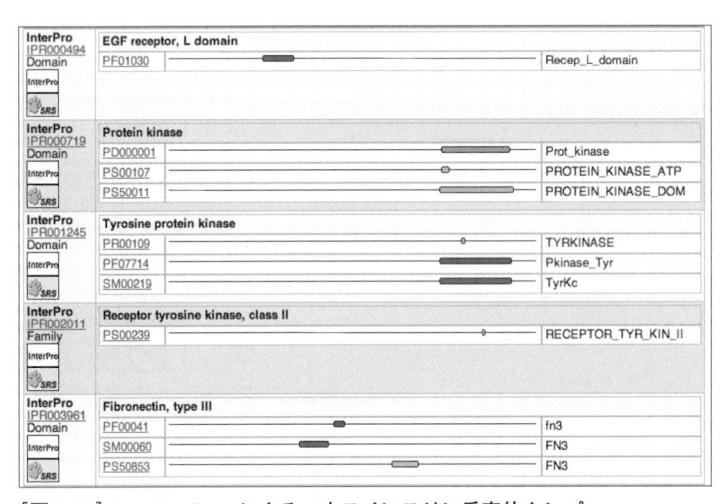

[図K-16] InterProScanによるマウスインスリン受容体タンパク質のモチーフ検索の結果

した後，左側のInterproscanをクリックする（図K-15）。

②マウスInsulin receptor (NP_034698) のタンパク質配列を入力フォームにペーストする。Submit Jobのボタンをクリックしてしばらく待つ。

③検索結果から，N末端側にEGF receptorと類似の構造を持ち，C末端側にチロシンキナーゼドメインを持つタンパク質であることがわかる（図K-16）。

検索結果にはInterProのIDと各データベースのIDが記されており，それぞれのモチーフについての詳細がリンクされている。例えば，EGF receptor, L domainのInterProの項目 (ID: IPR000494) をみてみると，このドメインに関するInterProがまとめた情報がみられる。また，Pfamの項目 (PF01030) には，このモチーフの立体構造のデータもみられる。タンパク質立体構造はPDB (Protein data Bank) 〈http://rcsb.org/pdb/〉に収集されている。

例：「膜タンパク質の膜貫通領域を予測する」

①膜タンパク質の膜貫通領域は，疎水性に富むアミノ酸が多く含まれる特徴的な配列を有している。SOSUIシステムではこの領域を予測することができる。〈http://bp.nuap.nagoya-u.ac.jp/sosui/〉にアクセスした後，SOSUIをクリックすると，タンパク質配列の入力画面になる。配列をペーストして，Execボタンを押す。

②SOSUIサーバーにサンプルとして置いてあるウシロドプシンタンパク質の配列を用いると，7箇所の膜貫通領域が予測される。膜貫通領域の表のは

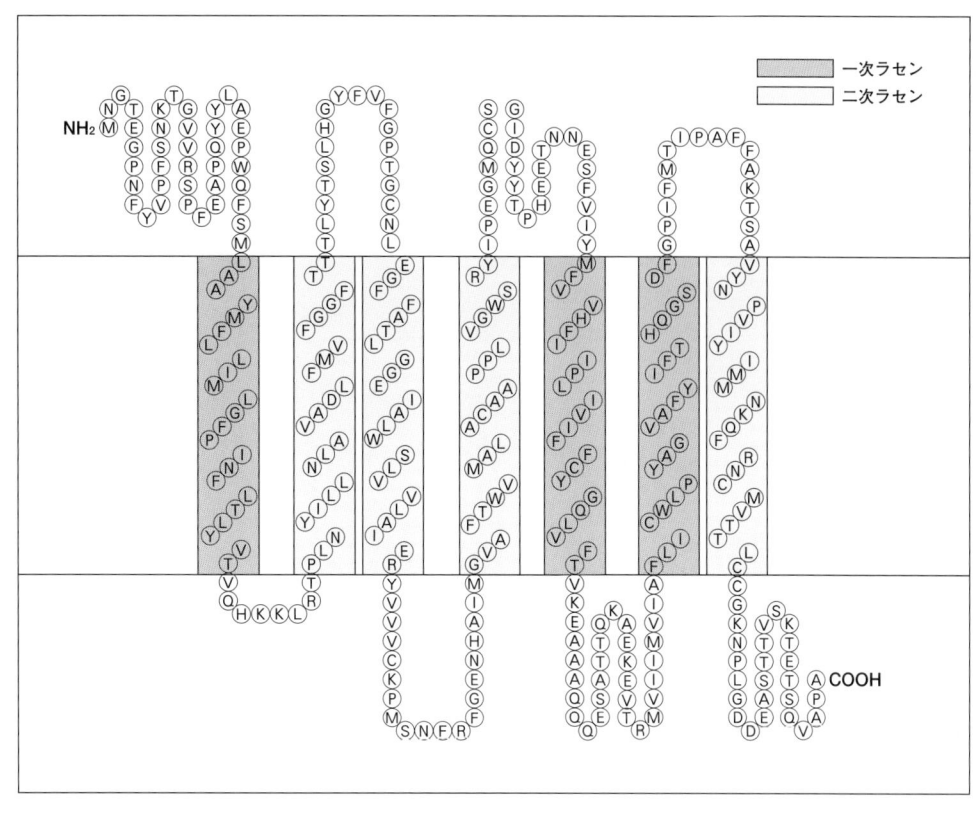

[図K-17] SOSUIによるウシロドプシンタンパク質の膜貫通領域の検索の結果

か，疎水性プロット（アミノ酸の疎水性度を数値化してプロットしたもの），ヘリックス車輪図（αヘリックス中のアミノ酸の分布図），スネークモデル（アミノ酸の位置関係を示す，図K-17）も現れ，視覚的に確認することができる。

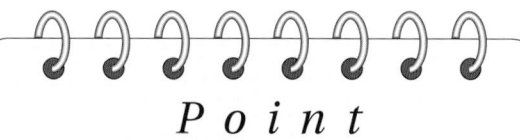

Point

- 医学生物関連データベースは日々アップデートしているので検索データをときどき確認し直すとよい。
- データベースのメニューやインターフェースが変更されることがある。NCBI BLASTも現在では，本文中で紹介したインターフェースから若干変更されている。
- インターネット検索などを利用し，目的に応じたデータベースを探して利用することが重要である。

L タンパク質の定性，定量

個々のタンパク質はそれぞれ固有の性質を持っているが，タンパク質全体に共通した反応が数多くあり，これらの反応を利用してタンパク質の定性および定量が行われる。タンパク質に共通な反応としては 1)タンパク質の沈澱および凝固反応と 2)構成アミノ酸残基の化学的反応による多くの呈色反応がある。しかし，すべてのタンパク質が一様に反応するわけではなく，タンパク質を構成しているアミノ酸組成の違い，あるいは沈澱を起こさせる条件の違いによって異なった反応を示す。

1. タンパク質およびアミノ酸の定性反応

1.1 タンパク質の沈澱反応

目的：タンパク質の存在を確認するために沈澱反応を行うが，沈澱反応は試料からタンパク質を除去する目的（除タンパク法）あるいはタンパク質を分離・精製する目的（塩析，その他）などに応用される。ここではタンパク質が沈澱する機序および沈澱に影響を及ぼす要因について学ぶ。

原理：タンパク質はその表面荷電と親水性によって溶解している。したがって，タンパク質を沈澱させるには表面荷電を取り除くか，あるいは親水性を減少させればよい。このために用いられる試薬および方法は数多くあるが，以下に代表的なものを示す。

① 親水性を低下させるもの
　1) 中性塩〔硫酸塩，亜硫酸塩，チオ硫酸塩，リン酸塩，アルカリ金属，アンモニアなど〕
　2) 水溶性有機溶媒〔アセトン，エタノールなど〕
② 表面荷電を中和するもの
　1) 金属塩〔$HgCl_2$，$AgNO_3$，$CuSO_4$，$CdSO_4$など〕
　2) 有機陽イオン〔リバノール，プロタミンなど〕
　3) 陰イオン〔ピルビン酸，トリクロル酢酸，過塩素酸，スルホサリチル酸など〕

　4) 等電点法
③ 加熱などによるタンパク質の変性

（1）重金属による沈澱

試料（例）：10倍に希釈した血清（以下の項目も同じ）。

試薬：2% $CuSO_4$，1% $HgCl_2$，2% $ZnSO_4$，希酢酸（約1%），2% NaOH

操作：
① 試料3 mLに2% $CuSO_4$を数滴加え，2% NaOHを1滴ずつ混和しながら加え経過を観察する。
② 試料3 mLに希酢酸2〜3滴を加えて，2% $CuSO_4$を数滴滴下する。その後2% NaOHを滴下してみる。
③ 試料3 mLに1% $HgCl_2$を加えてみる。
④ 同様な反応を2% $ZnSO_4$についても試み，これに希酢酸を加えてみる。

注意：重金属イオンがタンパク質と結合して沈澱するには -COOHが解離して -COO$^-$となっていることが必要である。したがって，溶液のpHがタンパク質の等電点よりアルカリ側にあるときに反応が著明である。ただし，アルカリが過剰の場合は重金属が水酸化物として沈澱するため判定を誤ることがある。一度沈澱したものに酸を加えると重金属イオンと -COOHに解離して，タンパク質は再溶解する。

(2) アルカロイド試薬による沈澱

試薬：1％ピクリン酸，10％トリクロル酢酸，20％スルホサリチル酸，希酢酸（約1％），2％NaOH

操作：
① 試料3 mLに希酢酸数滴を加え，1％ピクリン酸を加えるとタンパク質は沈澱する。これにNaOHを加えると再溶解する。
② 同様な操作を10％トリクロル酢酸および20％スルホサリチル酸についても行う。

注意：タンパク質の陽イオン($-NH_3^+$)と試薬の陰イオンが作用して非解離の塩を生じて沈澱する。したがって，この反応はタンパク質の等電点より酸性側で行う必要がある。また沈澱物にアルカリを加えると再溶解する。

(3) アルコールによる沈澱

試薬：95％エタノール

操作：試料3 mLに同量のエタノールを管壁に沿わせて静かに重畳すると境界面に白濁環がみられ，これを撹拌すると全体が白濁して浮遊沈澱を生ずる。沈澱生成後間もなく水を加えると再溶解するが，長時間放置したものでは再溶解しない。

注意：エタノールの脱水作用によって，タンパク質の結合水が減少するために沈澱する。エタノール中に長時間放置するとタンパク質の変性が起こり水に溶けなくなるが，0℃以下の温度で処理すると変性が起こりにくい（Cohnの冷アルコールによる血漿タンパク質分画法に応用されている）。

(4) 加熱による沈澱反応

試薬：10％酢酸，10% NaOH

操作：3本の試験管に試料を3 mLずつとり，1本はそのまま対照としておき，2本目には10％酢酸を2〜3滴加え，3本目には10% NaOHを2〜3滴加えて，2本目と3本目の試験管を煮沸し，対照と比較して沈澱の状態を観察する。2本目のみに沈澱が生じる。

注意：タンパク質は熱などの作用によって不可逆的に変性して凝固沈澱する。この反応はタンパク質のペプチド鎖がほぐれて，その陰性の帯電部が相互間で結合するもので，等電点で最も凝固しやすい。この凝固したものは強い酸またはアルカリで加温しなければ溶解しない。

1.2 タンパク質およびアミノ酸の呈色反応

目的：呈色反応（色彩反応）はタンパク質およびアミノ酸の定性反応に応用されるばかりでなく，呈色した色彩の吸光度を測定する定量法にも応用される。ここでは呈色反応における発色原理および特性を学ぶ。

原理：タンパク質の呈色反応を大別すると，2つに分類される。ひとつはタンパク質一般に共通な反応であり，ほかはタンパク質に含まれる特殊なアミノ酸残基による反応である。したがって後者の呈色反応は，その反応で呈色するアミノ酸を含まないタンパク質には応用できない。以下に代表的な呈色反応とアミノ酸の関係を示す。

① タンパク質，アミノ酸およびペプチドに共通な呈色反応
　1) ビウレット（Biuret）反応
　2) Ninhydrin 反応

② 特殊なアミノ酸による呈色反応
　1) チロシンによる反応（Millon反応，Pauli反応）
　2) シスチン，システインによる反応（硫化鉛反応）
　3) システインによる反応（Nitroprusside反応）
　4) チロシン，トリプトファン，フェニールアラニンによる反応（Xanthoprotein反応）
　5) トリプトファンによる反応（Hopkins-Cole反応，Ehrlich反応，Voisnet反応）
　6) アルギニンによる反応（坂口反応）
　7) ヒスチジンによる反応（Pauli反応）
　8) アミノ酸に共通な反応（Folin反応）

(1) ビウレット（Biuret）反応

試料（例）：血清の10倍希釈液を用いる（以下の項目も同じ）。

試薬：10% NaOH，1% $CuSO_4$

操作：試料3mLに10% NaOH 2mLをとり，1% $CuSO_4$を滴下する。1滴ごとに振とうして色の変化を観察する。$CuSO_4$の量に応じて赤紫色→青紫色を呈する（図L-1）。

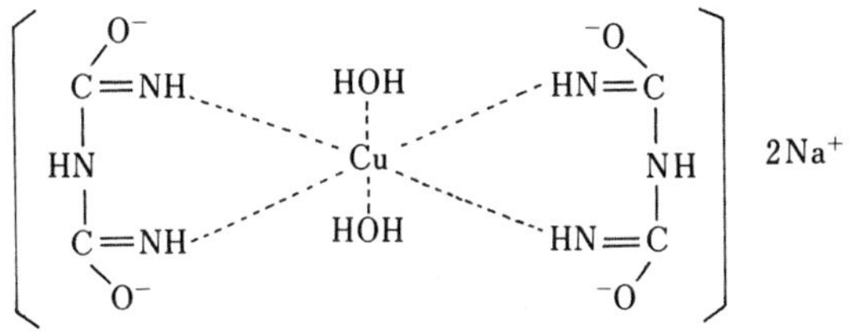

[図L-1] 赤紫色を呈する化合物

注意：尿素の加熱によって生じるビウレット（NH_2-CO-NH-CO-NH_2）反応と同様な呈色反応を示すことからビウレット反応と呼ばれる。タンパク質がこの反応に陽性を示すのは，タンパク分子のペプチド結合部がビウレットに類似しているためである。3個以上のアミノ酸よりなるペプチドは常に陽性を示すが，タンパク質によって少しずつ色調が異なる。また，検体中に多量のアンモニウム塩が存在すると，銅アンモニア錯塩 $[Cu(NH_3)_4]^{2+}$（藍色）を生じ呈色の障害になる。

(2) ニンヒドリン（Ninhydrin）反応

試薬：0.2%ニンヒドリン

操作：中性にした試料1mLにニンヒドリン溶液を1～2滴加え，2分間煮沸すると青紫色を呈する（図L-2）。

注意：この反応は遊離の-COOH基および遊離の-NH_2基に共通した反応であり，ニンヒドリンがアミノ酸に対して酸化的に働き，生成されたアンモニアがニンヒドリンおよびその還元された生成物と縮合して発色する。この反応は極めて鋭敏なため，一般のタンパク質やアミノ酸の検出および定量法としてしばしば用いられる。

(3) ミロン（Millon）反応

試薬：Millon試薬（Hg 20gを濃HNO_3 30mLに徐々に溶解し，2倍量の水を加えてろ過する）

操作：試料3mLに1mLのMillon試薬を加えると沈殿を生じる。これを60～70℃に加熱すると赤変する。

注意：この反応はフェノール核に特有な反応で，アミノ酸のチロシン以外に，石炭酸，サリチル酸，ナフトール，チモールなども陽性を示す。すなわち，フェノール核がMillon試薬によってニトロ化され，これにHg^{2+}が結合して発色する。塩化物，過酸化水素，アルコールなどはこの反応を妨害する。

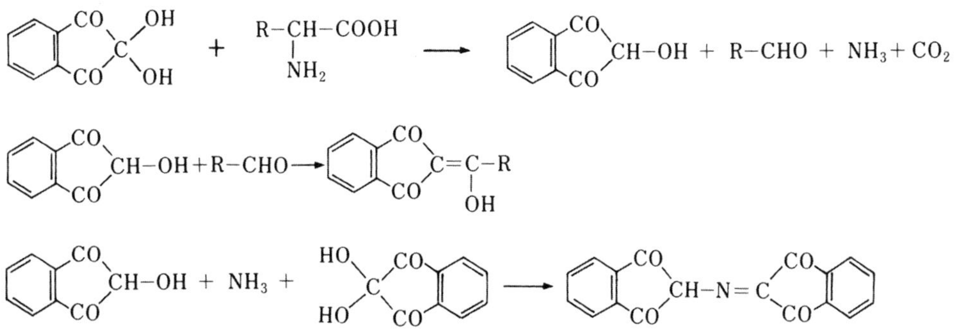

[図L-2] ニンヒドリン（Ninhydrin）反応の操作

(4) 硫化鉛反応

試薬：10%酢酸鉛，2N NaOH

操作：試料3 mLに10%酢酸鉛1滴を加えて混和し，これに2N NaOHを加えると白色の沈殿を生じる。さらにNaOHを追加すると沈殿が溶解する。これを加温すると黄色→褐色→黒色に変化して沈殿する。

注意：シスチン，システインなどに含まれる-S^{2-}がアルカリによって遊離し，これが鉛と結合して硫化鉛(PbS)を生じて呈色する。メチオニンの-S^{2-}はNaOHによって遊離しないので反応は陰性である。

(5) ニトロプルシド (Nitroprusside) 反応

試薬：10% NaOH，1%ニトロプルシドナトリウム塩水溶液

操作：試料3 mLに10% NaOHを1 mL加えてアルカリ性とし，1%ニトロプルシドナトリウム塩水溶液を1滴加えると紫赤色を呈する。

注意：システインの-SH基による反応である。タンパク質が変性すると-SHが露出するために，反応の強きが増加する。したがって，タンパク質の変性の度合いを知る方法としても用いられる。この反応による呈色は不安定で，黄色に退色する。

(6) キサントプロテイン (Xanthoprotein) 反応

試薬：濃硝酸，アンモニアまたはNaOH

操作：試料3 mLに濃硝酸2 mLを加えて煮沸すると黄色の沈殿を生じるか，あるいは溶液が黄染する。冷却後，アンモニアまたはNaOHを加えてアルカリ性にすると燈黄色を呈する。

注意：チロシン，トリプトファン，フェニールアラニンなどの芳香環がニトロ化されて黄色を呈する。特にチロシン含量の多いタンパク質は強く発色する。

(7) ホプキンス・コール (Hopkins-Cole) 反応

試薬：Glyoxal酸 (CHO・COOH) または古くなった氷酢酸，濃H_2SO_4

操作：試料3 mLにglyoxal酸か，または古くなった氷酢酸を数滴加えて強く混和した後，濃H_2SO_4 3 mLを傾斜した試験管に沿わせて静かに流し込み，2層になるようにする。液の界面に赤紫色の輪が形成される。試験管を流水で冷却しながら静かに攪拌すると，全体が紫青色になる。

注意：インドール誘導体に共通な反応で，タンパク質に含まれるトリプトファンのインドール環とglyoxal酸による反応である。この反応には純粋なH_2SO_4を用いる必要があり，硝酸塩や亜硝酸塩過剰の塩化物は反応を妨害する。反応機序は図L-3 (次頁) の通りである。

(8) 坂口反応

試薬：10% NaOH，0.1% α-ナフトールアルコール，NaOClまたはNaBrO

操作：試料3 mLに10% NaOHを加えてアルカリ性にし，これに0.1% α-ナフトールアルコール溶液を1～2滴加えて混和し，数分後にNaOClまたはNaBrO水溶液を滴下すると赤色を呈する。この呈色は不安定で，数分後に最高に達しその後退色する。

注意：Guanidine基を持つ化合物に共通の反応で，通常のアミノ酸あるいはタンパク質ではアルギニンに特有な反応である。反応過程は段階的に進行する。したがって，試料，α-ナフトール，NaBrOを同時に加えると発色しない。NaOClやNaBrOの代わりにH_2SO_4を用いても発色する。

(9) その他の呈色反応

①Folin反応

β-ナフトキノンスルホン酸および強アルカリを加えると深赤色を呈する。比色定量法にも用いられ，アミノ酸に共通な反応である。

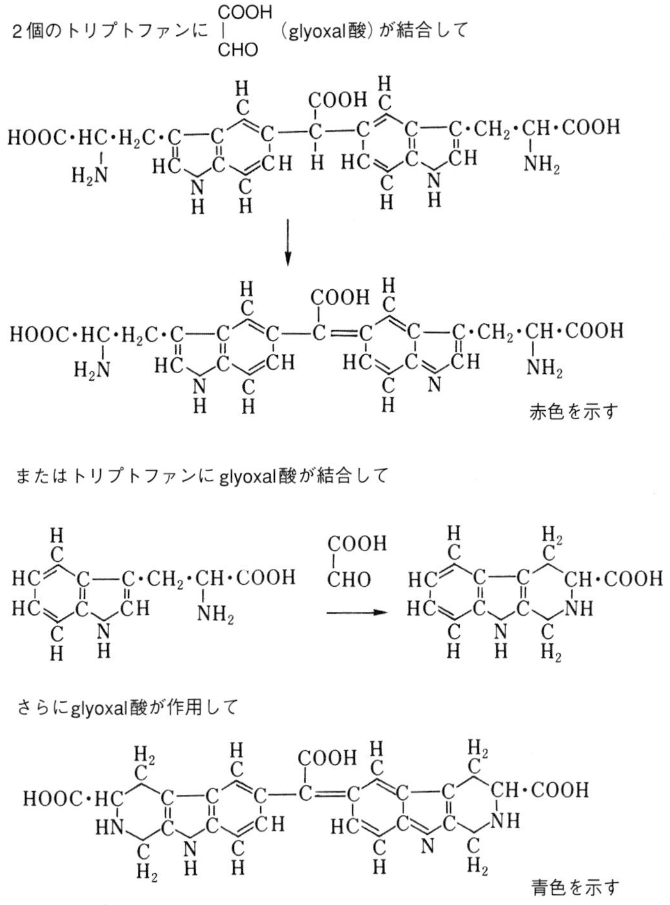

2個のトリプトファンに $\begin{array}{c}COOH\\|\\CHO\end{array}$ (glyoxal酸) が結合して

↓

赤色を示す

またはトリプトファンにglyoxal酸が結合して

さらにglyoxal酸が作用して

青色を示す

[図L-3] ホプキンス・コール (Hopkins-Cole) 反応の機序

② Ehrlich反応

　p-ジメチルアミノベンズアルデヒドとHClを加えて振とうすると青色を呈する。トリプトファンによる反応で，Hopkins-Coleの反応と同様にアルデヒド基とインドール基が縮合して呈色する。

③ Pauli反応

　試料をNa_2CO_3でアルカリ性にし，ジアゾベンゼンスルホン酸を加えると深赤色を呈する。ヒスチジンおよびチロシンが反応する。

④ Voisnet反応

　亜硝酸ソーダを含む濃HClおよびホルムアルデヒドを加えると紫色を呈する。トリプトファンが反応する。

2. タンパク質の定量

2.1 タンパク質の定量法

　タンパク質の定量法には種々の方法があるが，一般には以下のような方法が用いられている。

① タンパク質に含まれる窒素量からタンパク質量を知る方法 (Kjeldahl法)
② タンパク質の持つ物理的性質を利用する方法 (重量法，比重法，屈折計法，紫外部吸収法など)

③タンパク質の呈色反応または混濁形成を利用する方法〔ビウレット(Biuret)法，Lowry法，比濁法，色素結合法，試験紙法など〕

④その他の方法（免疫学的方法，酵素学的方法）

これらの方法はいずれもタンパク質の物理的・化学的特性を応用したものである。したがって，測定しようとするタンパク質試料の特性に応じて，合目的な定量法を選択しなければならない。

(1) micro-Kjeldahl法

原理：Kjeldahl法は生体物質およびその抽出液における総窒素または水溶液中のタンパク質の定量法として広く用いられている。タンパク質中の窒素をNH_3として定量する。すなわち，検体に酸化剤を加えて煮沸するとタンパク質などの窒素化合物中の窒素は NH_3となり，このNH_3は酸化剤の主成分であるH_2SO_4と反応して硫酸アンモニウム$(NH_4)_2SO_4$となる。これに過剰のNaOHを加えてNH_3を遊離させ，蒸留により一定量の過剰の規定酸液に吸収させる。この規定酸液中の中和されないで残った酸の量をNaOHで中和滴定し，酸に吸収されたNH_3量から総窒素量を換算する。タンパク質の定量には，共存する非タンパク態窒素化合物の除去を必要とする。

試料（例）：動物血清（以下の項目も同じ）

試薬：

①分解剤：50% H_2SO_4液100mLに$CuSO_4 \cdot 5H_2O$ 10gを溶解したもの。

②0.04N H_2SO_4（または0.02N HCl）

③0.02N NaOH（CO_2を含まないもの）

④田代の指示薬：0.02%メチルレッド100mLに0.1%メチレンブルー 15mLを加えたもの。

⑤30% NaOH：30% NaOH液 100mLに$Na_2S_2O_3 \cdot 5H_2O$ 2gを加えたもの。

操作：

①酸化；分解フラスコ（酸化管）に血清0.2mLを正確にとる。この際，フラスコに試料が付着しないように注意する。これに分解剤約2mLを駒込ピペットで加え，酸化台にのせて徐々に加熱する。白煙を発生し始めたら火力を強める。検体は黒変するが，反応が進行すると無色透明となる。さらに淡緑色を呈するまで十分に加熱する（炭化により黒くなったものはCO_2となって揮発するから，最後にはCu^{2+}の淡緑色を呈する）。加熱の際にあまり強い火力を用いるとH_2SO_4が蒸発し，NH_3の損失を招く恐れがあるので注意する。酸化終了後は放冷し，蒸留水2mLを徐々に加えて混和し，さらに十分放冷する。

②蒸留；Parnas装置（図L-4）を用いて水蒸気蒸留を行う。100～150mLの三角フラスコ(C)に0.04N H_2SO_4 5mLをとる。これに田代の指示薬を1～2滴加え，冷却管の下端が溶液の液面上1～2cmにあるようにしておく。排水フラスコ(D)の下端(d)を開けたままで，水蒸気発生フラスコ(A)を加熱沸騰させ，水蒸気がdを通ってわずかに放出する程度に火力を調節しておく。完全に酸化した酸化管内容を蒸留フラスコ(B)にろう斗(e)を通して送り込む。酸化管内を合計3回，毎回2mLの蒸留水で洗い，これをすべて蒸留フラスコ内に注ぎ込み，最後に酸化管の口の外側およびろう斗を約2mLの蒸留水で洗い込む。ここで三角フラスコ(C)を上げて，冷却管の下端が三角フラスコ中の規定酸液に十分浸るようにする。30%

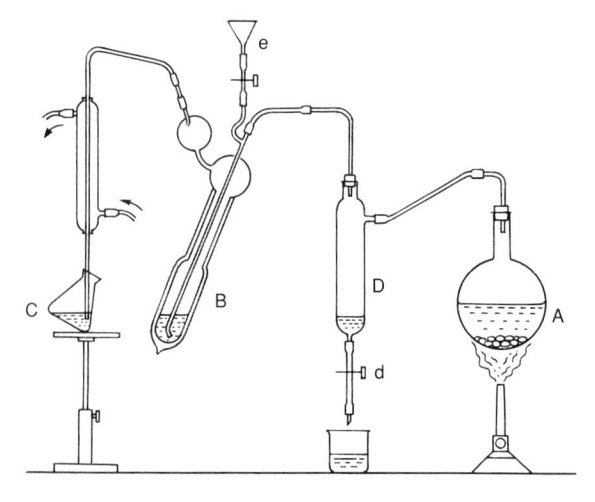

[図L-4] Parnas装置

NaOH 5～10 mLを駒込ピペットでろう斗を通して注ぎ込む。約2 mLの蒸留水でろう斗上をよく洗い込み，直ちにろう斗の下のゴム管をピンチコックで閉じ，排水フラスコ下端のコック(d)を閉じると蒸留が始まる。冷却管に水が通っているか否かを確かめた後に火力を強め，60℃くらいの水が1分間に8～10 mL程度蒸留されるように調節しておく。

三角フラスコ内の液量が50 mL程度になったところで，三角フラスコを下げて冷却管の下管を液面より約2 cm離し，冷却管下端を噴水ビンを用いて約2 mLの蒸留水で洗い落とす。さらに2分間蒸留を続けた後，三角フラスコを取り去り，水蒸気発生フラスコ(A)の火を消すと，蒸留フラスコ中の蒸留残渣は自動的に排水フラスコ(D)中に移動する。

③滴定；三角フラスコ(C)に指示薬を追加し，$0.02N$ NaOHで中和滴定する。田代の試薬が紫赤色から緑色に変わるところを滴定終点とする。

④計算；$0.04N$ H_2SO_4 1 mLは0.5604 mgの窒素に相当する。したがって，$0.02N$ NaOH消費量を a mLとすると，被検体1.0 mL中の総窒素量は

窒素 $= 0.5604 \times \{5.0 \times f - a/2 \times f'\} \times 1/b \times V$ (mg)
$= 0.2802 \times \{10f - af'\} \times 1/b \times V$ (mg)

(f, f' はそれぞれ $0.04N$ H_2SO_4, $0.02N$ NaOH の実値係数，V は希釈倍数)

被検体100 mL中の総窒素量は

窒素 $= 0.2802 \times \{10f - af'\} \times 100/b \times V$ (mg)

総窒素量から粗タンパク質量を算出するためには，タンパク質中の窒素含量が平均16%であるから，総窒素量に窒素係数6.25を乗じてタンパク質量として表す。

注意：

① 反応機序：NH_3は弱アルカリであるから強アルカリ性(NaOH)にすると遊離する。

$(NH_4)_2SO_4 + 2NaOH \longrightarrow 2NH_4OH + Na_2SO_4$
$NH_4OH \longrightarrow NH_3\uparrow + H_2O$

② 酸化剤に$CuSO_4$を加えてあるのはCu^{2+}の触媒作用を利用するためである。

③ 30% NaOHに$Na_2S_2O_3 \cdot 5H_2O$を加えてあるのは，Cuなどを用いたときに発生する錯塩を破壊し，NH_3を遊離させるためである。

④ 一般のタンパク質は15～16%の窒素を含むが，必ずしも窒素含量は一定しないので注意を要する。

(2) ビウレット(Biuret)法

原理：ビウレット法はタンパク質の比色定量法として一般的に行われている。ビウレットの呈色反応(前述)を応用してタンパク質を定量する方法である。すなわち，強アルカリ性下でCu^{2+}とポリペプチドが錯塩を形成し紫紅色を呈する反応を利用するものであり，主としてタンパク質のペプチド基に依存しているため，タンパク質の種類にかかわらず単位濃度あたりの発色率が比較的一定している。したがって，タンパク質の種類による発色率があまり変動しない点はほかの方法より優れているが，感度はやや低く，測定範囲は0.5～3 mg/mLである。

試薬：

① ビウレット試薬；$CuSO_4 \cdot 5H_2O$ 1.5 gと酒石酸カリウムナトリウム($NaK \cdot C_4H_4O_6 \cdot 4H_2O$) 6 gをとり，蒸留水500 mLで溶解する。10% NaOH 300 mL(炭酸を含まない)を攪拌しながら加え，これにヨウ化カリウム2 g(還元阻止剤として)を加え，蒸留水にて1 Lとする。ポリエチレン製のビンに保存する。

② 標準タンパク質溶液；牛血清アルブミン(10.0 mg/mL)。

操作：

① 牛血清アルブミン(10 mg/mL)を希釈して10, 5, 2.5, 1 mg/mLの各濃度の標準タンパク質溶液をつくる。

② 試験管6本を用意し，1本には10倍希釈した被検タンパク質溶液を，ほかの1本には水(盲検)を，残りの4本には各標準タンパク質溶液をそれぞれ1 mLとる。

③ 各試験管にビウレット試薬4 mLを加えてそれぞ

れよく混和し，37℃の水浴中で10分間加温した後，直ちに冷却する。

④各溶液を540～560nmで比色定量する。

⑤標準タンパク質溶液の吸光度から検量線を作成する。

⑥検量線から被検タンパク質濃度を求める。

(3) Lowry-Folin法

原理：Lowry-Folin法はタンパク質の微量定量法として最も広く用いられている。Folinの反応とビウレット反応を組み合わせたもので，芳香族アミノ酸とリンタングステン酸化合物が反応して生じる青色を比色する方法である。反応は鋭敏で，測定範囲は25～500 μg/mLである。この反応はタンパク質中のチロシンとトリプトファンのみが呈色に関与するため，タンパク質の種類によって呈色の度合いが異なる。したがって，この測定方法は比較的単一な成分からなるタンパク質溶液の微量定量に適している。

試薬：

① 2％炭酸ナトリウムアルカリ溶液；0.1N NaOH 1 Lに Na_2CO_3 20 gを溶解する。

②硫酸銅・クエン酸ナトリウム溶液；1.0％クエン酸ナトリウム溶液100 mLに $CuSO_4 \cdot 5H_2O$ 0.5 gを溶解する。

③アルカリ性溶液；試薬①50 mLと試薬②1 mLを混合して調製する。使用直前に毎回調製する（調製後30分以内に使用）。

④フェノール試薬；市販の試薬を予めフェノールフタレインを指示薬としてアルカリで滴定し，蒸留水で希釈して1N酸溶液とする。

⑤標準タンパク質溶液；牛血清アルブミン溶液（500 μg/mL）。

操作：

①牛血清アルブミン溶液（500 μg/mL）を希釈して100, 200, 300, 400, 500 μg/mLの各濃度の標準タンパク質溶液をつくる。

②試験管7本を用意し，1本には200倍希釈した被検溶液を，ほかの1本には蒸留水（盲検）を，残りの5本には各標準タンパク質溶液をそれぞれ1.0 mLとる。

③各試験管にアルカリ性溶液5 mLを加え，混和して室温で10分間放置する。

④フェノール試薬0.5 mLをすばやく加えて直ちに混和する。

⑤30分後，波長750 nmで吸光度を測定する（発色後2時間以内に行う）。

⑥標準タンパク質溶液の吸光度から検量線を作成する。

⑦検量線からタンパク質濃度を求める。

注意：

①フェノール試薬の反応はpH 10で最大であるが，同時にアルカリで壊れやすいため，フェノール試薬はすばやく加え，直ちによく混和しなければならない。

②アルカリ性溶液中のNaOHはフェノール試薬中の過剰のリン酸を中和するためであり，Na_2CO_3 はリンモリブデン酸から遊離する H^+ の緩衝に役立つ。

③Lowry法は還元性物質，硫酸アンモニウム，尿素，カリウムイオンなどにより干渉されるが，これら干渉物質が十分に希釈されているときは問題にならない。

(4) 色素結合法

μg単位のタンパク質を簡便でしかも再現性よく定量できる方法として，色素とタンパク質の結合反応を応用する方法がある。ここでは色素としてCoomassie brilliant blue (CBB) を用いるBradford法について述べる。

原理：色素結合法に用いられる色素の中には，タンパク質と反応して効果的な沈殿を起こすもの (amido black 10B)，色調が変化するもの (orange G, CBBなど)，あるいはタンパク質と結合することによって，その色素が持つ蛍光を減少するもの (eosin Y) などがある。これらの色素の多くは酸性色素で，い

ずれも数個の芳香核を持つアゾ色素で，分子内のスルホン酸基や硫酸エステルなどがタンパク質中のリジン，アルギニン，ヒスチジン残基およびN末端に強い親和性を示して結合する。

一方，塩基性色素はこの目的にあまり使用されないが，分子内のアミノ基がタンパク質中のカルボキシル基などと強い親和性を示して結合する。しかし，塩基性色素は色素とタンパク質双方の分子の立体構造および隣接基（特に芳香族とジアゾ基）の影響を受けやすいため，実際の反応では安定した結果が得られにくい。

CBBは図L-5に示すようにCBB R-250と CBB G-250の2種類がある。このうちCBB G-250は遊離状態では赤色を帯びているが，タンパク質と結合すると青色に変色する。この色調の変化を吸光度でみると，タンパク質と反応する前の色素溶液は波長465nmに最大吸収があり，タンパク質と結合すると最大吸収波長が594nmへ変化する。したがって，この594nmにおける吸光度の増加を測定することによってタンパク質の定量を行うことができる。

試料：動物血清

試薬：
①CBB G-250溶液
　［CBB G-250（Sigma）100mgを95％エタノール50 mLに溶解し，この溶液に85％（w/v）のリン酸100 mLを加え，さらに水で1Lにしたもの］
②基準タンパク質溶液
　［1 mg/mL牛血清アルブミン］

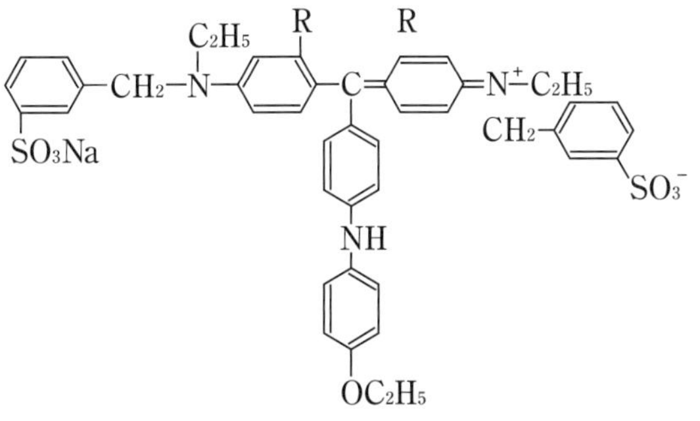

操作：
①基準タンパク質溶液を希釈して，0.2，0.4，0.6，0.8，1.0mg/mLの5種類の標準液をつくる。
②被検血清を正確に100〜200倍に希釈する。
③蒸留水（ブランク），各標準液，希釈した被検血清をそれぞれ別々の試験管に0.1mLずつとる。
④③の各試験管に CBB G-250溶液を5 mLずつ加え，十分に混和する。
⑤2分間反応させた後，波長595nmで吸光度を測定する。
⑥各標準液の吸光度をグラフ用紙にプロットして検量線を引き，その検量線から被検血清のタンパク質濃度を求める。

注意：
①タンパク質と色素の結合は迅速に起こり約2分で平衡に達する。また，室温で1時間安定である。
②CBBの親和性がタンパク質の種類によって異なるため，標準液には試料と同一の濃度既知溶液を用いることが望ましい。
③比較的高濃度の界面活性剤（1％ Triton X-100, 1％ SDS，1％ Hemosolなど）によって反応が大きく阻害される欠点がある。

(5) 紫外部吸収法

原理：ほとんどのタンパク質溶液は260〜280nmの波長域にひとつの吸収ピークがある。この吸収は主としてトリプトファン，チロシン，フェニールアラニンなどの芳香族アミノ酸によるもので，吸光度はタンパク質に含まれているこれらのアミノ酸含量に支配される。したがって，吸光度を測定することにより，タンパク質濃度を求めることができる。

また，200〜250nmの波長域ではペプチド結合による吸収がみられ，タンパク質の種類による吸光度の違いがほとんどないことから，215nmと225nmにおける吸光度の差を用いてタンパク質濃度を算出す

R＝H……Coomassie brilliant blue R-250（CBB R-250）
R＝CH₃……Coomassie brilliant blue G-250（CBB G-250）

[図L-5] Coomassie brilliant blue

る方法（Waddell法）も行われている。

試薬：
① 0.9 g/dL NaCl
② 標準タンパク質溶液：牛血清アルブミン（1 mg/mL）。

操作：
① 牛血清アルブミンを0.9 g/dL NaClで希釈して0.2, 0.4, 0.6, 0.8, 1.0 mg/mLの各濃度の標準液をつくる。
② 被検血清を0.9 g/dL NaClで正確に100倍希釈する。
③ 0.9 g/dL NaClを盲検とし，波長280 nmで各標準溶液および被検血清の吸光度を測定する。
④ 検量線を作成し，被検血清のタンパク質濃度を求める。

注意：280 nmに吸収ピークを有する芳香族アミノ酸の含有率はタンパク質の種類によって異なるため，すべてのタンパク質が同じように定量されるわけではない。特に核酸が共存する試料では，核酸に由来する280 nmの吸収を無視できないため，他の測定法によらなければならない。

（6）屈折計法による血清タンパク質の測定

原理：血清の屈折率はタンパク質濃度とおおよそ平行することが知られており，屈折率 $n = 1.33529 +$ タンパク質量 (g/dL) $\times 0.00191$ という関係が成立する。したがって，溶液の屈折率を測定することにより，血清総タンパク質濃度を概算することができる。屈折計では，プリズムと試料との屈折率の関係によって生じた臨界角より大きい入射角を有する光線は全反射するため，焦点鏡視野が明るく見える。一方，臨界角より小さい入射角を有する光線の一部は血清中に入り，残りの一部だけが反射して焦点鏡に到達するため暗く見える。この明暗境界線の位置が試料の屈折率を示している（図L-6）。屈折計法はタンパク質の種類による差がなく，簡便かつ迅速であるが，屈折計の目盛りは正常血清に基づいて作成されているため，高脂血清，溶血血清，顕著なビリルビン血清などでは測定値が高くなる。屈折計法の精度は

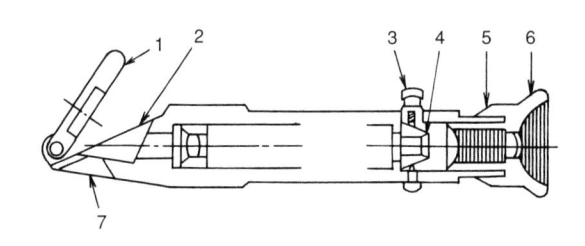

1：フタ，2：プリズム，3：目盛調整環，4：焦点鏡，
5：視度調整環，6：接眼鏡，7：採光窓，C：臨界角

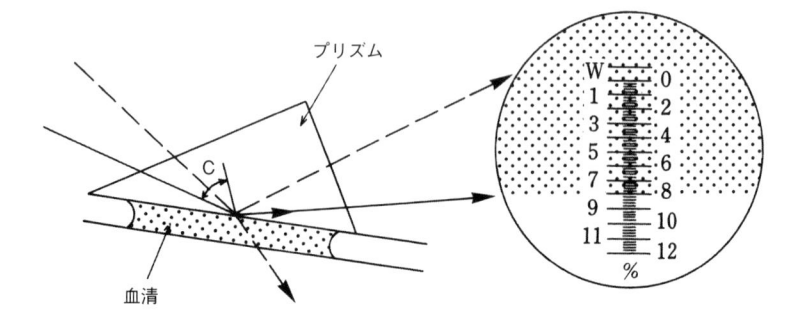

［図L-6］血清タンパク屈折計

±0.1〜0.2g/dLであり，測定範囲は0〜12g/dLであるが，3g/dL以下の検体はタンパク質以外の成分の影響が強くなるため正確に測定できない恐れがある。

試料：動物血清

操作：図L-6を参照
① プリズム面に蒸留水1〜2滴を落とし，フタで軽く押さえる。
② 接眼鏡よりプリズムの光窓を上にしてのぞき，視度調節環で焦点を合わせる。
③ 明暗境界をW線（水の屈折率 1.3330）に一致するまで目盛りを調整する。
④ フタを開けて水をガーゼで拭き取った後，被検血清1〜2滴を①と同様に落とし，フタをして境界線の目盛りを読み取る。
⑤ 測定後は直ちに水で洗浄し乾燥させておく。

注意：屈折率は温度によって大きく左右されるため，プリズムの部分をあまり長く保持してはならない。

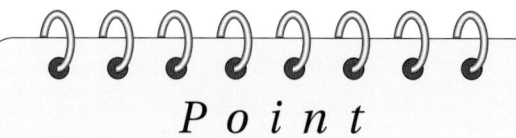

Point

- タンパク質の沈澱反応は，除タンパクのみならずタンパク質の分画や濃縮に利用される。
- タンパク質の濃度や目的に応じて定量法を選択する必要がある。
- タンパク質の呈色反応はタンパク質の定量に応用される。

M 塩析と脱塩

タンパク質の水溶液に硫酸アンモニウム（硫安）などの塩を加えていくと、溶液が白濁し、溶けていたタンパク質が析出してくる。この現象を塩析と呼んでいる。タンパク質により塩析される塩濃度が異なるのでタンパク質の分画や濃縮に利用される。塩析した分画から塩を除く操作を脱塩という。

1. 塩析と脱塩

1.1 塩析

原理：塩析の機構は、まだ完全には解明されていないが、現在、以下のように考えられている。タンパク質は、溶液中の水分子を配位する形で溶解している。この水分子が加えられた高濃度の塩に奪われると、タンパク質分子同士の相互作用が強くなって分子の塊ができ、沈殿を生じる。つまりタンパク質の溶解度に変化が生じるのである（p119 1.1 タンパク質の沈殿反応を参照）。

タンパク質の溶解度は、タンパク質の種類、塩の種類と濃度、溶液のpHと温度により異なるから、その性質を利用してタンパク質混合液から特定のタンパク質を分別することができる。

塩の種類：塩析に用いられる塩には、塩化ナトリウム、硫酸マグネシウム、硫酸アンモニウム、硫酸ナトリウム、リン酸カリウム、クエン酸ナトリウムなどがある。

塩濃度の表示法：硫酸アンモニウム以外は、加えた塩の重量と塩添加後の液量の比で表す場合が多い。硫安は、加えた飽和硫安の液量と全液量の比（Hofmeister法）で表すか、または溶媒中に溶けている硫安量とその溶媒に溶け得る最大硫安量の比（Osborne法）で表す。生体高分子の塩析では、飽和硫安溶液を使うことが多く、硫安1/3飽和といえば、試料液2容と飽和硫安1容を混合して塩析したという意味である。また固形硫安を用いるときは表M-1から必要量を計算するとよい。

[表M-1] 塩析に用いる硫安の必要量

		希望する硫安の最終濃度（％飽和）																
		10	20	25	30	33	35	40	45	50	55	60	65	70	75	80	90	100
		試料液1Lに加える硫安量 (g)																
試料液の現在の硫安濃度（％飽和）	0	56	114	144	176	196	209	243	277	313	351	390	430	472	516	561	662	767
	10		57	86	118	137	150	183	216	251	288	326	365	406	449	494	592	694
	20			29	59	78	91	123	155	189	225	262	300	340	382	424	520	619
	25				30	49	61	93	125	158	193	230	267	307	348	390	485	583
	30					19	30	62	94	127	162	198	235	273	314	356	449	546
	33						12	43	74	107	142	177	214	252	292	333	426	522
	35							31	63	94	129	164	200	238	278	319	411	506
	40								31	63	97	132	168	205	245	285	375	469
	45									32	65	99	134	171	210	250	339	431
	50										33	66	101	137	176	214	302	392
	55											33	67	103	141	179	264	353
	60												34	69	105	143	227	314
	65													34	70	107	190	275
	70														35	72	153	237
	75															36	115	198
	80																77	157
	90																	79

応用：塩析は，タンパク質混合液からの特定タンパク質の分別や希薄溶液の濃縮に利用される。

操作：塩析には，固形の塩をそのまま加える方法と飽和の塩溶液を加える方法がある。タンパク質の濃度が低く液量が多いとき，および高い飽和度で塩析するときは固形の塩をそのまま加える。溶液が特に希薄でそのままでは塩析できないときは，特定濃度の塩溶液に対して透析する。

(1) 固形の塩を加えるとき

① 試料の液量を計り，所定の飽和度にするために必要な量の塩を秤取し，粉末状にする。塩の塊をそのまま加えると塊に触れた部分だけ局部的に高濃度になって，タンパク質が変性する恐れがある。

② 液を静かにかき混ぜながら，少量の塩を加える。加えた塩が溶けたら，また少量の塩を加える。所定の飽和度になるまで，この操作を繰り返す。

③ 塩を加え終わったらそのまま一定時間放置し，$10,000 \times g$，20分間遠心して沈澱と上清を分離する。

(2) 飽和塩溶液を加えるとき

① 試料の液量を計り，目的の飽和度にするために必要な量の飽和塩溶液を計り取る。

② 試料液を静かにかき混ぜながら，飽和塩溶液を少量ずつ加える。

③ 塩溶液を加え終わったらそのまま一定時間静置し，遠心して沈澱と上清を分離する。遠心条件は固形物添加の場合と同じである。

注意：

① 塩析するときは，試料が変性せず，かつ不純物の共沈が少ない温度とpHを選ぶこと。

② タンパク質を塩折するときは，濃度に注意。1〜20 mg/mLくらいがよい。濃すぎると目的以外のタンパク質の共沈が多くなる。

③ 目的タンパク質が塩析される飽和度が不明のときは，35％飽和と50％飽和で分画塩析し，目的タンパク質がどの画分に含まれるかを決め，必要ならばさらに細分化するとよい。

④ 飽和溶液は，約50℃のH_2Oに結晶が残る程度に塩を溶かし，使用温度に放冷して過剰の塩を析出させた上清を使う。

⑤ 塩析ではないが，溶解度を利用した分画沈澱法に，エタノール分画法がある。低温で，エタノールの濃度を変えながら，分画する方法である。その代表例が，血漿タンパク質の分画に使われているCohnのエタノール沈澱法である（p120参照）。

1.2 脱塩

塩析した画分をほかの実験に使用するとき，しばしば脱塩が必要になる。脱塩には，透析による方法とゲルろ過による方法がある。

(1) 透析

目的：試料に含まれる塩の組成を必要なものに置き換える。

原理：透析には，半透膜が利用される。一定の大きさの孔を持つセルロースチューブに試料を入れ，これを必要な塩組成を持つ溶液に浸し，孔を透過できる物質の置換を図る。

透析膜の種類：透析膜の厚さは，0.02 mm〜0.1 mmまで数種類ある。通常の透析には，0.05 mm以下の膜が使われる。普通の透析膜は，分子量1万以下のものを透過させるが，特別に孔のサイズを調節したものでは，分子量5万のものでも透過させるものがある。

チューブの直径は，6 mm〜101 mmまである。試料の種類，量により適当なチューブを選ぶ。透析膜の規格については，製造元のマニュアルを参照すること。

操作：

① 透析膜は，水で洗ってそのまま使える場合もあるが，防腐剤を含んでいるためにそのまま使うと活

性が失われる物質もある。それを避けるためには，純水で煮るとよい（2～3回純水を交換しながら，数時間，硫黄の臭いがしなくなるまで煮れば十分である）。一度に，2巻くらいのチューブを煮ておくと便利である。煮たチューブは，0.03％のアジ化ナトリウム（NaN_3）を加えた純水に浸して，冷蔵庫に保存する。

② 試料の量に合わせて必要な長さにチューブを切り，一方の端を結んで液が漏れないようにする。これに純水をいっぱいに注ぎ，軽く圧をかけて液漏れがないことを確かめる。チューブを純水でよく洗いアジ化ナトリウムを除く。

③ 試料を入れ，他の端を結ぶ。端を結ぶよりも2～3回折り曲げて輪ゴムでとめておくと内液を取り出すときに便利である。いずれにしてもチューブには少し余裕を持たせること。はじめからパンパンにしておくと透析中に破裂することがある。チューブの端をとめる器具も市販されている。

④ 内液の100～500倍量の外液に透析する。外液は，マグネティックスターラーで撹拌する。クロマトグラフィーのための平衡化であれば，一夜の透析で十分である。塩濃度の高いものを透析したときには，5時間以内に一度外液を換えた方がよい。

⑤ 内液と外液が完全に平衡化するためには，72時間以上の透析が必要である。

⑥ 透析時間を短縮するためには，電気透析が効果的である。

(2) ゲルろ過

透析では，長時間かけても塩を完全に置換することは難しい。液量が増加してもよい場合には，ゲルろ過による脱塩が最も効果的である。ゲルろ過の方法については，Q章 4. ゲルろ過の項 (p169) を参照すること。付加する試料の量を多くすれば，ゲルろ過による希釈はある程度抑えられる。

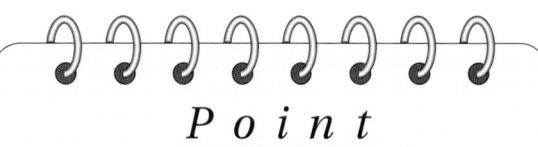

Point

- 塩析によりタンパク質の分画や濃縮が可能である。
- 脱塩法として透析やゲルろ過法が利用される。

N 酵素活性の測定法

酵素はタンパク質を主体とした生体内触媒で，エネルギー代謝を調節する重要な物質である。酵素活性は基質濃度，温度，pH，阻害剤など様々な因子の影響を受ける。生体内の酵素活性は，様々な疾病により変動し，その正確な測定は疾病診断の上でも重要である。

1. 酵素活性の測定法

1.1 酵素の基礎知識

(1) 酵素試料の調製

生体試料として血清，唾液などはそのまま用いることができる。臓器の場合は細胞膜を破壊した後，試料として用いる。さらに，核，ミトコンドリア，リソソーム，ミクロソームなどの細胞画分をホモジネートより分画遠心法で調製して用いる場合もある(p19, 20, 154参照)。

(2) 酵素の失活

酵素は，熱，強酸，強アルカリ，有機溶媒などにより変性すると作用を失う。したがって，酵素が失活しない取扱いが必要である。

(3) 酵素活性の測定

$$E + S \longrightarrow E \cdot S \longrightarrow E + P \quad \text{(式N-1)}$$

酵素反応のモデルは上式で考えることができる。酵素(E)は基質(S)と結合し，ES複合体を形成する。酵素の触媒作用により基質が変化し，生成物(P)を生じ酵素から解離する。酵素は特定の基質に対して作用を示す。これを酵素の基質特異性という。酵素活性は一定時間の基質あるいは補酵素の減少速度または生成物の増加速度を測定することから求められる。

(4) 酵素活性に影響を及ぼす因子

① 温度：通常25～37℃で測定する。
② pH：反応に最適のpHを至適pHと呼ぶ。酵素の反応は至適pHで行い，反応中のpHの変化を避けるため緩衝液を用いる。
③ 基質濃度：酵素反応速度と基質濃度の間にはミカエリス・メンテン(Michaelis-Menten)の式が成立する。

$$v = \frac{V[S]}{K_m + [S]} \quad \text{(式N-2)}$$

v：反応速度　$[S]$：基質濃度　V：最大反応速度
K_m：ミカエリス定数

K_mは酵素の基質に対する親和性を表す定数で，最大反応速度の1/2のときの基質濃度はK_mと等しくなる(図N-1)。

④ 反応時間：反応時間は生成物が時間に比例して増量する時間内であることが必要である。また，酵素の中には極めて不安定で37℃で反応させても失

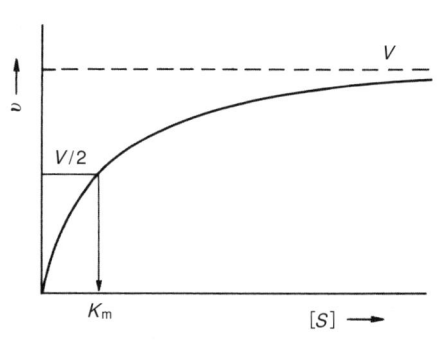

[図N-1] 基質濃度と反応速度の関係

活するものもあり，反応時間の設定は重要である。
⑤その他の因子：酵素活性の測定に補酵素（助酵素），金属，脂質などのタンパク質以外の因子を必要とする場合がある。

(5) 酵素活性の単位

一定条件で1分間(min)に1μmolの基質の変化を触媒する酵素量を1酵素単位(enzyme unit, U)と定義している。測定条件として必ず温度は記載する。

(6) 酵素タンパク量の測定

Micro-Kjeldahl法，比色法(ビウレット法，Lowry法，色素結合法)などを用いる。

(7) 酵素の比活性

酵素の比活性(specific activity)は酵素単位をタンパク質の量(mg)で割った値でU/mgの単位となる。

(8) 酵素の分子活性

酵素の分子活性(molecular activity)は1 molの酵素が1分間に変化させうる基質量(mol)のことをいう。単位は基質 mol/min/酵素 molで表される。

1.2 速度パラメーターの求め方

速度パラメーター，K_mとVを求めるためには双曲線形の式(式N-2)を直線形に変形し，その傾きと切片から求めるのが便利で，次の3種のプロットがよく用いられる。

$[S] = s$ として直線形に書いた式は以下のようになる(図N-2)。

① $1/v \sim 1/s$ プロット (Lineweaver-Burkのプロット)
$$\frac{1}{v} = \frac{K_m}{V} \cdot \frac{1}{s} + \frac{1}{V}$$
(図N-2(i))

② $s/v \sim s$ プロット (Hanes-Woolfのプロット)
$$\frac{s}{v} = \frac{1}{V} \cdot s + \frac{K_m}{V}$$
(図N-2(ii))

③ $v \sim v/s$ プロット (Eadieのプロット)
$$v = -K_m \frac{v}{s} + V$$
(図N-2(iii))

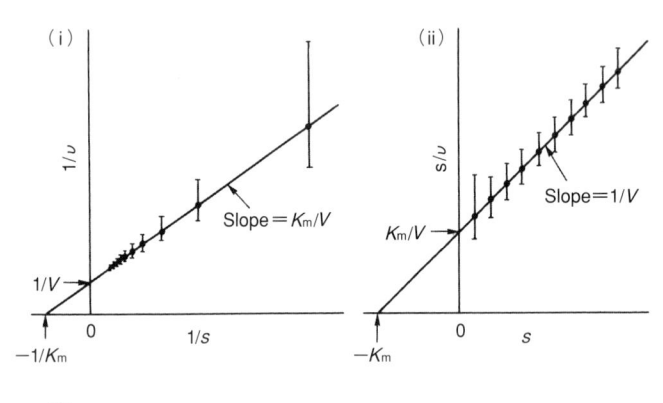

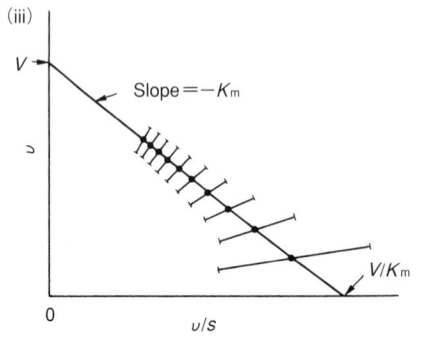

廣海啓太郎「酵素反応解析の実際」講談社，p141より転載

[図N-2] 基質濃度sと初速度vに関する3種の直線プロット
(vがVの±5％の誤差を含むものとして誤差の範囲を示してある)

1.3 血清酵素

(1) アルカリ性ホスファターゼ（ALP）活性の測定

血清中のアルカリ性ホスファターゼについて基質濃度の変化に伴う反応速度の変化を調べ，その結果に基づいてK_m値を求める。

[表N-1] 濃度別基質液の調製 (mL)

	1	2	3	4	5	6
基質原液	4.0	3.2	1.6	0.8	0.4	0.2
緩衝液	0.0	0.8	2.4	3.2	3.6	3.8
基質濃度(mM)	5.5	4.4	2.2	1.1	0.55	0.275

原理：

ALPはp-ニトロフェニルリン酸の加水分解反応を触媒し，黄色のp-ニトロフェノールとリン酸を生成する（図N-3）。p-ニトロフェノールがアルカリ溶液中で410nmに吸収極大を有することを利用して定量を行い，酵素活性を測定する。

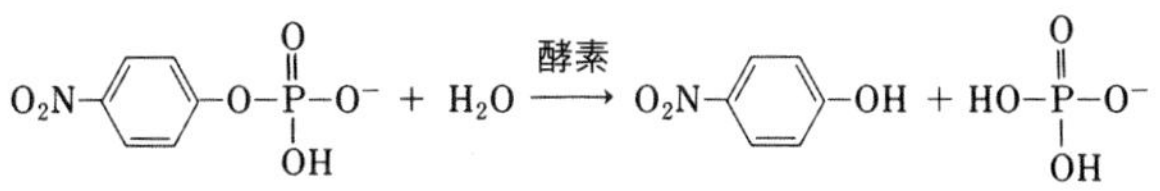

$$O_2N-\phi-O-\overset{O}{\underset{OH}{P}}-O^- + H_2O \xrightarrow{酵素} O_2N-\phi-OH + HO-\overset{O}{\underset{OH}{P}}-O^-$$

[図N-3]

試薬：

① アルカリ緩衝液 (pH 10.5)；

　グリシン 7.5g, $MgCl_2$ 0.203gを水約750mLに溶かし，これに1N NaOH 85mLを加え，水で全量を2Lとする。

② 基質原液 (5.5mM p-ニトロフェニルリン酸)；

　p-ニトロフェニルリン酸2ナトリウム (M.W. 371.15) 204.1mgをアルカリ緩衝液に溶解し全量を100mLとする。長期保存できないので使用時に調製する。

③ 反応停止液；1N NaOH

④ 標準液 (0.5mM p-ニトロフェノール)；

　p-ニトロフェノール (M.W. 139.11) 13.9mgをアルカリ緩衝液に溶かして200mLとする。実際の測定では10倍に希釈したもの (0.05mM) を用いる。

⑤ 酵素サンプル；血清

操作：

① 表N-1に従い調整した各濃度基質液1mLを試験管に入れ37℃，5分間予備加温。

② 血清0.1mLを加え37℃，20分間反応させる（各試験管内での基質濃度は 5.0, 4.0, 2.0, 1.0, 0.5, 0.25mMとなる）。

③ 反応停止液1mLを加える。

④ 各反応液および0.05mMの標準液の410nmにおける吸光度を測定する。ブランクとして緩衝液1.0mL，1N NaOH 1mL，血清0.1mLの混合液を用いる。

計算：

$$\boxed{\text{生成した}p\text{-ニトロフェノール量}(\mu mol/mL)} = 0.05\,\mu mol/mL \times \frac{\text{サンプルの吸光度}}{\text{標準液の吸光度}}$$

$$\boxed{\text{酵素活性}(\mu mol/min/mL)} = p\text{-ニトロフェノール量} \times \frac{\text{反応液量}(2.1mL)}{\text{サンプル量}(0.1mL)} \times \frac{1}{20(min)}$$

K_m値の測定：

酵素活性をv，基質濃度をsとしてs/v, sを求め，グラフ用紙に$s/v \sim s$プロットを作成しK_m値を求める（図N-2(ii)を参照）。

(2) 乳酸脱水素酵素（LDH）活性の測定

原理（紫外部吸収法：Wroblewski-Ladue法）：

LDHは補酵素としてNAD-NADH系を要求し，乳酸とピルビン酸の間の反応を可逆的に触媒する酸化還元酵素のひとつである。NADとNADHは340nmにおける吸収が異なるため吸収の変化を測定することにより間接的にLDH活性を求めることができる。

$$\underset{\text{ピルビン酸}}{CH_3COCOOH} + NADH + H^+ \overset{LDH}{\rightleftharpoons} \underset{\text{乳酸}}{CH_3CHOHCOOH} + NAD^+$$

試薬：

① 基質緩衝液 (0.05Mリン酸緩衝液, pH 7.5, 0.63mM

ピルビン酸)：K_2HPO_4 700mg，KH_2PO_4 90mg，ピルビン酸ナトリウム (M.W. 110.04) 6.2mgを蒸留水に溶かし全量を90mLとする。

② NADH溶液 (10mM)：β-$NADH_2\cdot Na_2\ 3H_2O$ (M.W. 763.4) 76.3mgを水に溶かし全量を10mLとする。

操作：
① 血清，基質緩衝液を25℃で予備加温。
② 25℃で表N-2に示した操作を行う。

[表N-2]

試薬	液量
基質緩衝液	3.0 mL
NADH溶液	0.05 mL
血清	0.10 mL

キュベットに入れ転倒混和し3〜5分間340nmの吸光度の変化を測定する（$\Delta E_{340}/\min$を求める）

試薬の最終濃度	
NADH	0.16 mM
ピルビン酸	0.6 mM
緩衝液	48 mM

血清は0.05Mリン酸緩衝液で20〜30倍に希釈して用いる

計算：

$$\text{血清LDH活性 (U/L)} = \frac{\Delta E_{340}/\min \times 3.15 \times 1{,}000}{6.22 \times 0.1} \times \text{希釈倍数}$$

(3) トランスアミナーゼ (GOT および GPT) 活性の測定

原理（紫外部測定法）：

GOT (Aspartate aminotransferase) はアスパラギン酸のアミノ基をα-ケトグルタル酸に転移させオキザロ酢酸とグルタミン酸を生成する酵素であり，生成したオキザロ酢酸にリンゴ酸脱水素酵素 (Malate dehydrogenase, MDH) を作用させ，補酵素として作用する$NADH_2$の減少から酵素活性を測定する（図N-4(i)）。GPT (Alanine aminotransferase) はアラニンのアミノ基をα-ケトグルタル酸に転移させピルビン酸とグルタミン酸を生成する酵素である。ピルビン酸に乳酸脱水素酵素 (LDH) を作用させ補酵素として作用する$NADH_2$の減少を調べることから酵素活性を測定する（図N-4(ii)）。

試薬：
① 88 mM Tris-HCl緩衝液 (pH 7.8)；
　トリス (ヒドロキシメチル) アミノメタン (M.W. 121.14) 10.66gを約900mLの水に溶かし，

(i) アスパラギン酸＋α-ケトグルタル酸 $\xrightarrow{\text{GOT}}$ オキザロ酢酸＋グルタミン酸
　　　　　　　　　　　　　　　　　　　　　　　　　↓ MDH (NADH₂ → NAD)
　　　　　　　　　　　　　　　　　　　　　　　　　リンゴ酸

(ii) アラニン＋α-ケトグルタル酸 $\xrightarrow{\text{GPT}}$ ピルビン酸＋グルタミン酸
　　　　　　　　　　　　　　　　　　　　　　　↓ LDH (NADH₂ → NAD)
　　　　　　　　　　　　　　　　　　　　　　　乳酸

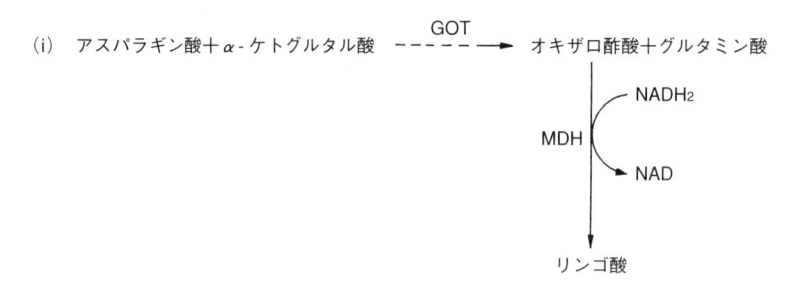

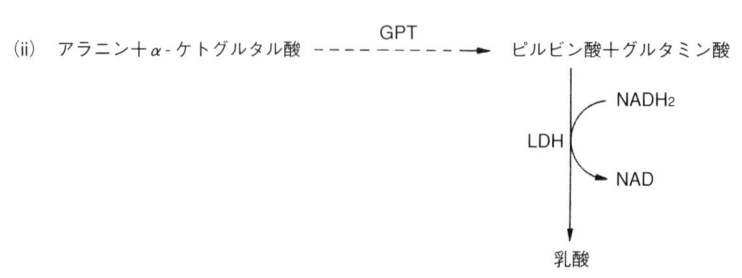

[図N-4] トランスアミナーゼ活性の測定原理

pHを計測しながら1N HClを加えpHを7.8に合わせ全量を1Lとする。

② 176mM Tris-HCl緩衝液 (pH 7.8)；①と同様の方法で176mM Tris-HCl緩衝液を作成する。

③ LDH溶液 (375 units/mL)；LDHのグリセリン溶液を希釈液（グリセリンと88mM Tris-HCl緩衝液を1：1の割合で混合した溶液に牛血清アルブミンを3％含んだもの）で375 units/mLになるように希釈する。

④ MDH溶液 (375 units/mL)；LDHと同様の方法で調製。

⑤ GOT測定用試薬Ⅰ；β-NADH-Na$_2$ 3H$_2$O (M.W. 763.4) 18mg，375 units/mL LDH溶液0.2mL，375 units/mL MDH溶液0.2mLを混合し88mM Tris-HCl緩衝液で全量を100mLとする。

⑥ GPT測定用試薬Ⅰ；β-NADH Na$_2$ 3H$_2$O 18mg，375 units/mL LDH溶液0.2mLを混合し，88mM Tris-HCl緩衝液で全量を100mLとする。

⑦ 試薬Ⅱ (300mM α-ケトグルタル酸溶液)；α-ケトグルタル酸 (M.W. 146.10) 2.19gを176mM Tris-HCl緩衝液25mLに加え，この混合液に5N KOHを攪拌しながら加え，pHを7.8に調製し水で全量を50mLとする。

⑧ GOT測定用試薬Ⅲ (1M L-アスパラギン酸溶液)；L-アスパラギン酸 (M.W. 133.10) 6.65gを176mM Tris-HCl緩衝液25mLに加え，この混合液に5N KOHを攪拌しながら加え，pHを7.8に調製し水で全量を50mLとする。

⑨ GPT測定用試薬Ⅲ (1.25M L-アラニン溶液)；L-アラニン (M.W. 89.09) 5.57gを88mM Tris-HCl緩衝液で溶解し全量を50mLとする。

[表N-3] トランスアミナーゼ活性の操作

試薬	液量
GOTまたはGPT試薬Ⅰ	2.0mL
血清	0.3mL
試薬Ⅱ	0.1mL
GOTまたはGPT試薬Ⅲ	0.6mL

キュベットに入れ転倒混和し3〜5分間340nmの吸光度の変化を測定する。
(ΔE_{340}/minを求める)

GOT試薬の最終濃度	
NADH	0.16 mM
LDH	0.5 units/mL
MDH	0.5 units/mL
α-ケトグルタル酸	10 mM
L-アスパラギン酸	200 mM
Tris-HCl	80 mM

GPT試薬の最終濃度	
NADH	0.16 mM
LDH	0.5 units/mL
α-ケトグルタル酸	10 mM
L-アラニン	250 mM
Tris-HCl	80 mM

操作：

① 血清，GOT試薬Ⅰ，GPT試薬Ⅰを25℃で予備加温。

② 25℃で表N-3に示した操作を行う。

計算：

$$\text{GOTまたはGPT活性 (U/L)} = \frac{\Delta E_{340}/\min \times 3.0 \times 1{,}000}{6.22 \times 0.3}$$

Point

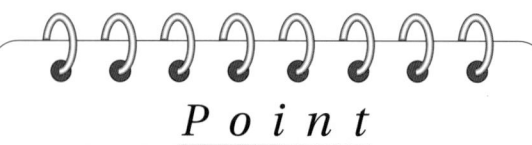

- ■酵素溶液は測定の際には失活させないように低温（4℃前後）に保っておく必要がある。
- ■酵素活性の測定は，なるべく最適条件（基質濃度，温度，pHなど）で行うようにする。
- ■活性が高い，あるいはサンプル量が多い場合，反応があっという間に終わってしまうので，適当にサンプルを希釈して反応に用いることが必要である。

O 電気泳動法とデンシトメトリー

プラス(＋)またはマイナス(－)の電荷を有する物質を電場に置くと，＋に荷電した物質は－の電極に，－に荷電した物質は＋の電極に向かって泳動する。この現象が電気泳動である。本章では電荷を有する生体高分子であるタンパク質を電気泳動により分離・分析する技術を学ぶ。

1. 電気泳動法

電気泳動法とは，タンパク質，核酸などを，セルロースアセテート膜，ポリアクリルアミドゲル，アガロースゲルなどの支持体を用い，主として電荷(charge)および大きさ(size)の違いに基づいて分離する方法である。

1.1 セルロースアセテート膜電気泳動法

1957年にKohn[1]によって開発された方法で，セルロースアセテート(CA)膜を支持体にし，主として血清タンパク質およびアイソザイムを電荷の違いに基づいて分離する方法である。市販膜を用いて直ぐに泳動でき，泳動後の膜を流動パラフィンまたはデカリンなどに浸すと透明になるので，デンシトメーターで定量できる。

(1) 試薬の調製

ベロナール緩衝液：
 10 mM 5,5-ジエチルバルビツール酸
 50 mM 5,5-ジエチルバルビツール酸ナトリウム
 pH 8.6，イオン強度 0.05
染色液：5％トリクロル酢酸にポンソー3R 0.4gを加えて溶解する。
脱色液：2％酢酸

(2) 手順

① 泳動槽(図O-1)の両電極槽に緩衝液を加え，電極槽とCA膜を連絡するためのろ紙をセットし，緩衝液で湿らせる。
② CA膜のサイズは，長さ6cm，幅は試料数×1cmで決定する。試料塗布位置は通常陰極側から25mmの位置*で，泳動方向と直角に8mmの長さに，

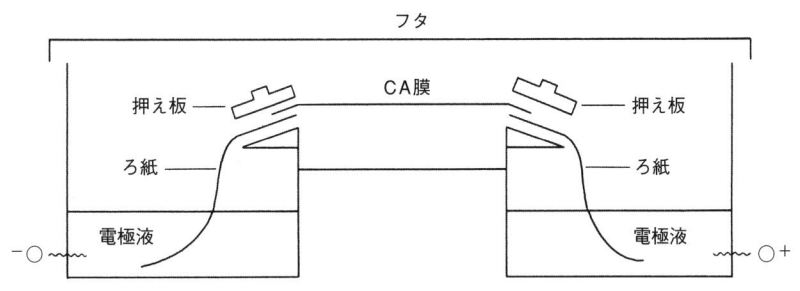

[図O-1] セルロースアセテート膜電気泳動槽

* 膜の種類により最適位置が異なる。

試料毎に2mmの間隔とし，それぞれの塗布位置の両端2点に鉛筆で軽く印をつける。

③膜を緩衝液の入った容器に浮かべ，全体が湿った後，液中に沈める。

④ピンセットで膜を引き上げ，ろ紙ではさんで余分の液を除き，泳動槽の支持板の上に置かれたろ紙の間にかけ渡す。このときCA膜の両端はろ紙と5mmずつ重なるようにし，プラスチックの押え板で膜を固定する。

⑤試料を②でつけた印の間に直線状に塗布する。

⑥泳動槽にフタをし，膜幅1cmあたり0.5mAで35〜40分間泳動する。

⑦電源を切り，膜をピンセットではさみ，一気に染色液中に入れ，2分間染色する。

⑧膜を，2％酢酸に移し，2分間振とうする。脱色液を換えて，この操作を4回繰り返す。

⑨膜をろ紙にはさんで酢酸を除き，風乾する。乾燥したCA膜をデカリンに浮かべ，デカリンが一様に浸み込んでから沈め，引き上げた後デンシトメーターにかける。

1.2 ディスク-ポリアクリルアミドゲル電気泳動（ディスク-PAGE）法

ポリアクリルアミドゲルを支持体にし，タンパク質を電荷と分子量の違いにより分離する方法である。1964年にOrnstein[2]とDavis[3]によってタンパク質の分離のために創案されたこの方法は，不連続緩衝液系（discontinuous buffer system）を用いることからこの名がある。電極液，濃縮ゲル緩衝液および分離ゲル緩衝液のpHおよびイオン組成が異なることにより，タンパク質試料は分離ゲルに入る前に濃縮ゲル内で濃縮され，非常に薄い層になるためにタンパク質の分離能が著しく高い。

(1) アクリルアミドの構造と重合反応

ポリアクリルアミドゲルはアクリルアミド・モノマー（Aa）に架橋剤 N, N'-メチレンビスアクリルアミド（Bis）を混合し，触媒として過硫酸アンモニウム〔APS, $(NH_4)_2S_2O_3$〕および N, N, N', N'-テトラメチルエチレンジアミン〔TEMED, $(CH_3)_2N\text{-}CH_2\text{-}CH_2\text{-}N(CH_3)_2$〕の存在下で重合させてつくる（図O-2）。

(2) 試薬の調製

①Aa：Bis (30：0.8) アクリルアミド・モノマー30gと N, N'-メチレンビスアクリルアミド0.8gを蒸留水に溶解し100 mLにメスアップし，冷蔵庫で保存する。

注意：アクリルアミドは神経毒であるので，取扱いには十分気をつけること。皮膚についた場合は，水道水でよく洗うこと。

②分離ゲル緩衝液（running gel buffer）：1.5Mトリス／塩酸，pH 8.9 トリス18.17gを約60mLの蒸留水に溶解し，$4N$塩酸でpHを8.9に調整し，蒸留水で100mLにメスアップし，冷蔵庫で保存する。

③濃縮ゲル緩衝液（stacking gel buffer）：0.5Mトリス／塩酸，pH 6.8 トリス6.06gを約60mLの蒸留水

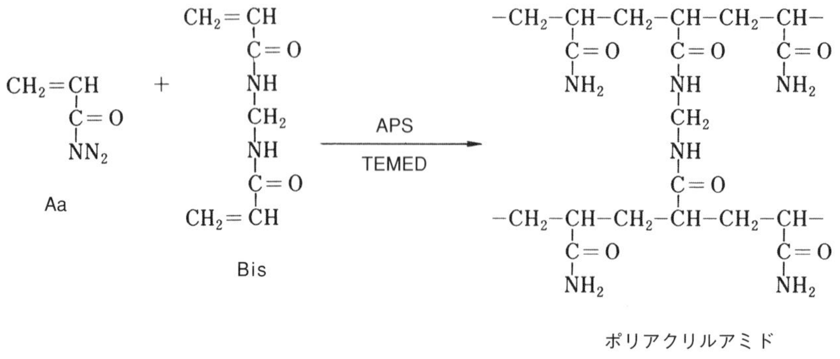

[図O-2] アクリルアミドの重合反応

に溶解し，4N塩酸でpHを6.8に調整し，蒸留水で100mLにメスアップし，冷蔵庫で保存する。

④ 電極液：0.025Mトリス，0.192Mグリシン，pH8.6
トリス3.03g，グリシン14.41gを蒸留水に溶解し，1Lにメスアップし，室温で保存する。溶液のpHは8.6となり，調整の必要はない。

⑤ 10% APS：100mg/mL過硫酸アンモニウム500μLずつ分注し，冷凍庫に保存する。

⑥ 試料用緩衝液(sample buffer)：50mMトリス/塩酸，pH6.8，10%グリセロール，0.002%ブロモフェノールブルー(BPB)

(3) 分離ゲル用溶液の調製

[表O-1] 分離ゲル用溶液

試 薬	以下の濃度のゲルを調製するのに必要な液量		
	5.0%	7.5%	10.0%
Aa：Bis (30：0.8)	3.3mL	4.9mL	6.5mL
分離ゲル緩衝液	5.0mL	5.0mL	5.0mL
H_2O	11.6mL	10.0mL	8.4mL
TEMED	20μL	20μL	20μL
10% APS	100μL	100μL	100μL
総液量	20mL	20mL	20mL

(4) 濃縮ゲル(3.85%)用溶液の調製

[表O-2] 濃縮ゲル用溶液

試 薬	液 量
Aa：Bis (30：0.8)	1.0mL
濃縮ゲル緩衝液	1.0mL
H_2O	6.0mL
TEMED	8μL
10% APS	80μL
総液量	8mL

(5) ゲルの作製

スラブゲル用ガラス板(AとB)の間にガスケットを装着する(図O-3)。ガラス板の間にコームをさし込み，コームの下端から6～8mmの位置のガラス板上にマジックで印をつける。コームを抜き取り，分離ゲル用溶液(表O-1)をガラス板の間に印の位置まで流し込み，直ちに水飽和1-ブタノールをパスツールピペットで約2mmの高さに重層する。約15分後にブタノール層の下約2mmの位置にシャープなゲル境界線が形成されるが，ゲル化を完全にするため約1時間そのまま動かさずに放置する。その後，ブタノールを捨て，ブタノール臭がなくなるまでゲルの上部を水で5～6回洗浄する。

分離ゲル上部の液を十分に除き，コームをさし込む。濃縮ゲル用溶液(表O-2)をガラス板の間に流し込みゲル化させる。5分以内にゲル化が始まるが，約30分間放置してゲル化を完全にする。

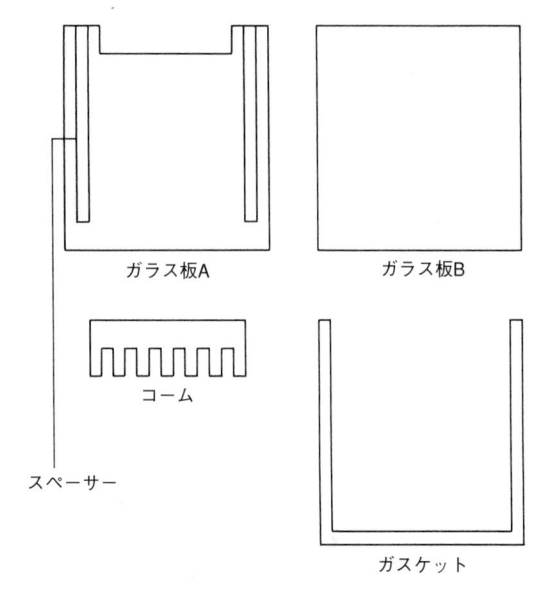

[図O-3] スラブゲル作製用ガラス板，コームおよびガスケット

(6) 電気泳動

ゲルを泳動槽(図O-4)にセットし，電極液を上下の電極槽に入れる。試料用緩衝液で希釈調製した試料を

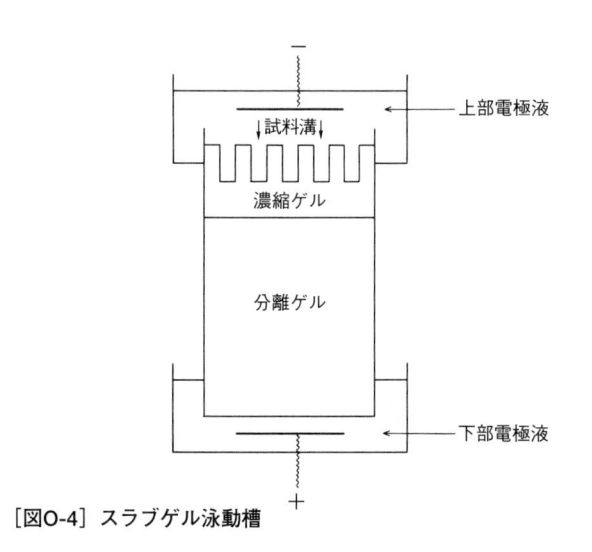

[図O-4] スラブゲル泳動槽

マイクロシリンジなどを用いて濃縮ゲルの試料溝に注意深く添加し，上槽を陰極，下槽を陽極として定電流または定電圧（ゲルサイズにより調節する）で泳動し，マーカー色素BPBがゲル下端2～3mmまできたら泳動を終了する。

(7) 染色

メタノール/酢酸/水（5：1：5，v/v/v）混液1,100mLに，クーマシーブリリアントブルーR-250を0.55g溶解して調製した染色液（0.05%）で40℃1時間，または室温で一夜染色し，7%酢酸/5%メタノールでバックグランドが透明になるまで脱色する。

1.3 SDS-ポリアクリルアミドゲル電気泳動（SDS-PAGE）法

SDS（sodium dodecyl sulphate）を含むポリアクリルアミドゲルを支持体にし，タンパク質を分子量の違いにより分離する方法である。特に，タンパク質の分子量の対数と相対移動度との間には負の相関性が認められることから，タンパク質の分子量を推定する優れた方法である。

用いる緩衝液系により，2つの方法，1) トリス/グリシン，トリス/塩酸緩衝液の不連続緩衝液系を用いるLaemmli[4]法と，2) リン酸ナトリウム緩衝液の連続緩衝液系を用いるWeber & Osborn[5]法があるが，泳動時に試料を濃縮できる利点を有するLaemmli法が広く用いられている。

(1) 試薬の調製

① Aa：Bis（30：0.8），分離ゲル緩衝液，濃縮ゲル緩衝液，および10% APSは1.2項ディスク-PAGEで述べたように調製する。

② 10% SDS：SDS 10gを蒸留水に溶解し100mLにメスアップし，室温で保存する。

③ 電極液：0.025Mトリス，0.192Mグリシン，0.1% SDS, pH 8.6 トリス3.03g，グリシン14.41g，SDS 1.0gを蒸留水に溶解し，1Lにメスアップし，室温で保存する。溶液のpHは8.6となり，調整の必要はない。

④ 5×SB：試料用緩衝液（sample buffer）の作成法を表O-3に示す。

[表O-3] 試料用緩衝液の作成法

試 薬	液量または重量	最終濃度
濃縮ゲル緩衝液	25mL	250mM Tris/HCl
グリセロール	12.5mL	25%
0.1% BPB	5mL	0.01%
SDS	5g	10%
DTT（ジチオトレイトール）	1.54g	200mM

以上のものを完全に溶解後，蒸留水を加えて50mLにメスアップする。1mLずつ分注し，冷凍庫で保存する。

(2) 分離ゲル用溶液の調製

[表O-4] 分離ゲル用溶液の調製

試 薬	以下の濃度のゲルを調製するのに必要な液量		
	10%	12.5%	15%
Aa：Bis（30：0.8）	6.5mL	8.1mL	9.8mL
分離ゲル緩衝液	5.0mL	5.0mL	5.0mL
H_2O	8.2mL	6.6mL	4.9mL
10% SDS	200μL	200μL	200μL
TEMED	20μL	20μL	20μL
10% APS	100μL	100μL	100μL
総液量	20mL	20mL	20mL

(3) 濃縮ゲル（4.5%）用溶液の調製

[表O-5] 濃縮ゲル用溶液の調製

試 薬	液量
Aa：Bis（30：0.8）	1.2mL
濃縮ゲル緩衝液	2.0mL
H_2O	4.7mL
10% SDS	80μL
TEMED	8μL
10% APS	80μL
総液量	8mL

(4) ゲルの作製

表O-4, O-5に従いゲルを作製する。その後，電気泳動および染色はディスク-PAGEの項で述べたように行う。ただし，泳動用試料は，試料：5×SB＝4：1の割合に混合して調製し，泳動直前に100℃で3分間加熱処理後，直ちに濃縮ゲル試料溝に添加する。

(5) 分子量測定

既知の分子量の標準タンパク質とウマ脾臓フェリチンをSDS-12% PAGEに供したときの電気泳動像を図O-5に示す。分子量(Mr)の大きいタンパク質ほど移動速度が小さい。

1) 標準タンパク質
   牛血清アルブミン：Mr=66,300
   卵白アルブミン：Mr=45,000
   乳酸脱水素酵素：Mr=36,000
   アデニレートキナーゼ：Mr=21,700
   シトクロムc：Mr=12,400
2) ウマ脾臓フェリチン（H鎖とL鎖）

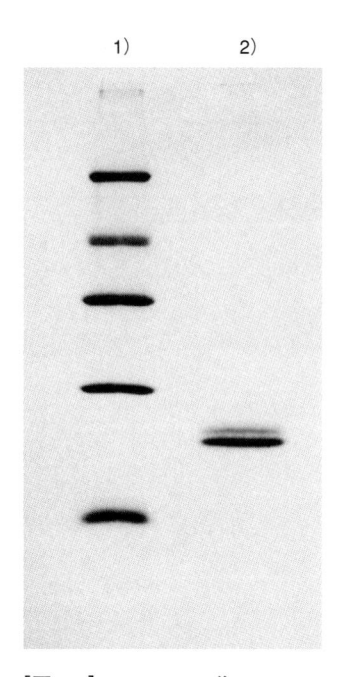

[図O-5] SDS-PAGE像

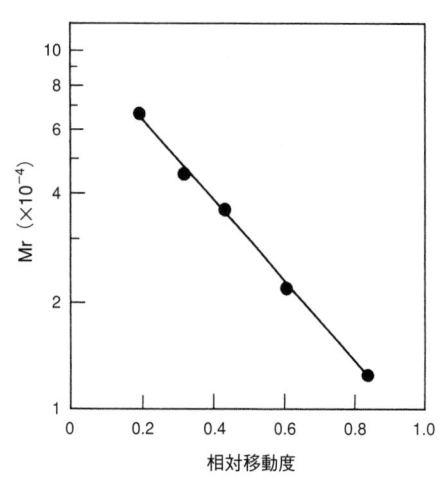

[図O-6] 分子量と相対移動度との関係

$$相対移動度 = \frac{タンパク質の泳動距離}{マーカー色素（BPB）の泳動距離}$$

各標準タンパク質の分子量の対数を縦軸に、上式により得られる相対移動度を横軸にプロットすると、図O-6に示すような直線関係が得られる。図O-6の例の場合、

回帰直線式
$\log(分子量) = -1.122 \times (相対移動度) + 5.034$ ($r = -0.999$)

に、ウマフェリチンH鎖の相対移動度0.679およびL鎖の相対移動度0.703を代入すると、H鎖の分子量は18,700、L鎖の分子量は17,600と推定される。

1.4 等電点電気泳動(IEF)法

タンパク質を等電点の違いに基づいて分離する方法で、両性電解質(ampholyte)を含む自由溶液中およびポリアクリルアミドゲル、Sephadexなどを支持体として行うことができる。ポリアクリルアミドゲルを支持体とした等電点電気泳動(PAG-IEF)が、分析用に広く用いられる(p158参照)。

(1) アンフォライト(ampholyte)

種々のpH範囲をカバーするアンフォライトが、バイオ・ラッド社からはBio-Lyteの商品名で、また、ファルマシア社からはAmpholineおよびPharmalyteの商品名で販売されている。

(2) 試薬調製

① Aa：Bis (24.25：0.75)：アクリルアミド・モノマー24.25 gとN, N'-メチレンビスアクリルアミド0.75 gを蒸留水に溶解し100 mLにメスアップする。
② 50% (v/v)グリセロール
③ 0.1%リボフラビン-5'-リン酸(FMN)
④ 10% APS

(3) 等電点電気泳動装置

バイオ・ラッド社から販売されているモデル111ミ

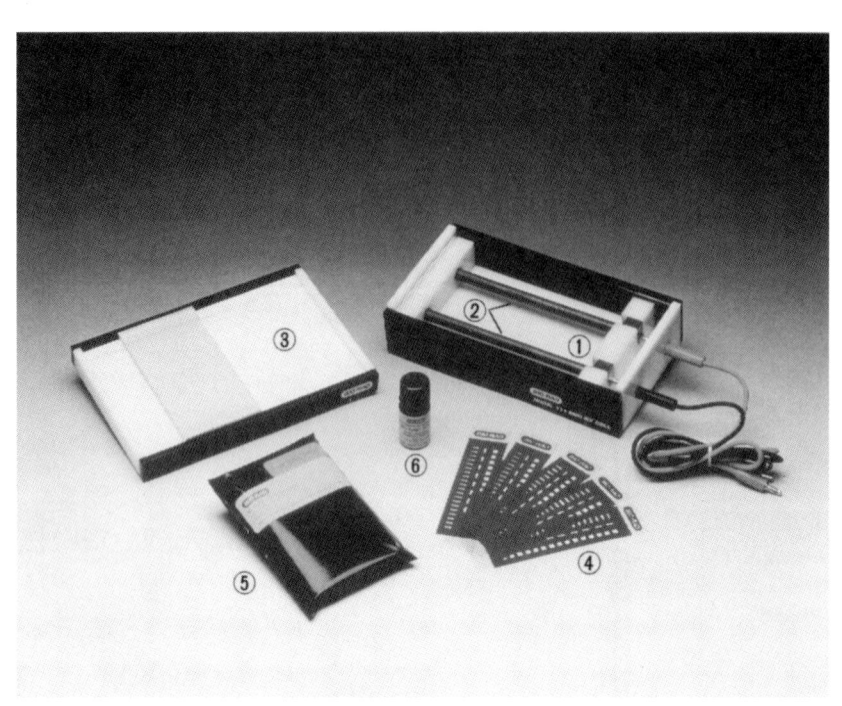

1：泳動チャンバー，2：グラファイト電極，3：キャスティングトレイ，4：サンプルテンプレート，5：ゲルサポートフィルム，6：バイオライト（アンフォライト）

[図O-7] モデル111ミニIEFセル

ニIEFセル（図O-7）が比較的安価であり，また，操作も簡単で，短時間で泳動処理ができるので便利である。この装置では，ゲルを逆さにして，グラファイト電極に直接乗せて泳動を行うので，電極液や冷却装置を必要としない。

(4) ポリアクリルアミド用ゲルサポートフィルムのセッティング

フィルムの一面は，アクリルアミドが接着する親水性処理面で，他の面は疎水性面である。きれいに洗浄したガラス板（65×125mm）に水を数滴垂らし，フィルムの疎水性面をガラス板に置く。フィルム上を指で押さえ，余分な水と気泡を押し出す。ガラス板の端の水をキムワイプで注意深く拭き取り，直ちにゲルを作製する。

(5) ゲルの作製

①ゲル用溶液の調製法（ゲルサイズ：縦×横×厚さ ＝ 65×125×0.4mm ＝ 3.25mL）の場合の例を表O-6に示す。

[表O-6] ゲル用溶液の調製法

試　薬	液　量	最終濃度
Aa：Bis (24.25：0.75)	0.8 mL	5%
50% グリセロール	0.4 mL	5%
40% Ampholyte	0.2 mL	2%
H_2O	2.6 mL	
0.1% FMN	20 μL	0.0005%
TEMED	2 μL	0.05%
10% APS	8 μL	0.02%
総　液　量	4 mL	

②キャスティングトレイにフィルムが下になるよう

にガラス板をのせる。

③図O-8に示すように，ピペットを用い，ガラス板とキャスティングトレイの間に上記ゲル用溶液を気泡が入らないようにゆっくりと流し入れる。気泡が入った場合は，気泡がガラス板の端にくるまでガラス板を横にずらす。

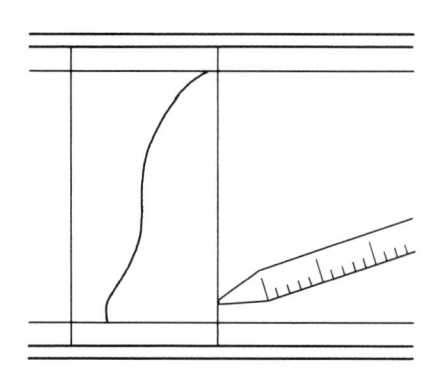

[図O-8] キャスティングトレイへのゲル用溶液の注入

④蛍光灯の光を約45分間照射しゲル化させる。

⑤図O-9に示すように，キャスティングトレイとゲルの間に先の平らなスパテラをわずかにさし込み，空気がゲルの下に入ったら，ガラス板をトレイからゆっくり持ち上げる。

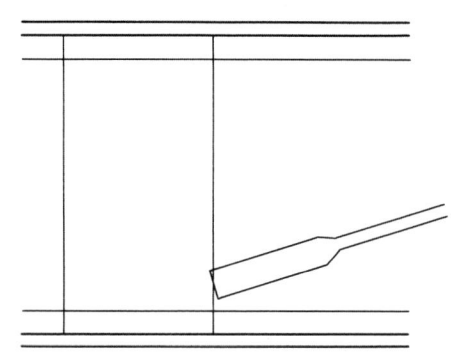

[図O-9] キャスティングトレイからのゲルの取外し

⑥ゲルプレートをガラス面が下に，ゲル面が上になるようにキャスティングトレイにのせ，ゲル表面に蛍光灯の光をさらに15分間照射してゲル化を完全にする。

(6) 試料の添加

ゲルの陰極側にサンプルテンプレートを置き，試料溝に試料 0.5〜2 μL を添加する。5分間放置して，試料をゲルに浸透させた後，サンプルテンプレートを注意深くゲルから取り除く。

(7) 電気泳動

①モデル111セルのリッドを電極プラグ側にずらし，電極プラグを抜く。

②グラファイト電極をセルからはずし，蒸留水でよく洗い，前回の泳動で残っているアクリルアミドを除く。必要ならばキムワイプで電極をそっと拭く。電極をセルにセットする。

③電極を水で軽く湿らせる。試料を添加した側が陰極側となるように，また，ゲル面が直接グラファイト電極に接触するようにゲルプレートをのせる。

④リッドを注意深くセルにセットし，セルの電源コードをパワーサプライに接続する。

⑤泳動条件：100Vで15分間 → 200Vで15分間 → 450Vで60分間

段階的に電圧を上昇することにより，発熱およびそれによるゲルの乾燥を防ぐことができる。

(8) ゲルの取外し

泳動終了後，リッドをセルからはずし，ゲルプレートを電極からとる。この時点で，ガラス板からゲル/ゲルサポートフィルムを分離する。電極およびセルを蒸留水で洗浄する。

(9) 固定および染色

固定液：4%スルホサリチル酸，12.5%トリクロル酢酸，30%メタノール

染色液：メタノール/酢酸/水（5：1：5，v/v/v）混液 1,100mLにクーマシーブリリアントブルー G-250 を1.1g溶解して調製。

脱色液：25%メタノール，7%酢酸

フィルムに付着したゲルを固定液に30分間浸した後，染色液に60分間浸す。ゲルのバックグランドが透明になるまで脱色液を数回換えて脱色した後，ゲルを室温に放置して乾燥する。

図O-10には，一例としてウマトランスフェリンの遺伝的変異型Oの成分a（TfOa）および成分b（TfOb）のPAG-IEF像を示す。

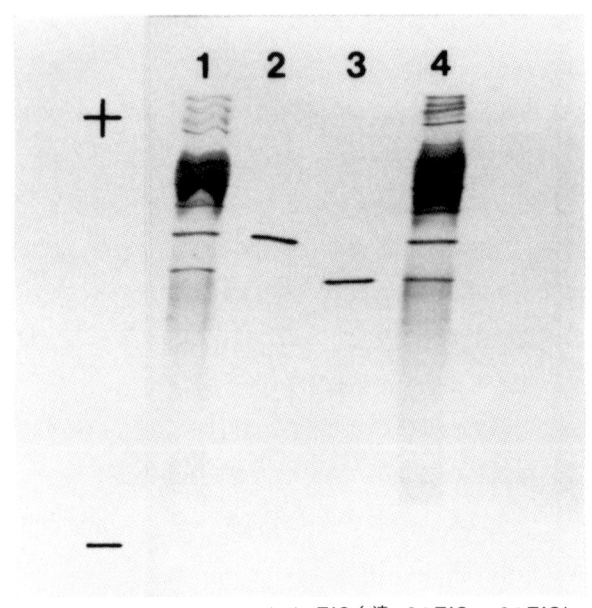

1, 4：TfO血清，2：TfOa，3：TfOb

[図O-10] ウマ血清トランスフェリンの遺伝的変異型Oの成分a（TfOa）および成分b（TfOb）のPAG-IEF像

1.5 免疫電気泳動法

1953年にGrabarとWilliams[6]によって開発され，アガロースゲル電気泳動に二次元の免疫拡散法を組み合わせたもので，特異抗体を用いればタンパク質を同定できる。

(1) 緩衝液の調製
ベロナール緩衝液：
　10 mM　5,5-ジエチルバルビツール酸
　50 mM　5,5-ジエチルバルビツール酸ナトリウム
　pH 8.6，イオン強度 0.05

(2) 1.0～1.2％アガロースゲルの作製

適当な大きさのガラス板（例えば，26 mm×76 mmのスライドガラス，あるいは薄層板のガラスを50 mm×100 mmの大きさに切ったものなど）に，予めベロナール緩衝液に溶かした1.0～1.2％アガロース溶液を注ぎ，厚さ1 mmのゲルを作製する。

(3) 電気泳動

図O-11のように試料を入れる孔（直径1～2 mm）をゲルパンチャー（外径1～2 mmの注射針を水平に切ったもの）で開け，試料2～3 μLを入れる。ゲル面を下にして，泳動槽のスポンジブリッジ上に置き（図O-12），ベロナール緩衝液を電極液に用いて，50～100 V定電圧で1時間30分から2時間泳動する。

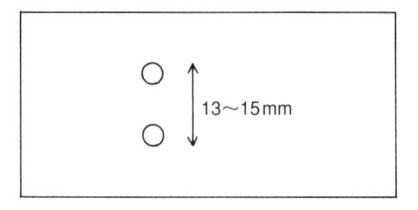

[図O-11] アガロースゲルの平面図

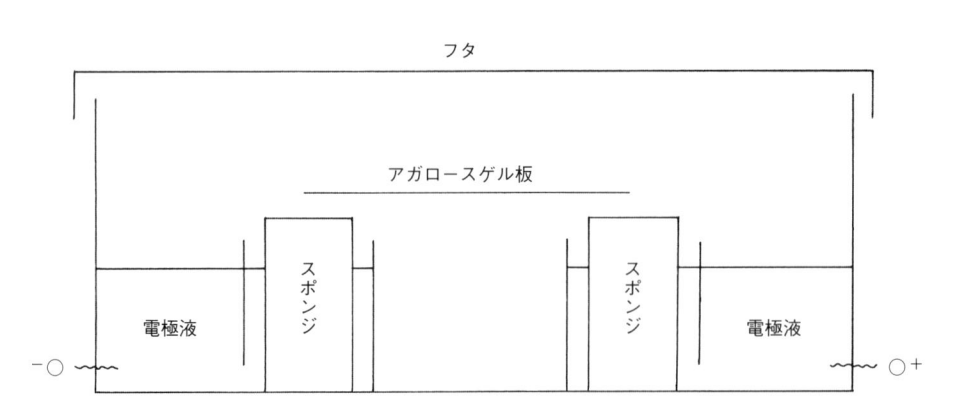

[図O-12] アガロースゲル免疫電気泳動槽

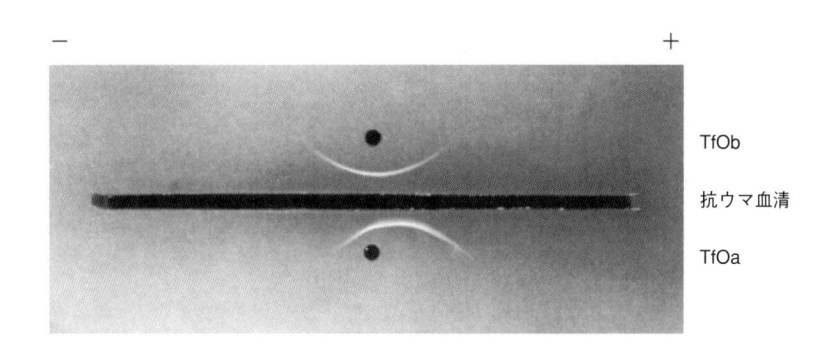

[図O-13] ウマ血清トランスフェリンの遺伝的変異型Oの成分 a (TfOa) および成分 b (TfOb) の免疫電気泳動像

(4) 免疫拡散

泳動終了後，試料孔から5 mmのところに泳動方向と平行に幅約1.2 mmの溝を開け，そこに抗血清を入れる。ゲル板は，蒸留水で湿らせたろ紙を敷いたタッパーの中に入れ，約24時間沈降線の形成を観察する。図O-13には，一例として精製ウマトランスフェリンの遺伝的変異型Oの成分aおよび成分bの免疫電気泳動像を示す（S章免疫化学実験法 3. 免疫学的同定法を参照）。

1.6 ザイモグラム

セルロースアセテート膜電気泳動（CA）やディスク-PAGEなどでアイソザイムを分離し，活性染色などでアイソザイムの量的比率を求めることができ，アイソザイムの電気泳動パターンをザイモグラム（zymogram）と呼ぶ。

臨床検査などで比較的重要なクレアチンキナーゼと乳酸脱水素酵素の活性染色法について述べる。

(1) クレアチンキナーゼ (CK)

CKは，クレアチン＋ATP⇄クレアチンリン酸＋ADPの可逆反応を触媒する酵素で，筋肉型（M）および脳型（B）サブユニットからなる二量体である。したがって，MM-CK，MB-CK，BB-CKの3種類のアイソザイムが存在する。

①反応システム

以下の連続した反応により生ずる不溶性で青紫色のホルマザンによりCKを検出する。

$$\text{クレアチンリン酸} + \text{ADP} \xrightarrow{\text{CK}} \text{クレアチン} + \text{ATP}$$

$$\text{グルコース} + \text{ATP} \xrightarrow{\text{ヘキソキナーゼ}} \text{グルコース6-リン酸} + \text{ADP}$$

$$\text{グルコース6-リン酸} + \text{NADP}^+ \xrightarrow{\text{グルコース6-リン酸脱水素酵素}} \text{グルコノ-δ-ラクトン6-リン酸} + \text{NADPH} + \text{H}^+$$

$$\text{NADPH} + \text{MTT} \xrightarrow{\text{PMS}} \text{NADP}^+ + \text{ホルマザン}$$

　　PMS：phenazine methosulfate
　　MTT：3-(4,5-dimethylthiazol-2-yl)-2,5-
　　　　　diphenyltetrazolium bromide
　　　　別名：thiazolyl blue

② 試薬の調合と発色

[表O-7] アガロース溶液と基質カクテル

試　薬	液量または重量	最終濃度
1.0% アガロース		
（蒸留水に可溶化後，45℃に保持）	10mL	0.5%
基質カクテル（以下の試薬を混合		
可溶化後，45℃に保持する）		
1M トリス/塩酸(pH8.0)	2mL	100mM
100mM クレアチンリン酸	2mL	10mM
100mM ADP	0.2mL	1mM
100mM AMP	2mL	10mM
400mM グルコース	0.5mL	10mM
400mM MgCl$_2$	0.5mL	10mM
10mM NADP$^+$	0.2mL	0.1mM
2M KCl	1.6mL	160mM
PMS	3mg	0.015%
MTT	3mg	0.015%
組み合わせ酵素		
20U/mL ヘキソキナーゼ	0.5mL	0.5U/mL
20U/mL グルコース6-リン酸		
脱水素酵素	0.5mL	0.5U/mL
総液量	20mL	

表O-7に示したアガロース溶液と基質カクテルを45℃に保持したまま混合し，それに組み合わせ酵素を加えてよく混合し，直ちに電気泳動の終了したCA膜あるいはポリアクリルアミドゲルなどに適当量を重層する。ゲル化後，37℃でインキュベーションし酵素反応をさせる。図O-14にCAで分離したCKアイソザイムのザイモグラムを示す。

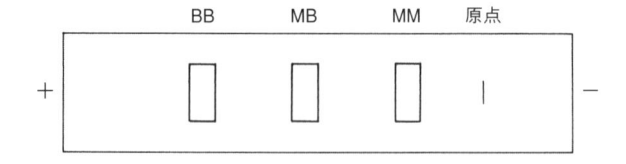

[図O-14] CKアイソザイムのザイモグラム

補足：上記基質カクテルを用いると酵素アデニレートキナーゼ（2ADP⇄ATP＋AMP）も反応するはずであるが，この反応は10mM AMPによりほぼ完全に阻害されるため，検出されない。

(2) 乳酸脱水素酵素（LDH）

LDHは，乳酸＋NAD$^+$⇄ピルビン酸＋NADH＋H$^+$の可逆反応を触媒し，心臓型（H）および筋肉型（M）サブユニットからなる四量体である。したがって，H$_4$-LDH（LDH$_1$），H$_3$M-LDH（LDH$_2$），H$_2$M$_2$-LDH（LDH$_3$），HM$_3$-LDH（LDH$_4$），M$_4$-LDH（LDH$_5$）の5種類のアイソザイムが存在する。

① 反応システム

以下の連続した反応により生ずる不溶性で青紫色のホルマザンによりLDHを検出する。

$$乳酸＋NAD^+ \xrightarrow{LDH} ピルビン酸＋NADH＋H^+$$

$$NADH＋NBT \xrightarrow{PMS} NAD^+ ＋ホルマザン$$

NBT：nitro blue tetrazolium

② 試薬の調合と発色

[表O-8] 乳酸脱水素酵素（LDH）の調合

試　薬	液量または重量	最終濃度
1.0% アガロース		
（蒸留水に可溶化後，45℃に保持）	10mL	0.5%
基質カクテル（以下の試薬を混合可溶化後，45℃に保持する）		
400mM リン酸ナトリウム		
緩衝液(pH 7.0)	5mL	100mM
500mM 乳酸リチウム	2mL	50mM
10mM NAD$^+$	2mL	1mM
蒸留水	1mL	
PMS	3mg	0.015%
NBT	3mg	0.015%
総液量	20mL	

45℃に保持したアガロース溶液と基質カクテル（表O-8）を混合し，直ちに電気泳動の終了したCA膜あるいはポリアクリルアミドゲルなどに適当量を重層し，ゲル化後，37℃でインキュベーションし酵素反応させる。図O-15にCAで分離したLDHアイソザイムのザイモグラムを示す。

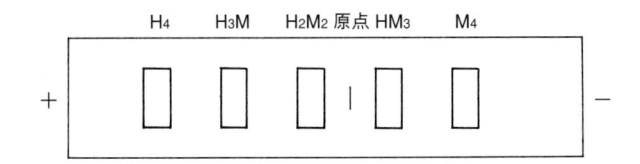

[図O-15] LDHアイソザイムのザイモグラム

2. デンシトメトリー

デンシトメーター (densitometer) を用い，電気泳動や薄層クロマトグラフィーなどで分離した物質を検出・定量することをデンシトメトリー (densitometry) という。デンシトメーター (図O-16) は紫外部・可視部光源，分光器，スキャンを行うサンプル移動装置，検出器，データ処理装置，記録計を装備し，サンプルの光の吸収量あるいは反射量を測定する。

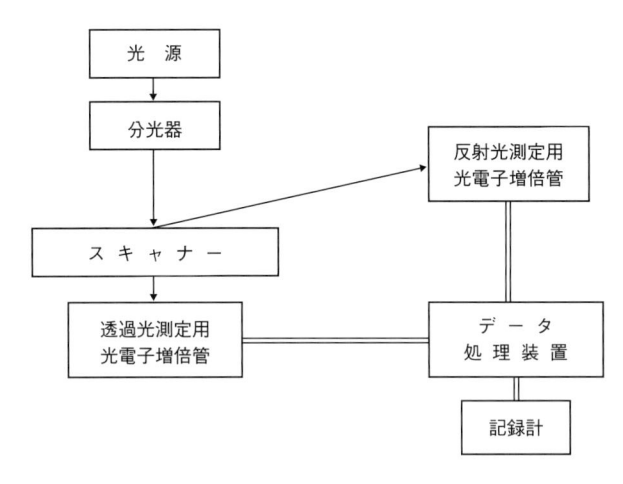

[図O-16] デンシトメーター

一例として，図O-5 (p145) に示した分子量標準タンパク質のSDS-PAGE像を波長570 nmで測定したときのデンシトメトリーパターンを図O-17に示す。

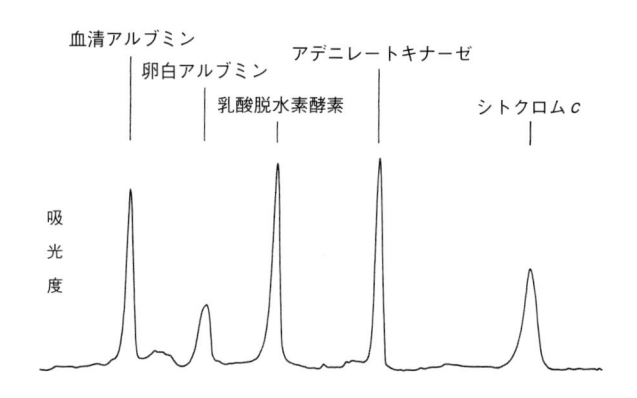

[図O-17] SDS-PAGE像のデンシトメトリー

[参考文献]

1) J.Kohn, Clin. Chim (1957)：Acta, 2, 297
2) L.Ornstein, Ann (1964)：New York Acad. Sci., 121, 321
3) B.J.Davis, Ann (1964)：New York Acad. Sci., 121, 404
4) U.K.Laemmli (1970)：Nature, 227, 680
5) K.Weber and M.Osborn (1969)：J. Biol. Chem., 244, 4406
6) P.Grabar and C.A.Williams (1953)：Biochim, Biophys. Acta, 10, 193

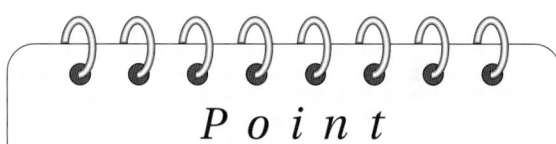

Point

- タンパク質は両性（双性）イオンであり，そのアミノ酸組成・配列により固有の等電点を有する。
- あるpHにおいて種々のタンパク質は正味の電荷が異なるので，電場において異なる挙動を示す。
- SDS-PAGEではタンパク質はSDSの一電荷で覆われるので，＋電極に向かって泳動し，その分子量の違いで分離できる。
- アイソザイムはザイモグラムで分析できる。
- 電気泳動で分離したタンパク質はデンシトメトリーにより定量化できる。

P タンパク質の構造解析

タンパク質の構造を解析するための多くの実験は，目的タンパク質の性質に対応した種々の実験法を組み合わせて進めるものであり，生化学実験法に関する総合的な知識と経験が必要となる。タンパク質は生体機能を担う生体内成分であり，その構造を解析し機能を明らかにすることは生化学研究の柱である。

タンパク質の構造研究の主要な流れは以下のようにまとめられる。

「タンパク質構造解析」研究に於ける実験の流れ
＜Ⅲステップ＞

Ⅰ. 機能を維持したタンパク質の精製

①生細胞や組織からタンパク質の抽出と分画
②分子量による分画
・膜による分画
・ゲルろ過による分画（Q章）
③電気的性質による分画
・電気泳動（O章）
・イオン交換クロマトグラフィー（Q章）
・HPLC（Q章）
④特異的性質を利用した精製
・親和性を用いた精製法（Q章）
・抗原抗体反応を用いた精製法（S章）

Ⅱ. タンパク質の一次／高次構造解析

①ペプチド断片のアミノ末端決定法
②cDNAクローニングによるアミノ酸配列決定（J章）
③立体構造解析とバイオインフォマティクス

Ⅲ. タンパク質の網羅的解析（プロテオーム解析）

①二次元電気泳動によるマッピング
②逆相HPLCによるタンパク質の精製（Q章）
③ペプチド質量分析によるタンパク質の解析

上記方法のうち，これまでの章でいくつかの実験法については説明されているので，この章では書かれていない部分（下線部）を中心に解説する。

1. はじめに

タンパク質は生命活動を担う最も主要な生体成分である。遺伝子の情報に基づき作成されたタンパク質がそれぞれの機能を発揮することにより生命活動を支えている。こうしたタンパク質の働きは生命活動そのものといってよい。タンパク質の機能はその立体構造によって決まる。すなわち，タンパク質の一次構造さらに立体構造を決定し機能との関連性を明らかにすることは，すなわち生命活動の不思議を明らかにすることである。タンパク質の機能（それを支える構造）に支障が生じた時に生命活動の恒常性が崩れ病気となる。よって，タンパク質の構造と機能の異常を解明することにより，病気の原因を明らかにすることができ，根本的治療や予防を可能にする。この章では，タンパク質の構造を解析する基本的方法について述べる。ほか

の章に述べられている実験法は省略した。

2. タンパク質の精製

タンパク質の構造を解析するためには，目的タンパク質を精製して単一のタンパク質を調製することが必要である。精製法については研究目的によっておおむね2つの方向がある。

ひとつは目的タンパク質の機能が分かっている場合は，種々の方法でタンパク質を分離し，各画分を試験管内でその機能を確認しながら精製を進める。

一方，病態時に出現または消失する機能の分からないタンパク質の場合は，電気泳動や逆相の高速液体クロマトグラフィー（移動層に有機溶媒を用いるためタンパク質の機能は失われる場合が多い）を用いて精製する。最近，タンパク質の網羅的解析を目的としたプロテオーム研究では後者の方法と質量分析計を用いた研究が進展している（これについては後述する）。

2.1 生細胞や組織からの抽出と分画

細胞内器官を壊して核酸を抽出する方法としては，ポリトロンやビーズによる細胞の破砕が用いられるが，タンパク質の場合には，テフロンホモゲナイザーを用いて細胞内器官を破砕せずにその後の遠心分離により分別して抽出する方法（図P-1）が重要である。分別する際に濃縮して調製できる点や発現分布を調べるなどその後の研究にとって有用である。

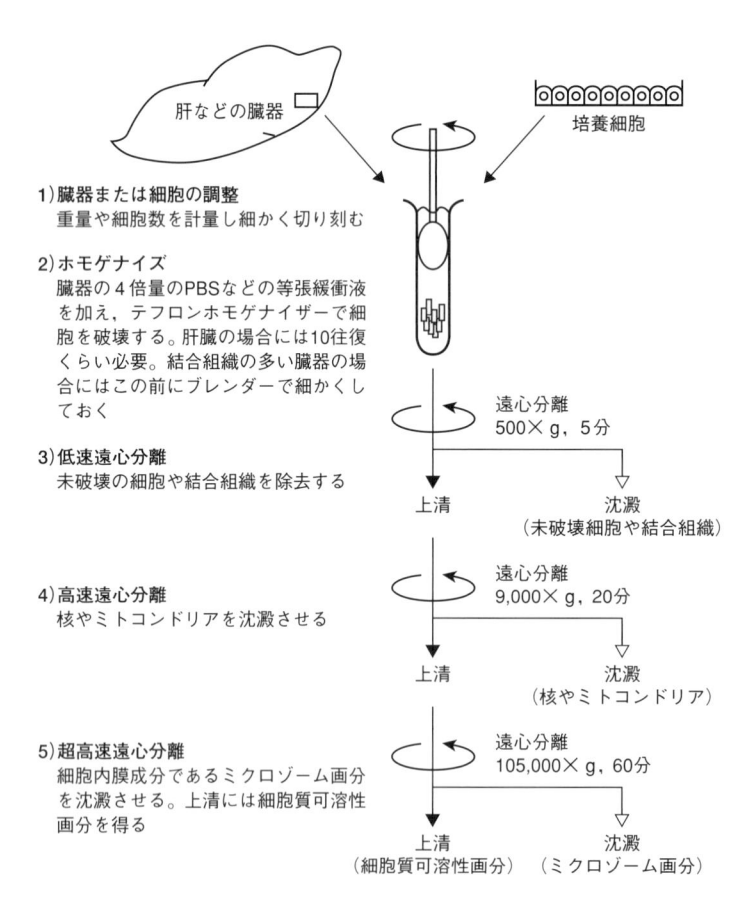

[図P-1] 遠心分離による簡便な細胞分画法
　　　タンパク質の機能を保ちながら精製する場合には，細胞内タンパク質分解酵素による分解を防ぐために，できるだけ低温で操作することと，タンパク質分解酵素阻害剤を併用する場合がある。
　　　目的タンパク質の細胞内局在を知ることはその後の精製過程や機能を明らかにする上で重要なステップである

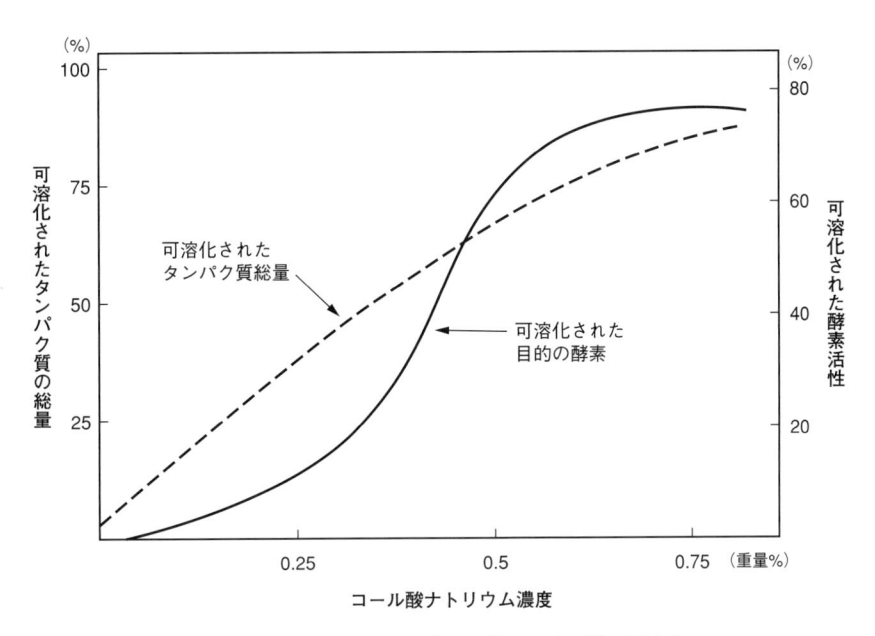

[図P-2] 界面活性剤（コール酸ナトリウム）によるミクロゾーム膜タンパク質の可溶化
タンパク質溶液にコール酸ナトリウムを添加し，30分間撹拌した後，超遠心分離（105,000×g，60分）を行い，その上清画分に現れたタンパク質総量と目的酵素活性をパーセントで表した。この酵素タンパク質は0.5%濃度のコール酸ナトリウムですべて膜から分離され可溶化されたことを示している。そのときに，総タンパク質としてはおおよそ70%が可溶化されている

2.2 膜タンパク質の可溶化

　細胞膜やミトコンドリア膜，小胞体膜に結合したタンパク質の精製は膜の脂質成分からの分離（可溶化）が必須である。膜タンパク質の可溶化には界面活性剤を使うことが有効である。図P-2ではミクロゾーム膜に深く結合しているUDP-グルクロン酸転移酵素のコール酸による可溶化について記した。タンパク質の結合状態により界面活性剤の種類や濃度を変える必要がある。

2.3 分子量による分画

2.3.1 膜による分画

　タンパク質の分子量による分画の方法として，均一なポアサイズの膜（分画するタンパク質の分子量に合わせて多種のポアサイズの膜が販売されている）を用いる方法がタンパク質への影響が少ない。しかし，タンパク質の膜への吸着などによる目詰まりや回収率の悪さなど問題点も多く残されている。著者らの扱う膜タンパク質の場合には疎水性が高く，膜との結合力が強い。比較的それらの問題が少なかったのはセントリコン（商品名）を用いたときであった。

2.3.2 ゲルろ過による分画

　ゲルろ過カラムを用いる方法は分画精度と回収率がよい利点があるが，少し熟練した技術を必要とする。Q章で詳しく既述されている。タンパク質の精製の場合にはポアサイズの大きなゲルを用いる場合が多いのでいくつかの注意点がある。ここでは，この時陥りやすい失敗とその解決法について述べる。

2.3.3 ゲルろ過で陥りやすい失敗

　ゲルろ過の緩衝液の流速を早くするとゲルが圧迫されて，目詰まりして余計流速が遅くなり，安定した分画結果が得られない。

2.3.4 解決策　7つのポイント

①カラムにゲルを充填する際に均一にすることと，空泡をつくらないことが重要である。そのためには，充填前のゲル溶液をあらかじめ室温より暖めてお

き，ゆっくり充填する。
② 一定したゆっくりしたスピードで緩衝液を流す。
③ 試料中の脂質やその他の不溶成分は目詰まりの原因になるので，予めできる限り取り除く。上記の膜を用いて，ある範囲の分子量を持つタンパク質溶液にしておくとよい結果が得られる。
④ 試料添加前に溶液（緩衝液）を流し，充分平衡状態にしておく，この時点で流速が遅くなったらカラムを詰め替えた方が近道である。
⑤ ポンプでカラムの入口から溶液を押し込む方法より，出口から引く方が目詰まりしない。
⑥ 試料添加時に溶液の流れを止めないで，且つ速度を変えない。
⑦ 下降法だと重力で試料と共にゲル粒子も下方に引かれるので目詰まりしやすい。よって上昇法がよい。

3. タンパク質の一次構造決定と高次構造解析

タンパク質の一次構造を決めるには，コードしている遺伝子の構造を知ることが手っ取り早い方法である。それには，目的タンパク質の一部領域のアミノ酸配列の情報を得ることが必要となる。

3.1 ペプチド断片のアミノ末端アミノ酸配列決定法

タンパク質を精製し，トリプシンなどによりペプチド断片にし，逆相高速液体クロマトグラフィーなどでペプチドを精製し，エドマン分解法により各ペプチドのアミノ末端アミノ酸配列を決定する。その詳細については，生化学実験講座に詳しいのでここでは割愛する。

3.2 RT-PCRによるcDNAクローニングによるアミノ酸配列決定

PCRの実際はJ章に詳しい。タンパク質のアミノ酸に置き換わる遺伝暗号を持ち，直接アミノ酸配列に置き換わるのはメッセンジャーRNA（mRNA）であるが，mRNAは細胞外に抽出すると非常に分解されやすく完全な形で得ることが難しい。そのためにウイルス由来の逆転写酵素（RT）を用いて，一本鎖で相補的（Complimentary）配列を持つDNA（cDNA）に置き換えて，塩基配列を解析する。目的のcDNAがすでに報告されていない場合に，PCRで単離する（cDNAクローニング）には，タンパク質のアミノ酸配列の情報やなるべく近縁の異種生物の塩基配列の情報が必要である。よって，上記のタンパク精製標品アミノ末端アミノ酸配列は得られたcDNAの最終確認に重要な判断基準となる。

3.3 立体構造解析とバイオインフォマティクス（K章 バイオインフォマティクス参照）

タンパク質の構造は一次構造から四次構造までに分けられる。上記方法で一次構造（アミノ酸配列）が判明すると立体構造の基礎をなす二次構造（α-ヘリックス構造，β-シート構造，ループ構造，ランダム構造）を市販の解析ソフトを用いて予測することもできる。実際に下記の方法で解析する前に予測しておくと便利である。

目的タンパク質の立体構造が解析されていない場合には，上記方法を駆使して，はじめに標品を精製純化し結晶化することが必要である。このステップは，高度技術が必要でありその道の専門家と相談するか共同研究する必要がある。

目的タンパク質の立体構造が解析されておらず，はじめて解析する場合にはX線結晶構造解析（図P-3）やNMR（核磁気共鳴スペクトル）解析で行うことができる。

目的タンパク質の立体構造が既に解析されている場合は，インターネットで調べることができる。これま

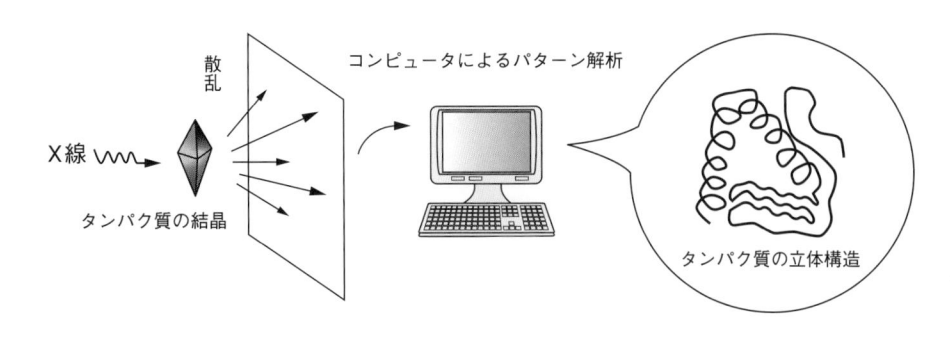

[図P-3] タンパク質のX線結晶構造解析

で解析された立体構造のデータはProtein Data Bank（PDB）で公開されている。PDBのミラーサイトにアクセスしてタンパク質の名称でキーワード検索する事が出来る。さらに，RasMol（Bernstein＋Sonsサイトからダウンロードできる）やSwiss-Pdb Viewer（ExPASyサイトからダウンロードできる）ソフトを用いて立体構造を画像としてみることができる。

さらに，タンパク質間の相互作用データベースも構築されており，インターネットを用いて調べることができる。例えば，BIND（Biomolecular Interaction Network Database）ではライセンスなしで使用できる。

X線（1 pm～10 nmの波長を持つ電磁波）は高いエネルギーを有しているので物質を透過しやすい。可視光の場合と同様にタンパク質分子表面および内部に衝突してその構造に応じて散乱する。タンパク質が結晶構造を有していると規則正しい散乱パターンとなる。このパターンを用いてコンピュータで散乱させたタンパク質の立体構造を計算することができる。

4. タンパク質の網羅的解析（プロテオーム解析）

細胞の分化や増殖による形態や機能の変化を解析したり，異常（病気）の原因を探るときに，その組織細胞内で変化（発現変動など）しているタンパク質を最近蓄積しつつあるタンパク質に関するデータをもとに網羅的に解析する方法（プロテオーム解析）が発達してきている。この方法は，
①上に記述した方法で組織細胞や培養細胞破砕し，タンパク質懸濁液を調製する
②二次元電気泳動でタンパク質を分画／精製する
③質量分析スペクトルにより同定する
といった方法である。

4.1 二次元電気泳動によるマッピング

タンパク質の精製において，高圧下では高速でクロマトグラフィー（HPLC；High Performance Liquid Chromatography）を行うことができ，分離能のよい結果が得られる事も分かってきた。

最近，カラムの内側に疎水性化合物をコーティングし，両親媒性の溶媒を移動相に使い分離する（逆相カラムクロマトグラフィーという。従来は水溶性の官能基をカラムに充填し，リン酸緩衝液などの水溶性の移動相を用いた）方法が発達してきた。

しかしながら，HPLC法はタンパク質のわずかな性質の違いで相互に分離するには適しているが，ある標的細胞や組織のタンパク質すべてを一度に網羅的に分離し，発現タンパク質の変化を検索するには二次元電気泳動が適している。

二次元電気泳動の一次元目は等電点電気泳動であり，二次元目はSDSを用いた分子量での分離方法であ

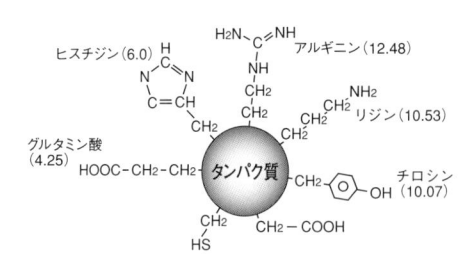

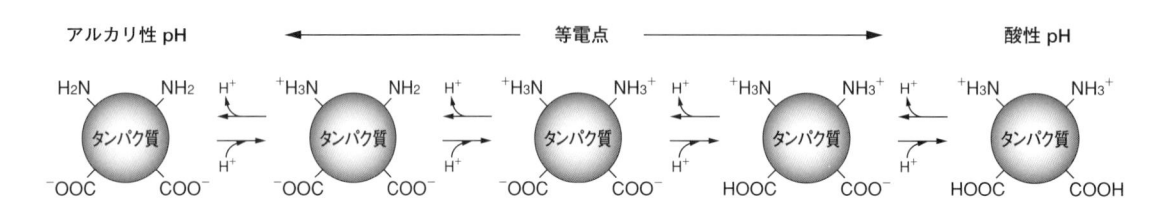

[図P-4-A] タンパク質の電荷と等電点

4.2 タンパク質の電荷と等電点

タンパク質は水溶液中では，負（$-COO^-$）と正（$-NH_3^+$）の電荷を持つ両性電解質分子である。水溶液のpH（水素イオン濃度指数）によりH^+を取り入れ（$-COO^-$ → $-COOH$），解離したり（$-NH_3^+$ → $-NH_2$）して，総電荷は変化する。両方の電荷が等しい数のとき（このときのpHを等電点という）そのタンパク質の総電荷は±0となり電気的片寄りがなくなり，電極にはさまれても，どちらへも移動しなくなる（図P-4-A）。

4.3 タンパク質の一次元電気泳動（等電点電気泳動）

タンパク質は構成するアミノ酸の側鎖の電荷に依存して電荷を持つ。正の電荷に傾いているタンパク質は

る。二次元電気泳動の原理を4.2～4.4に解説した（O章を参照）。

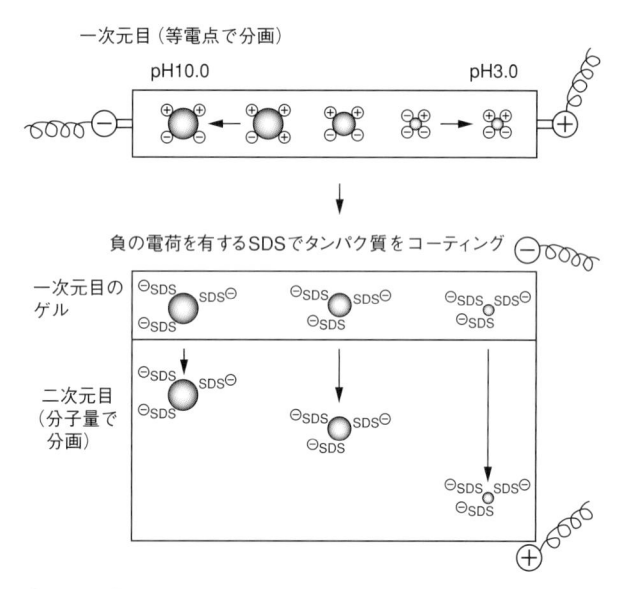

[図P-4-B] タンパク質の二次元電気泳動

－電極側（アルカリ性側）に引かれて移動する。アルカリ側に移動するに従って徐々に正の電荷が減少し，負の電荷が増加する。正と負の電荷が等しくなったpH（水素イオン濃度）（等電点）で停止する。すなわち，タンパク質の持っている電荷によって分画するのが一次元目の等電点電気泳動である（図P-4-B）。

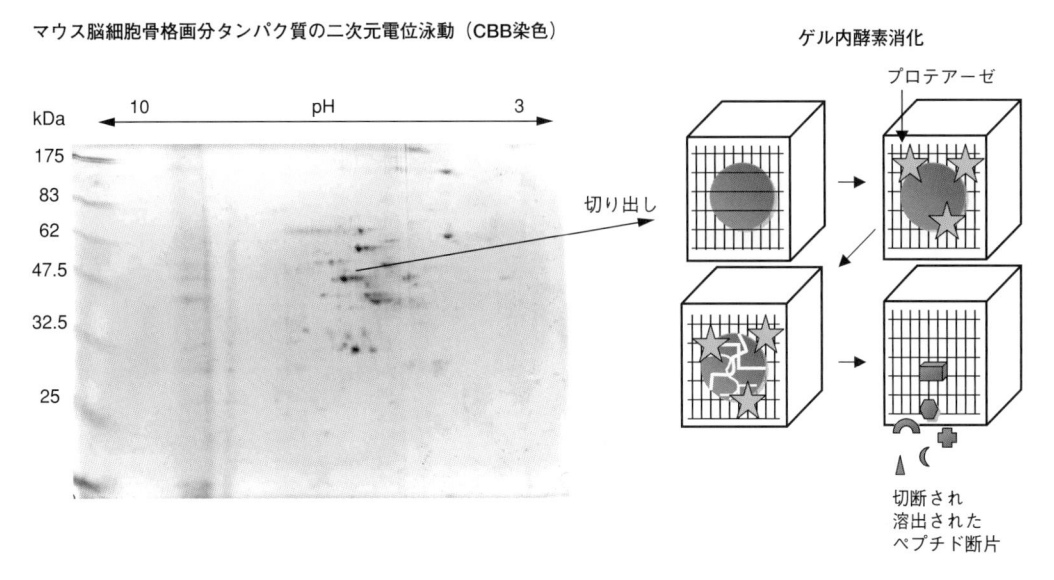

[図P-5] タンパク質の二次元電気泳動とゲル内タンパク質消化

4.4 タンパク質の二次元電気泳動

二次元目の泳動は，一次元のゲル内のタンパク質をSDSでコーティングして，電荷をすべて等しく負にしてポリアクリルアミドゲルの中を電気泳動させ，分子量で分画する（図P-4-B）。二次元ゲル内に分布したタンパク質にクマシーブリリアントブルー（CBB）という色素を結合させて可視化する。具体例を図P-5に示した。

4.4.1 二次元電気泳動のポイント

二次元電気泳動法は古くからあるが普及しなかった理由のひとつは，一次元目の等電点電気泳動の再現性が良好とはいいがたく，その原因は一次元ゲル中のpHグラジエントを電気泳動で形成させることが難しかったためである。ところが最近，pHグラジエントが固定化された一次元ゲルが市販され，急激に再現性が向上した。

もうひとつのポイントはタンパク質同士の結合を分離する界面活性剤の利用があげられる。タンパク質は水溶液中で他のタンパク質と結合した状態で溶解しているものが多く，等電点電気泳動では程よくタンパク質を分子分散させる事が必要である。中性で非イオン性の界面活性剤であるCHAPSはこれに適合したものであった。

残された重要な問題は，タンパク質試料を極端に変性させずに且つ分子会合を抑えて泳動できるかである。目的タンパク質の性質を考慮しながら界面活性剤の濃度や種類をうまく使うことが必要である。

4.4.2 タンパク質の二次元電気泳動とゲル内タンパク質消化

マウス神経細胞骨格画分を調製し，二次元電気泳動で分離したゲルをCBB染色した（図P-5左）。目的のスポットのゲルを切り出し，プロテアーゼを浸透させてゲル内でタンパク質を消化（分解）し（図P-5右），生じたペプチド断片を網目構造から溶出させる。

4.5 ペプチド質量分析による同定

二次元電気泳動で標的タンパク質のスポットが決定されたら，次に質量分析計（Mass Spectrometry：MS）を用いて，目的タンパク質を特定する。マトリ

ックス支援レーザー脱離イオン化（Matrix-associated Leaser Desorption Ionization：MALDI）法やエレクトロスプレーイオン化（Electrospray Ionization：ESI）法が開発されて，生体高分子のタンパク質を壊すことなくイオン化し質量分析できるようになった。

MALDIはタンパク質をトリプシンなどの分解酵素でペプチド断片にし，それぞれのペプチドの正確な質量を計測し，アミノ酸配列から計算されるペプチドの組み合わせと合致するタンパク質を検索してゆく方法（Peptide-Mass Fingerprinting：PMF）に適しており，比較的容易に操作解析できる。

また，ESIはHPLCと連結できることやいろいろなタイプの質量分析計装置に組み込むことができるので応用性が高く，アミノ酸配列や翻訳後修飾に関する情報を得ることができる。このように質量分析装置には目的に応じていくつかの種類があるが，ここでは汎用性の高いMALDI-TOF（Time of Flight）MSを使った原理（図P-6），方法（図P-7-A, B）と実際例（図P-8-A, B, C）を示した。

4.5.1 MALDI-TOF MS法の原理

MALDI-TOF MS装置はイオン化部，質量分析部，イオン検出部の3段階に分かれている。レーザー光照射により試料内に共存させたマトリックスを介してペプチドは分解されることなくイオン化される。電場を飛行して検出部までに要した時間を計測し，既知のペプチドと比較する事で質量を算出する。

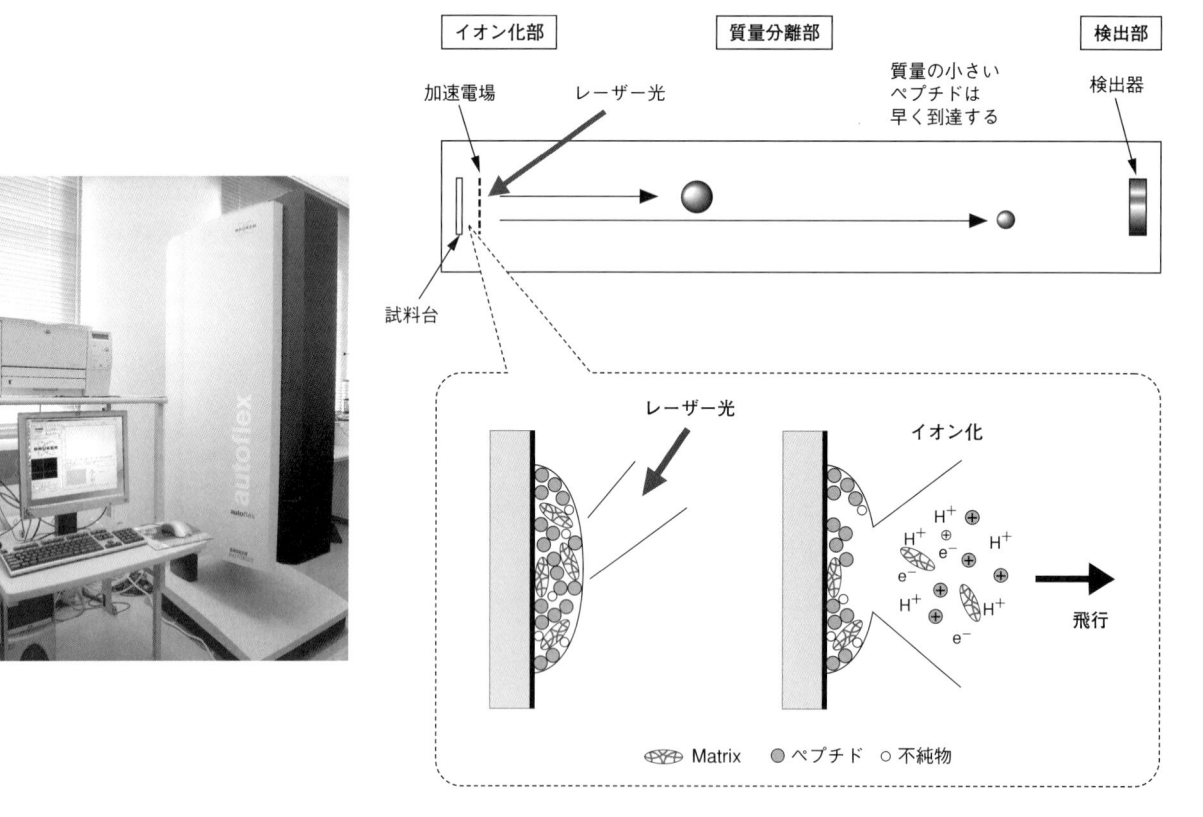

[図P-6] MALDI-TOF MS法の原理

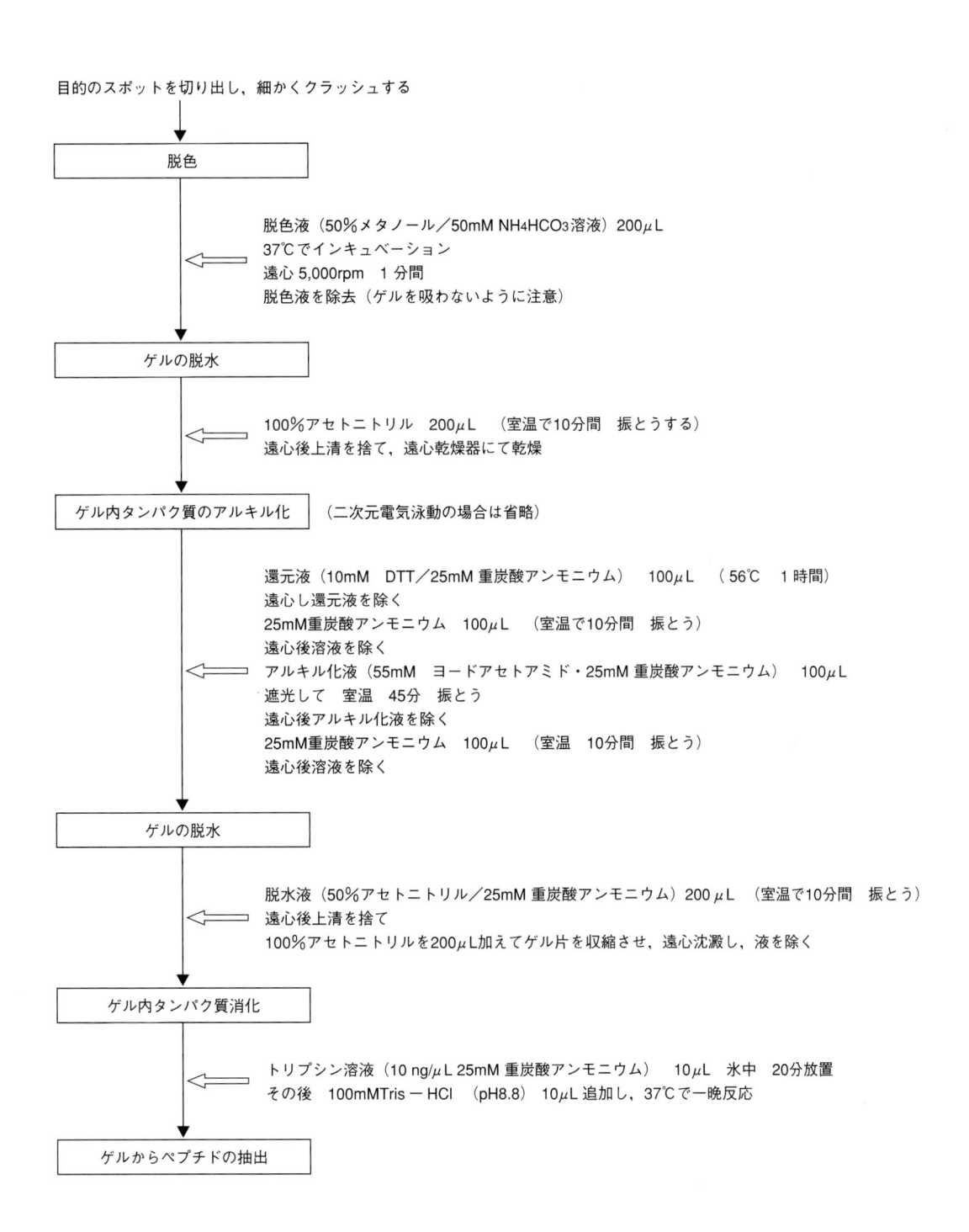

```
目的のスポットを切り出し，細かくクラッシュする
                │
                ▼
            ┌─────────┐
            │  脱色   │
            └─────────┘
                │
                │    脱色液（50%メタノール／50mM NH4HCO3溶液）200μL
                │⇐   37℃でインキュベーション
                │    遠心 5,000rpm　1分間
                │    脱色液を除去（ゲルを吸わないように注意）
                ▼
          ┌───────────┐
          │ ゲルの脱水 │
          └───────────┘
                │
                │⇐   100％アセトニトリル　200μL　（室温で10分間　振とうする）
                │    遠心後上清を捨て，遠心乾燥器にて乾燥
                ▼
   ┌─────────────────────────┐
   │ ゲル内タンパク質のアルキル化 │　（二次元電気泳動の場合は省略）
   └─────────────────────────┘
                │
                │    還元液（10mM DTT／25mM 重炭酸アンモニウム）　100μL　（56℃　1時間）
                │    遠心し還元液を除く
                │    25mM重炭酸アンモニウム　100μL　（室温で10分間　振とう）
                │    遠心後溶液を除く
                │⇐   アルキル化液（55mM ヨードアセトアミド・25mM 重炭酸アンモニウム）　100μL
                │    遮光して　室温　45分　振とう
                │    遠心後アルキル化液を除く
                │    25mM重炭酸アンモニウム　100μL　（室温　10分間　振とう）
                │    遠心後溶液を除く
                ▼
          ┌───────────┐
          │ ゲルの脱水 │
          └───────────┘
                │
                │⇐   脱水液（50％アセトニトリル／25mM 重炭酸アンモニウム）200μL　（室温で10分間　振とう）
                │    遠心後上清を捨て
                │    100％アセトニトリルを200μL加えてゲル片を収縮させ，遠心沈澱し，液を除く
                ▼
        ┌──────────────────┐
        │ ゲル内タンパク質消化 │
        └──────────────────┘
                │
                │⇐   トリプシン溶液（10 ng/μL 25mM 重炭酸アンモニウム）　10μL　氷中　20分放置
                │    その後　100mMTris－HCl　（pH8.8）　10μL追加し，37℃で一晩反応
                ▼
      ┌────────────────────┐
      │ ゲルからペプチドの抽出 │
      └────────────────────┘
```

[図P-7-A] タンパク質のゲル内消化

<1. ゲルからの抽出>

① トリプシン処理サンプルを遠心（5,000rpm　1分），上清を回収

② 沈澱（ゲル片）に50％アセトニトリル／5％トリクロロ酢酸（TFA）混液を50μL加えて，室温で10分振とう

③ 遠心（5,000rpm　1分）し，ゲルを吸い込まないように注意しながら上清を回収

④ 沈澱（ゲル片）に50％アセトニトリル／5％TFA混液を50μL加えて，室温で10分　振とう

⑤ 遠心（5,000rpm　1分）し，ゲルを吸い込まないように注意しながら上清を回収

⑥ 沈澱（ゲル片）に100％アセトニトリルを100μL添加，室温で10分　振とう

⑦ 遠心（5,000rpm　1分）し，ゲルを吸い込まないように注意しながら上清を回収

⑧ 上清を集めて，パラフィルムでチューブにフタをして，穴を数箇所開ける

⑨ 冷却遠心エバポレーターで濃縮（15～25μLくらいにする）

<2. 試料の脱塩／濃縮>

⑩ C18の疎水性基を結合させた樹脂を詰めたチップ（Zip Tip）を50％アセトニトリル／0.1％TFA混液で10回洗浄する

⑪ 0.1％TFAで平衡化する

⑫ 試料を上記チップに吸い込みペプチドを樹脂に吸着させる
　　（チップに試料溶液を出し入れし，これを数回を繰り返す）

⑬ 0.1％TFAで洗浄し，脱塩する

⑭ 50％アセトニトリル 2μLと90％アセトニトリル 2μLで二段階の溶出を行う
　　それぞれの溶出液を同じプレート上に滴下する

⑮ 25％飽和マトリックス／50％アセトニトリル，0.1％TFA溶液を0.5μL重層し，ピペットを用いて撹拌する。室温で乾燥させ，MS測定する

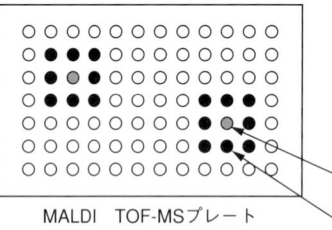

標準ペプチド混合液を真ん中に置き，試料はその周りに滴下すると，場所による誤差を少なくできる。また，外側も誤差が出やすいので用いない

MALDI　TOF-MSプレート

標準ペプチド混液
試料液

[図P-7-B] ゲルからペプチド抽出と前処理

P：タンパク質の構造解析

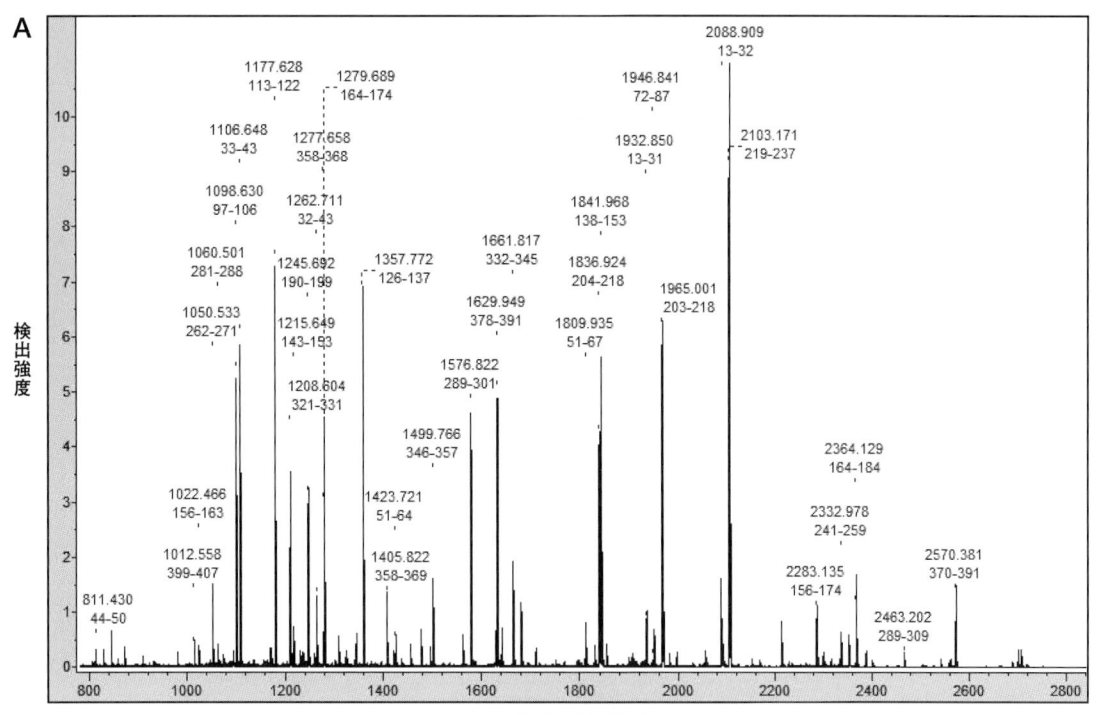

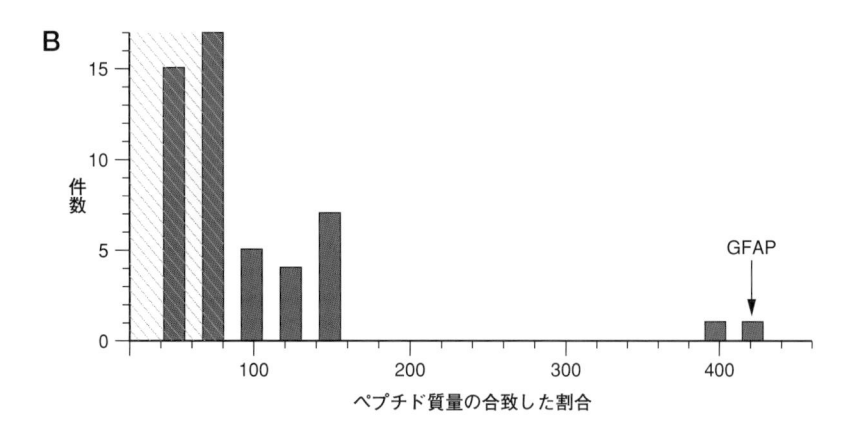

A ピークのラベル（m/z と残基範囲）:
- 811.430 (44-50)
- 1012.558 (399-407)
- 1022.466 (156-163)
- 1050.533 (262-271)
- 1060.501 (281-288)
- 1098.630 (97-106)
- 1106.648 (33-43)
- 1177.628 (113-122)
- 1208.604 (321-331)
- 1215.649 (143-153)
- 1245.692 (190-199)
- 1262.711 (32-43)
- 1277.658 (358-368)
- 1279.689 (164-174)
- 1357.772 (126-137)
- 1405.822 (358-369)
- 1423.721 (51-64)
- 1499.766 (346-357)
- 1576.822 (289-301)
- 1629.949 (378-391)
- 1661.817 (332-345)
- 1809.935 (51-67)
- 1836.924 (204-218)
- 1841.968 (138-153)
- 1932.850 (13-31)
- 1946.841 (72-87)
- 1965.001 (203-218)
- 2088.909 (13-32)
- 2103.171 (219-237)
- 2283.135 (156-174)
- 2332.978 (241-259)
- 2364.129 (164-184)
- 2463.202 (289-309)
- 2570.381 (370-391)

横軸：質量／荷電数（m/z）
縦軸：検出強度

B 縦軸：件数、横軸：ペプチド質量の合致した割合。矢印でGFAPを示す。

C
```
  1                                                           60
MERRRVASAA RRSYVYVSSW DMAGGGPGSG RRLGPGPRPS VARMPLPPTR VDFSLAAALN
AGFKETRASE RAEMMELNDR FASYIEKVRF LEQQNKALAA ELNQLRAKEP TKLADVYQAE
LRELRLRLDQ LTANSARLEV ERDNLAQDLG TLRQKFQDET NLRLEAENNL ASYRQEADEA
TLARLDLERK IESLEEEIRF LRKIHDEEVQ ELQEQLARQQ VHVELDVAKP DLTAALREIR
TQYEAMASSN MHEAEEWYRS KFADLTDAAA RNAELLRQAK HEANDYRRQL QTLTCDLESL
RGTNESLERQ MREQEERHAR EAASYQEALA RLEEEGQNLK DEMARHLQEY QDLLNVKLAL
DIEIATYRKL LEGEENRITI PVQTFSNLQI RETSLDTKSV SEGHLKRNIV VKTVEMRDGE
VIKESKQEHK EVM
                433
```

[図P-8-A, B, C] 質量分析の結果とタンパク質の特定
　ペプチドの質量分析結果をA図に示した。付記された数字はそのピークの質量に相当する。この結果をもとに，On Line上に登録されているタンパク質（構成するペプチドの質量数）を検索ソフト（Mascot）で探し，合致した割合を横軸にした結果をB図に示した。このタンパク質は高い確率でグリア線維性酸性タンパク質（GFAP；Glial Fibrillary Acidic Protein）であることが分かった。合致するペプチド配列部分（下線部）をC図に示した

Point

- 従来，タンパク質の同定は，物理的性質（分子量，アミノ末端のアミノ酸配列，ペプチドフラグメントの部分アミノ酸配列，糖鎖構造）や機能解析（酵素活性，抗体やリガンドとの反応性）によって行ってきた。
- しかしそのためには，目的タンパク質を多量に精製する必要があり，多くの困難をのり越える必要があった。
- ここで紹介した，二次元電気泳動と質量分析計による方法は，簡便で一度に多くのタンパク質を同定可能であり，病態解析のための網羅的プロテオーム解析には適したシステムである。
- このシステムのポイントのひとつは，二次元電気泳動でできるだけタンパク質をきれいに分離することであり，そのためには一次元目の電気泳動で明確な分離を実現することである（二次元目は問題を抱えることは少ない）。
- そして，そのためには一次元目のサンプルの調整法をいろいろ工夫する必要がある。
- 例えば，膜タンパク質の場合にはタンパク質の脂溶性が高いので，界面活性剤（この場合には，CHAPS）の濃度を高めにし，泳動時間を長めにする必要がある。
- 標的のタンパク質が決まれば，それに適した条件にさらに絞り込むことで再現性のよい結果が得られる。
- 現在使用されている一次元目の市販ゲルはpH勾配が正確に形成されており，試料処理と一次元目の泳動条件さえ整えば再現性の高い結果を得ることはたやすい。
- 病態組織や血液に含まれるタンパク質を比較するには，再現性のよい条件で絞り込むことが重要であり，ここを曖昧にすると後で大変な困難に出合うことになる。

Q カラムクロマトグラフィー

生体物質の分離，精製あるいは同定に用いられる。目的とする物質の性質を利用し，荷電や疎水性力あるいは分子の大きさにより分別する。また未知なる物質においてはこれらの実験を介して，物質の性質が明らかになる場合もある。

1. イオン交換クロマトグラフィー

原理：イオン交換とは，固相（セルロースや合成樹脂）の中に電気的に捕捉されているイオンが固相と接触する液相中のイオンと交換して液相に出，そのかわりに液相中のイオンが固相に入る現象である。イオン交換速度は，イオンの種類と交換体の種類により異なる。この違いを利用して物質の分離を図るのが，イオン交換クロマトグラフィーである。

イオン交換体の種類：現在多くの固相種のイオン交換体があるが，これらをイオン種（陽イオンと陰イオン）により2つに分けることができる。

① 陽イオン交換体
　交換体（固相）が陰電荷を有していて液相中の陽イオンと引き合うもの。
② 陰イオン交換体
　交換体（固相）が陽電荷を有していて液相中の陰イオンと引き合うもの。

これらの交換体は，固相に結合しているイオン交換基の性質により，イオン交換に伴う液相中のpH範囲が限局される。したがって，生体成分の分離・精製に伴うイオン交換体のイオン交換基を十分知る必要がある。おおまかに分類すると以下のようになる。

① 陽イオン交換体：
　強酸性 Dowex 50W, Amberlite IR 120
　ホスホセルロース（P-セルロース）
　弱酸性 Amberlite IRC50
　カルボキシメチル（CM）-セルロース
② 陰イオン交換体：
　強塩基性 Dowex 1, 2, Amberlite IRA 400
　グアニドエチル（GE）-セルロース
　弱塩基性 Dowex 3, Amberlite IR 45
　ジエチルアミノエチル（DEAE）-セルロース

合成樹脂でできたイオン交換樹脂（たとえば，Dowex 50W×8）での架橋度を示す×8という数字は，数字が大きくなるほど樹脂は多孔性となり，高分子イオンに対する透過性や吸着能が増大することを示すが，含水量が大きいため湿潤容量あたりのイオン交換容量は低下することを意味する。一方，セルロースのような繊維状で複雑な架橋構造を持つイオン交換体は，交換速度も早く高分子イオンの交換，吸着が容易である。

近年，生体成分の分離精製用の種々のイオン交換樹脂は後述する前処理が不要のものが多く市販されているが，その取扱いについては説明書やガイドブックを参照されたい。

イオン交換容量の測定は乾燥重量（a g）を $1N$ NaCl 溶液に浸しておくと，陽イオン交換樹脂の場合，

$$HR + NaCl \longrightarrow NaR + HCl$$

という平衡に達する。次に，このHClを $0.1N$ NaOHで滴定してゆくと溶液は，

$$\text{HCl} + \text{NaOH} \longrightarrow \text{NaCl} + \text{H}_2\text{O}$$

の反応が進行し，NaOHとHClの反応によるNaCl産生反応の終点，すなわち，アルカリ性を呈するに至る滴定値をbとすると，

$$\text{交換容量} \quad E(\text{meq/g}) = 0.1 \times b/a$$

で示される。

この値は1gの乾燥イオン交換樹脂の持つイオン交換容量を示すが，生体成分の分離精製のためには幾分必要樹脂量より多くの量をカラムに充填することになる。

イオン交換クロマトグラフィーによるアミノ酸の分離

目的：アミノ酸の電気的性質を利用して，個別に分離する方法を学ぶ。

材料：陽イオン交換樹脂（Dowex 50W×4），カラム，試験管，スクリューコック，アミノ酸溶液（ロイシン，アスパラギン酸，ヒスチジン各4mmol/mL 0.1N HCl），0.2Mクエン酸-Na緩衝液（pH 3.5と6.0を各100mL），0.1N HCl。
ニンヒドリン試薬：メチルセルソルブ225mLに0.2M酢酸-ナトリウム緩衝液（pH 5.0）75mLを加え，ニンヒドリン6gを完全に溶かした後，塩化第一スズ114mgを溶かしたもの。

方法：

①Dowex 50W×4の前処理

通常，Na型で市販されているが，必要量をビーカーにとり約5倍容量の1～2N HClを加えて混ぜ，しばらく放置し細かい粒子がまだ上清にあるときビーカーを傾斜して酸液層を捨て細粒子を除く。この操作を何回か繰り返した後，樹脂をヌッチェ（ブフナーロート）またはガラスろ過器で吸引ろ過する。再び樹脂をビーカーに移し，洗液が中性になるまでイオン交換水または蒸留水でよく洗う。これに1～2N NaClを樹脂の約5倍容量を加えて混ぜる。この操作を2～3回繰り返した後，再び1～2N HClを加えて前述の操作を行い，洗液が中性になるまでイオン交換水または蒸留水で十分洗う。

②カラム

ガラスカラムの先端にチューブをつけ，カラム底に綿栓をし，チューブにスクリューコックを取り付ける。カラムにイオン交換樹脂を駒込ピペットで入れ，樹脂の高さを5cmにする。カラムに0.2Mクエン酸緩衝液（pH 3.5）をゆっくり流し込み，スクリューコックを開ける。カラムからの溶出液のpHが3.5になるまで，この緩衝液（pH 3.5）を流す。pHはpH試験紙で調べる。

③分離

pHが3.5になったら，緩衝液面が樹脂の高さに同じになるようにしてコックを閉じる。各アミノ酸2μmolずつを含む0.5mLの0.1N HCl溶液をピペットで樹脂上部に重層し，コックをわずかに開けてアミノ酸溶液が樹脂内に入るようにした後，pH 3.5のクエン酸緩衝液を静かに重層しコックを再び開け，1～5秒間に1滴の流出スピードに調節する。pH 3.5のクエン酸緩衝液20mLを流し終えたら，引き続きpH 6.0のクエン酸緩衝液を25mL流す。アミノ酸試料をカラムに入れてから，溶出液はすべて30滴毎に試験管に順次採取する。

④アミノ酸の検出

緩衝液を流し終えたら，各試験管にニンヒドリン試薬1.5mLを加え，十分に混和し，試験管の口をアルミホイルで閉じた後，沸騰水中で15分間加熱発色させる（図Q-1）。加熱後，試験管を水道水で冷やしてから，分光器で各試験管溶液の570nmの吸光度を読み取り，横軸に試験管番号，縦軸に吸光度をプロットし，各アミノ酸を同定する。ブランクは水を0.5mLとニンヒドリン試薬1.5mLを加え，混和後加熱したものを用いる。

⑤イオン交換樹脂の再生

カラムサイズ5倍量の1N NaClを流し，続いて5倍量の1N HClで洗浄する。

この操作を2～3回繰り返し，最後に1N HClで洗った後，蒸留水で洗い，液が中性になるまで洗う。

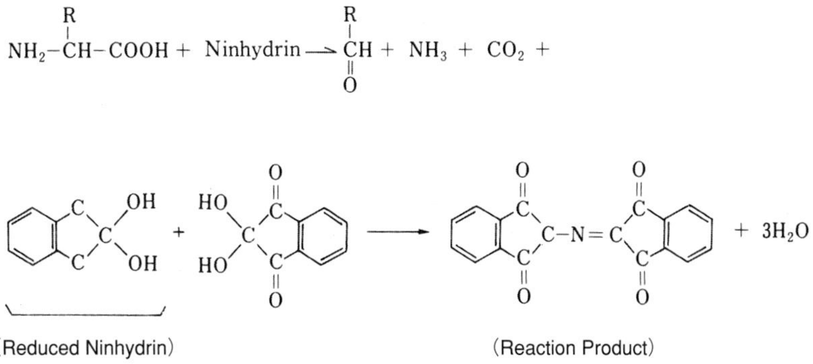

[図Q-1] 特異的な相互作用

2. アフィニティークロマトグラフィー

原理：生体内では生体成分が他の生体成分と特異的に相互作用することによって，それぞれ特徴的な生理機能を発揮している。例えば，酵素は基質や補酵素と，ホルモンは受容体と，抗原は抗体とそれぞれ特異的に相互作用する（表Q-1）。

このような生体成分間の特異的な親和力（アフィニティー）を利用した分離精製法がアフィニティークロマトグラフィーである。通常，固相（支持体）としてビーズ状アガロース（Sepharose）が用いられ，適当なスペーサーを介してリガンド（基質，補酵素，ホルモン，抗体など）が固定されている。そのほか，固相としてはデキストランや多孔性シリカビーズなどが用いられる。アフィニティークロマトグラフィーのリガンドとして用いるためには，その解離定数（Kd）が$10^{-4} \sim 10^{-7}$Mであり，さらに適当な官能基を持っていることが望ましい。リガンドを固定する際に，まず，アガロースを臭化シアンによって活性化する必要がある。この方法ではアガロース中のヒドロキシル基が臭化シアンによって活性化され（イミドカルボナートを生成），アミノ基を含む化合物を固定化することができる（図Q-2参照）。

そのほか，エポキシドにより活性化する方法もあり，これらの方法により活性化されたアガロース，あるいは既に種々のリガンドを固定したアフィニティークロマトグラフィー用の樹脂も市販されている。S章2項の抗体の精製法（p182）を参照。

[表Q-1] 生体成分間の特異的相互作用

酵素	基質，補酵素，阻害剤
受容体	ホルモン，成長因子，毒素
抗体	抗原
DNA（RNA）結合タンパク質	DNA（RNA）

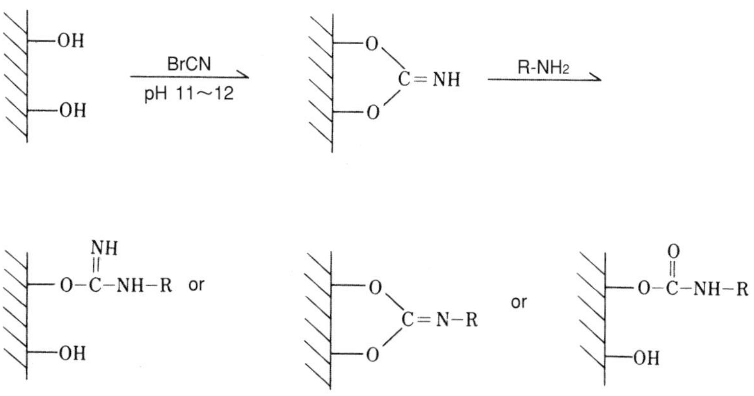

[図Q-2] アガロースの臭化シアンによる活性化

目的：ここではアフィニティークロマトグラフィーの例として，2',5'-ADPセファロースカラムを用いてラット肝ミクロソームよりNADPH-P450還元酵素（FAD，FMNを含む膜タンパク質）の分離精製法を示す。

材料：
NADPH-P450還元酵素；次頁の疎水性クロマトグラフィーの項でω-アミノオクチルセファロースカラムを用い部分精製したもの，2',5'-ADPセファロース（1.2×10cm）

方法：
① 部分精製したNADPH-P450還元酵素を20%グリセロールで2倍に希釈し，10mM Tris-HCl（pH7.7)-20%グリセロール-1mM EDTA-1 mM DTT-0.2%エマルゲン913で平衡化した2',5'-ADPセファロースカラムに添着する。

② 添着後，カラムを平衡化バッファーで十分洗い，0.5mM NADPを含む同バッファーで溶出する。溶出の際はできるだけ流速を遅くする。

③ カラムからの溶出液はフラクションコレクターで1mLずつ分取し，各溶出画分についてNADPH-P450還元酵素活性を測定する。ここでは，人工的な電子受容体としてシトクロムcを用いる。活性測定は分光セル内で1.4mLの0.5Mリン酸カリウム（pH 7.7），50μLの1mMシトクロムcおよび各溶出液の一部を混合し，全体で1.99mLにする。そこに，10μLの20mM NADPHを加え素早く混合し，直ちに550nmの吸光度変化（増加）を記録し，初速の傾きから活性値を求める。その際，550nmにおけるシトクロムcの還元型と酸化型の差吸光度の吸光係数

$$\Delta \varepsilon_{red-ox} = 21.1 \text{cm}^{-1}\text{mM}^{-1}$$

を用いる。活性値1Uは，1分間に1μmolのシトクロムcを還元するものとする。

④ 横軸にフラクション番号，縦軸に活性値をプロットし，NADPH-P450還元酵素の溶出パターンを作製する。素通り画分や洗いの画分に活性がないことも確認すること。

3. 疎水性クロマトグラフィー

原理：疎水結合は，水分子との親和性の少ない非極性（疎水性）物質がお互いに集合しようとする相互作用のことである。生体成分であるタンパク質を構成するアミノ酸の中で，ロイシン，イソロイシン，バリン，フェニルアラニンなどはアルキル基または芳香族環を持ち，疎水性アミノ酸と呼ばれる。このような疎水性アミノ酸を分子表面に多く含む膜タンパク質（例えば，肝ミクロソームの薬物代謝酵素であるP450など）は脂質のような非極性な環境に親和性を示す。このような生体物質間の疎水的相互作用を利用した分離精製法が疎水性クロマトグラフィーである。

前述のアフィニティークロマトグラフィーと同様にアガロース担体にアルキル基やフェニール基のような疎水性リガンドを固定して用いる。また，アルキル基の末端にアミノ基が付加されたものも用いられ，この場合には疎水的相互作用だけでなくイオン的相互作用も関わってくる。

目的：ここでは，疎水性クロマトグラフィーの例としてω-アミノオクチルセファロースカラムを用いたラット肝ミクロソームのP450（ヘムを含む膜タンパク質）の分離精製法を示す。

材料：ラット，シャーレ，ホモゲナイザー，解剖器具，冷却遠心チューブ，超遠心チューブ，ガラスカラム（2.5×30cm），スクリューコック，ガラス棒，脱脂綿，吸引ビン，カラムスタンド，試験管，ω-アミノオクチルセファロース，10%コール酸ナトリウム，10%デオキシコール酸ナトリウム，10%エマルゲン913

方法：
① ラットを断頭し，肝臓を取り出し，直ちに肝重量を0.1gの単位まで測る。このとき，シャーレは予め冷やして風体としての重量を測定しておく。以

下の操作はすべて酵素の失活を防ぐため低温で行う。

② 予め冷やしておいたホモゲナイザーにハサミで小片化した肝臓を入れ，肝重量の4倍容の氷冷1.15% KCl-10mM EDTA（pH7.25）を加え，ホモゲナイズする（5回位上下にストロークする）。

③ 均一な肝ホモジネートを冷却遠心チューブに移し，9,000×g，20分間遠心する。上清を超遠心チューブに移し，105,000×g，1時間超遠心分離を行い，得られた沈殿（ミクロソーム画分）を最初の肝重量の2倍容の1.15% KCl-10mM EDTA（pH7.25）に再度ホモゲナイズし，同条件に再度超遠心操作を行う（p154参照）。

④ 次に沈殿を肝重量と等倍容の蒸留水に懸濁し，その一部を用いてタンパク定量を行う。通常，20～30mg/mL程度になる。

⑤ ラット肝ミクロソームに最終濃度が0.1Mリン酸カリウム（pH 7.25）-20%グリセロール-1mM EDTA-1 mM DTT-0.6%コール酸ナトリウム-2 mg/mLミクロソームタンパク質となるように各溶液を加え，4℃で30分間可溶化する（コール酸ナトリウムは最後に少しずつ滴下して加える）。

⑥ 可溶化後，超遠心チューブに移し，105,000×g，1時間超遠心操作する。得られた上清を可溶化バッファーで平衡化したω-アミノオクチルセファロースカラム（ミクロソームタンパク質1gあたり100g（湿重量）のゲルを用いる）に添着する。

⑦ 添着後，カラムを平衡化バッファーで洗い（カラム容積の3倍量），0.1Mリン酸カリウム（pH 7.25）-20%グリセロール-1mM EDTA-1mM DTT-0.08%エマルゲン913で溶出する。流速は10mL/h程度にする。

⑧ カラムからの溶出液はフラクションコレクターで5mLずつ分取する。各溶出画分について，酸化型P450の吸収極大付近である417nm（高スピン型；393nm，低スピン型；417nm）の吸光度を測定する。

⑨ 横軸にフラクション番号，縦軸に吸光度をプロットし，P450の溶出パターンを作製する。

⑩ また，276nm（エマルゲン913の吸収極大付近）での吸光度を同様にプロットすると，カラム内にエマルゲン913が濃縮されて，ある濃度を越えるとタンパク質とともに溶出されてくる様子がよく分かる。実際に電気泳動的に均一なP450標品を得るためには，さらにイオン交換やヒドロキシアパタイトカラムクロマトグラフィーを組み合わせなければならない。

⑪ なお，アフィニティークロマトグラフィーを用いたNADPH-P450還元酵素を部分精製するためには，⑦の溶出に引き続き，50mMリン酸カリウム（pH 7.25）-0.35%デオキシコール酸ナトリウム-0.15%コール酸ナトリウム-20%グリセロール-1mM EDTA-1mM DTTで溶出する。

4. ゲルろ過

原理：ゲルのろ過によく用いるSephadex（表Q-2）は多糖のデキストランを架橋して鎖状多糖類の三次元網状構造を形成させた，親水性で不溶性の小さな粒子である。この分子は多くの水酸基を含んでいるために非常に極性が高く，水に溶かすと顕著に膨潤

[表Q-2] Sephadexの性質

Type	分画範囲（MW）デキストラン	分画範囲（MW）ペプチド・タンパク質	Water Regain (gH$_2$O/g dry gel)	Bed Volume (mL/g dry gel)
G-10	～ 700	～ 700	1.0±0.1	2
G-25	100～ 5,000	1,000～ 5,000	2.5±0.2	5
G-50	500～ 10,000	1,500～ 30,000	5.0±0.3	10
G-100	1,000～100,000	4,000～150,000	10.0±1.0	15～20
G-200	1,000～200,000	5,000～600,000	20.0±2.0	30～40

する。Sephadexを詰めたカラムに大きさの異なる分子の混合物を通過させると大きな分子から順に溶出分離されてくる。これは小さな分子はこのゲル内に入ることができるが、大きい分子はその架橋網状構造から排除されたためである。すなわち、カラム内で溶質分子が自由に動き回り得る溶媒の体積は大きい分子の方が小さい分子の場合よりずっと少ないので、その違いを利用した分離法がゲルろ過である。

ゲルカラムの総体積 (V_T) は、ゲル骨格の体積 (V_g) と、ゲル粒子内に含まれる水の体積 (V_I) と、ゲル粒子の間隙を満たす水の体積 (V_0) の合計である。

$$V_T = V_0 + V_I + V_g$$

ここで V_0 は空隙体積で、ゲル粒子から完全に排除される化合物を溶離するのに必要な液体の体積である (Void Volumeといわれる)。

また V_I はゲルの乾燥重量 (g) と吸水量 (Water Regain, Wr) から、$V_I = g \cdot Wr$ で求められる。Sephadex G-25の場合、1g乾燥重量の吸水量が2.5 mLである。化合物の溶出体積 (Elution Volume, V_e) とは、その化合物を溶出させるのに必要な体積であり、$V_e = V_0 + Kd \cdot V_I$ で示される。Kd は化合物がゲル内に取り込まれる内部体積の割合を示し、カラムの形、大きさとは無関係である。

$$Kd = V_e - V_0 / V_I = V_e - V_0 / g \cdot Wr$$

ある分子がゲルから完全に排除される場合、$Kd = 0$、$V_e = V_0$ となる。逆にゲルに完全に取り込まれる場合、$Kd = 1$、$V_e = V_0 + V_I$ となる。すなわち、Kd 値は0から1の間であり、$Kd > 1$ の場合、ゲルへの化合物の吸着が起きている。このような現象が観察されたときには、ゲルを他の種類のゲル、例えばBiogel等に変えるか、またはイオン強度を上げることによっても防ぐことができる。逆に、これを利用して精製分離に使用されることもある。

ここに Kd^1 と Kd^2 という Kd 値を持つ物質があり、その溶出体積の差が V_s であるとすると、

$$V_s = V_e^1 - V_e^2 = (V_0 + Kd^1 \cdot V_I) - (V_0 + Kd^2 \cdot V_I)$$
$$= Kd^1 - Kd^2 / V_I$$

すなわち、両物質が完全に分離するためには、試料体積が V_s を越えてはならない。これはカラム内での拡散や不規則な流れのために、溶出曲線が理想限界値を越えて広がるからである。また、タンパク質などのような電解質を分離するには、その相互作用を除くためにイオン強度を0.1以上にすることが望ましい。

イオン強度 $(I) = \Sigma m_i \cdot z_i^2 / 2 = \Sigma c \cdot z_i / 2$
m_i；イオンのモル濃度、z_i；イオンの原子価、
c；イオンの当量濃度

計算例
0.5M NaCl $\quad I = \{0.5 \times 1^2 + 0.5 \times 1^2\} \div 2 = 0.5$
0.5M MgCl$_2$ $\quad I = \{0.5 \times 2^2 + 2(0.5 \times 1^2)\} \div 2 = 1.5$

以下にゲルろ過の応用例として、Sephadex G-25を用いたブルーデキストラン、リボフラビンおよびビタミンB$_{12}$の分離例を示す (図Q-3参照)。

① 膨潤したゲルを吸引ビンに入れ、アスピレーターにて真空吸引し、ゲルを攪拌しながらゲル内の空気を除去する (30分間)。

② ガラスカラムの底に脱脂綿の小片を敷き、ゲルがカラムから流れ出ないように綿栓をし、カラム先端に付けたスクリューコックを閉じ、カラムの中程まで水を入れる。このとき、脱脂綿やカラム先端に空気の泡が残らないようにする。これに脱気

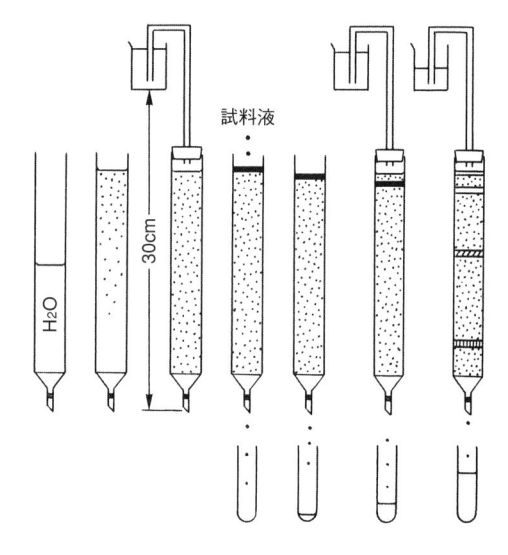

注) 緩衝液を入れたビーカーとカラム先端の落差は約30cmが適当である

[図Q-3] ゲルろ過の操作の概略

したゲルを流し込み，次いでスクリューコックを開き，水を排出しながら，さらにゲルをカラムに流し込み重層したゲルの高さがカラム上端から約3cmになるようにする。

③ 重層したゲルがこの高さになったら，スクリューコックを閉じ，溶出液を水から0.2Mリン酸緩衝液（pH 7.2）に切り換え，カラム体積の約3倍量のリン酸緩衝液を流す。この際，重層したゲル上面が空気に接することがないように，また，カラム内の液が枯れないようにする。

④ カラム内のゲルが緩衝化されたら，液面がゲル上面と一致するところでスクリューコックを閉じ，1 mg/mLのブルーデキストラン，1 mg/mLのビタミンB_{12}，1 mg/mLリボフラビンをそれぞれ0.5 mLずつ試験管にて混ぜ，この試料混液1 mLをゲル上面に重層し，コックを開け，試料混液をゲル内に浸透させる。試料混液がゲル内に完全に浸透したらピペットで緩衝液を少し補い，試料をゲル内に浸透させる。このとき，ゲル上面が少し乾くぐらいで緩衝液を足すのがよい。また，ゲル上面が液を足すときに乱れないように注意する必要がある。

⑤ 引き続きカラム内に緩衝液を補いながら，予め3 mLの容量の目印をつけた試験管で順次カラムからの溶出液を採取し，各試料のカラム添加時から溶出するまでの容積を求める。

5. 逆相クロマトグラフィー

原理：生体内成分は，その物質の性質により水やほかの成分と混じり合った溶液に混在する。例えば，ビタミンは水溶性のものと脂溶性のものがある。これらは生体のなかでは水に溶けていたり，脂肪に溶けていたりする。逆相クロマトグラフィーは，分配クロマトグラフィーとも呼ばれ，溶質の固定相液体および移動相溶媒への分配係数の差によって分離が行われる。極性から無極性まで，広範囲な溶質の分離が可能であり，高速液体クロマトグラフィーで超微量の生体成分の迅速な分析に多用されている。

充填剤である固相には種々の官能基を導入した化学結合型シリカゲル（粒子直径3〜10μm）がよく使用されている。官能基の導入には，その表面に存在するシラノールへのシリル化反応が最も多く使用されているが，反応試薬や反応方法によって結合炭素量，分離特性が変わる。

例えば，一般によく使われるODS（C18）は，図Q-4に示すような反応でオクタデシル化を行うが，シリカゲルのすべてのシラノール基に結合するのは不可能なため，オクタデシル化後もシラノールは残る。この残ったシラノール基をより小さな分子のシリル化剤で処理することをエンドキャッピングといい，一般的な反応は図Q-5に示す。このエンドキャッピングの程度により残存シラノール量が異なり，吸着性が異なる。このような固相に吸着したサンプルを物質の持つ脂溶性，水溶性を利用し，様々な水と極性溶媒の混合液でサンプルを固相から脱着させるクロマトグラフィーである。ODS以外に，C8（オクチル），C2（エチル）が導入された固相もある。

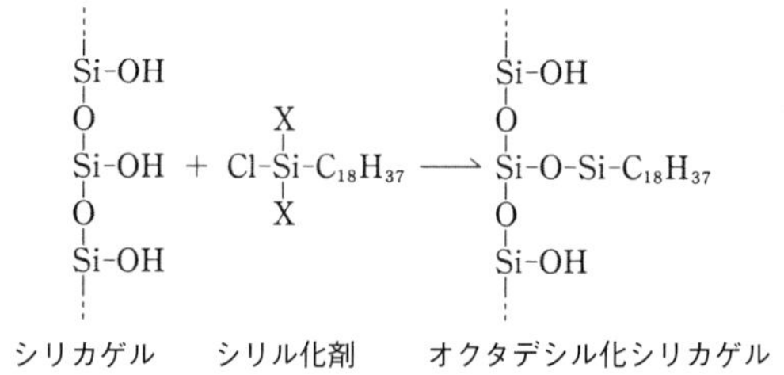

[図Q-4] オクタデシル化反応

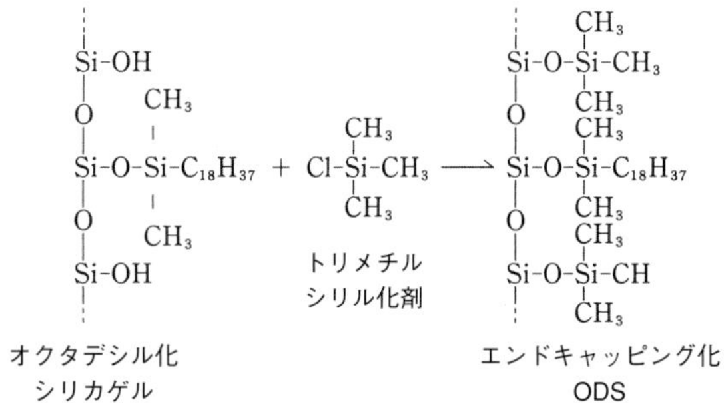

[図Q-5] エンドキャッピング反応

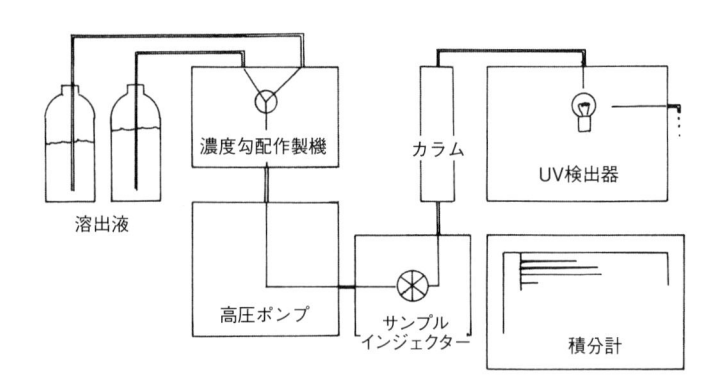

[図Q-6] 高速液体クロマトグラフィー装置見取り図

高速液体クロマトグラフィー装置の基本的な構成を図Q-6に記す。高圧ポンプ（溶出流量が厳密なもの），各種溶媒を混合するミキサー（多くの場合，電磁バルブをコンピュータで制御），固相であるODSが充填されたカラム（ステンレス製が多い），カラムからの溶出液をモニターする機械（紫外部吸光度計，蛍光検出器等）からなる。

5.1 ヌクレオチドの高速液体クロマトグラフィーによる分離定量

器具：高速液体クロマトグラフィー装置（紫外部吸収モニターを装備しているもの），ODSカラム（C18, 4.6×150 mm），記録計または自動積分計，吸引ビン，ガラス製メンブランろ過装置，マイクロシリンジ（～20μL），ホモゲナイザー，解剖具

試薬：過塩素酸，1μmoleのATP，GTP等のヌクレオチドの標準試薬，メタノール（高速液クロ用）
A液：5 mM 臭化テトラ-n-ブチルアンモニウム-20 mMリン酸カリウム緩衝液, pH 3.5
B液：5 mM 臭化テトラ-n-ブチルアンモニウム-20 mMリン酸カリウム緩衝液, pH 3.5, (40%容量) + (60%容量) アセトニトリル

臭化テトラブチルアンモニウムはイオンペアー試薬であり，カラム樹脂への吸着を促す。リン酸緩衝液はこのpHではほとんど緩衝能はない。高速液体クロマトグラフィーに用いる純水は抵抗値が1.5 MΩ以上の水を使う必要がある。また，これらの溶液は使用前に0.45または0.22μmのポアのメンブランフィルターでろ過し，脱気する必要がある。アセトニトリルは高速液体クロマト用試薬を使う必要がある（試薬特級では紫外部吸収物質がある）。

実験例：生体内では，ATPをはじめ生体エネルギーの要求に対応する各種ヌクレオチドが存在し，生命の恒常性を維持している。生体エネルギーレベルの迅速微量定量法として，逆相カラムを用いた高速液体クロマトグラフィーが利用されている。

ラット肝臓を摘出後，素早く冷生理食塩水で血液を洗い流し，肝臓重量を測定する。肝臓重量の4倍量の冷5%過塩素酸溶液中で，冷やしながらハサミで細切りした後ホモゲナイザーで肝臓を磨砕する。肝臓磨砕液を3,000 rpm, 10分間遠心し，上清を得る。これに飽和KOHを加えながらpH試験紙で，ほぼ中性になるようにする。生じた過塩素酸カリウムの結晶を遠心除去し，上清をサンプルとし，容量をできるだけ正確に測定する。

カラムを高速液体クロマトグラフィー装置に取付けた後，A：B＝95：5の混合液を1.0 mL/minの流速にセットし，約30分間カラムを平衡化する。平衡化後グラジエントをサンプル注入25分後A：B＝50：50の混合液になるようにセットしておく。サンプル10μLをマイクロシリンジ（サンプラーのメーカーにより針先が異なるので注意）にとり，サン

プラーに導入する。コックをすばやく切り替え，カラムにサンプルを入れる。直ちに，積分計，作製プログラムを作動させる。これらの誤操作や遅れは物質のカラムからの溶出時間（リテンションタイム）の誤り，すなわち物質の同定に誤りをもたらすので，実験前にその操作法を習熟するようにしておくことが大事である。溶出のプログラムが終了したら，元のカラム平衡溶液で平衡化し次のサンプルの注入を待つ。

操作が終了したら，必ずカラムや配管系を純水とアセトニトリルおよびメタノールで洗浄する。これは，夾雑物の除去やカラムの寿命を延ばすとともに，次回の精度の高い分析を行うためにも必要である。なお，この洗浄操作時に，純水からメタノールに直ぐ切り替えると気泡が生じカラムを傷めるので，必ずアセトニトリルを流してから行う必要がある。

生体成分には260 nmに吸収を持つヌクレオチド以外の物質も多種存在する。それ故，分析したチャートで即断できるヌクレオチドはわずかである。そこで，生体のサンプルのピークを同定するために既知のヌクレオチドを生体サンプルに添加し，改めて高速液体クロマトグラフィーを行う。その結果，生体成分だけで行ったときより高いピークが現われ

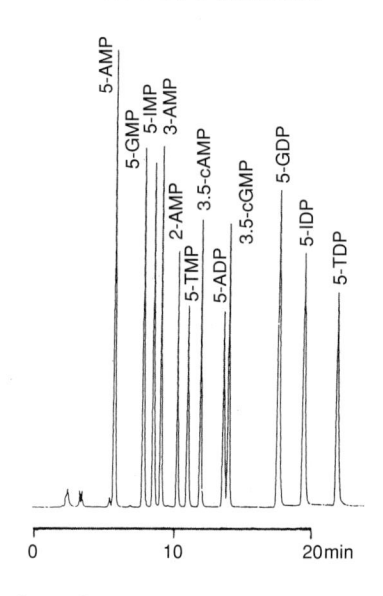

[図Q-7] ヌクレオチドの溶出パターン

る。これが，例えば既知のADPであればそのピークはADPであると同定できる。場合によれば，溶出条件を変えてピークの同定を行う。定量には既知の標準ヌクレオチドの検量線を作製する。

参考に図Q-7に標準ヌクレオチドの溶出パターンを示す。

Point

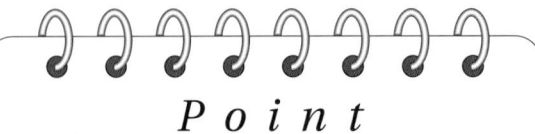

- 物質の分離・精製に用いる場合は複数のクロマトグラフィーを組み合わせて行うことが多い。
- 目的とする物質がカラムに吸着する場合は溶出前に十分な洗いが必要である。
- サンプル量を多くすると十分な分離を得られないこともあるので注意する。
- 物質の分離・同定においては，前処理により不純物を除去した方がよい場合が多い。
- 逆相カラムなどについては，メーカーから基準となる物質の分離例が開示されていることが多いので，分離条件の決定に役立つ。

R 薄層クロマトグラフィー

薄層クロマトグラフィーは簡易な方法であるが，クロマトグラフィーの原理を学ぶのにふさわしい。原理を学ぶことにより，サンプルに用いる物質の幅広い情報が得られる。また，類似物質の分子性状の相違を知ることも可能であり，クロマトグラフィーの有用さをこの章で学んで欲しい。

1. 薄層クロマトグラフィー総論

薄層クロマトグラフィー（Thin-layer chromatography：TLC）はいろいろな物質の混合物をシリカゲル，アルミナ，セルロースなどの吸着剤の薄層上で分離し，それぞれの分離帯を蛍光法，発色法などの方法により検出するものである。原理的には 1）吸着クロマトグラフィー，2）分配クロマトグラフィー，3）イオン交換クロマトグラフィーなどに分類される。また，ガスクロマトグラフィーや液体クロマトグラフィーでは，カラム入口と出口の圧力差によって移動相が流れるが，TLC の流れは毛細管現象のみによる。薄層プレートを展開溶媒中に浸し，移動相溶媒を染み込ませると，フロント（溶媒先端）ははじめ速やかに移動するが，次第に遅くなり，一定の距離に達するとほとんど静止し，溶媒フロントの移動距離はその速さに反比例する。プレートに塗布した試料中の物質が展開に伴って形成するスポットの位置は，移動した距離をもとに以下の式で求められる Rf 値で表示する。

$$Rf 値 = \frac{溶質の展開距離}{原点－フロント間の距離}$$

TLC はガスクロマトグラフィーや液体クロマトグラフィーと比較すると，以下のような利点と欠点がある。

利点：1）手法が簡単で安価である。2）分析が迅速に行われる。3）多数の試料を同一のプレート上で同時に分離できる。4）二種の溶離液を使用すると分離を二次元的に行える。5）分離帯を肉眼で識別でき，成分の見落としがない。6）多様な発色試薬を利用できるため，全成分あるいは特定成分の検出が可能である。

欠点：1）Rf 値の再現性が劣るため，標準物質との比較が常に必要である。2）定量精度はあまりよくない。3）自動化には不適である。4）大量の混合物の分離には不適当である。

展開の終わった分離帯の検出には，試料と薄層板の特性に応じて以下のような方法が用いられる。

①有色物質：色素や DNP-アミノ酸のような有色物質は分離帯が肉眼で識別できるので，無蛍光のシリカゲル薄層上で検出すればよい。

②蛍光性物質：紫外線を吸収して蛍光を発する DNS-アミノ酸，ビタミン類などは，無蛍光のシリカゲル薄層で展開し，紫外線ランプで分離帯を識別する。

③紫外線吸収物質：無色で紫外部に吸収される化合物はシリカゲル GF，PF 上で分離し，水銀灯で照射すると，分離帯は黒い帯状となって識別される。

④試薬または炭化によって発色させる方法：目的の物質を特異的に発色させる試薬をスプレーし，加熱等の処理を施すと発色する。

⑤水をスプレーする方法：糖類や胆汁酸などの親水

性化合物は，プレートに蒸留水をスプレーすることによって分離帯が透明化して，不透明の薄層プレートと区別できる。

2. 吸着クロマトグラフィー

原理：溶液が微細な粉末と接触するときには，その固体表面と溶質との間に親和力が働き，固体の表面における溶質の濃度は溶液中の濃度よりも大きくなる。この現象を吸着と呼ぶ。吸着クロマトグラフィーは，吸着力の差を利用して2種類以上の物質を分離する手法である。薄層板には粒度分布の狭い，平均粒径15μm程度のシリカゲルなどの粉末を250μmの薄い層として固着させたものなどが使用される。ここではシリカゲル薄層板を用いた乳中オリゴ糖の分離を述べる。

2.1 シリカゲル薄層板を用いた乳中オリゴ糖の分離

展開溶媒（1-Butanol：酢酸：蒸留水＝2：1：1）
発色試薬（DPA溶液）：1.0g diphenyl amine, 1.0mL aniline, 10mL 85% phosphoric acid, 100mL acetoneを混合したもの。毒性があるので必ずドラフト内で使用すること。
トリクロロ酢酸：100mg/mL

方法：
① 除タンパク操作：乳製品等の試料200μL（又は20mg）に蒸留水300μLを加えてよく混合し，これにトリクロロ酢酸500μLを加える。数分間放置した後に遠心分離（6,000rpm, 15min）し，透明な上清を別の容器に移す。
② 図R-1のようにTLCプレートに鉛筆で軽く印をつける。
③ 毛細管を用いて鉛筆線上に試料および標準溶液のグルコースを10μLずつ塗布し，直ちにドライヤーで乾燥させる。
④ ビーカーの側面にろ紙を取り付け，ろ紙を湿らせながらビーカー内に展開溶媒を入れる（底から約5mm）。ろ紙に触れないようにTLCプレートを置き，アルミホイルでビーカーのフタをする。
⑤ TLCプレートの上端から約5mmまで展開した時点で止め，酢酸臭がしなくなるまでドライヤーでプレートを乾燥させる。
⑥ ドラフト内でプレートにDPA溶液を噴霧した後に乾燥させ，ガラス板2枚でプレートを挟み，クリップで固定する。
⑦ 恒温器（110℃）で約10分間加熱する。
⑧ 原点からのバンドの移動距離を測定し，Rg値を決定する。
　Rg値＝未知化合物の移動距離／グルコースの移動距離

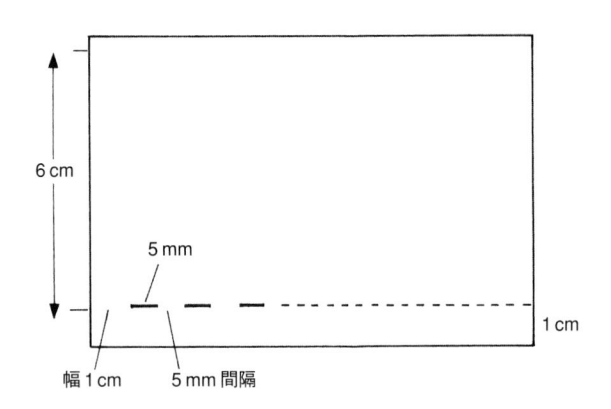

[図R-1] 試料の塗布位置

3. 分配クロマトグラフィー

原理：分配クロマトグラフィーとは，溶質が直接固定層に相互作用しないのが特徴である。溶質は固定層に保持された液体成分と相互作用し，液体への溶解度の違いにより，分離される。ここではセルロース薄層板を用いたRNA成分（AMP, GMP, CMP,

UMP)の分離を述べる。セルロース薄層板は担体であるセルロースをガラス板またはプラスチック板に塗布されたものが市販されているが，適当なサイズに切断したものを用いる場合，プラスチック板の方が扱いやすい。セルロースに保持された水分子とRNA成分が相互作用し，親水性の違いによりRNA成分を分離することができる（図R-2）。

3.1 リボヌクレオシド−リン酸（NMP）の薄層分配クロマトグラフィー

試薬：5 mM AMP，5 mM GMP，5 mM CMP，5 mM UMP
セルロース薄層板：8.5×5 cm，厚さ0.1m（MERK，1.05577.0001）
展開液：メタノール/12M HCl/水（7：2：1，V/V/V）

方法：リボヌクレオシド−リン酸（AMP，GMP，CMP，UMP）を毛細管を用いてセルロース薄層板（8.5×5 cm，厚さ0.1mm）に1μLずつ添加し，ドライヤーで乾燥後，展開液を用いて展開する。展開溶媒が原点より6 cmの位置まで到達したら（約50分間）薄層を取り出し，ドライヤーで乾燥させる。乾燥した薄層に暗所で紫外線を照射し，紫外線が吸収されて黒く見える部分および青紫色の蛍光を発する部分を鉛筆でふちどりをする。青紫の蛍光はグアニル酸に含まれるグアニンによる。実験ノートに原寸大でスケッチし，それぞれの物質のRf値（p175）を測定する。

4. イオン交換クロマトグラフィー

4.1 薄層イオン交換クロマトグラフィーによるアデニンヌクレオチドの分離

原理：イオン交換クロマトグラフィーの原理についてはQ章のイオン交換カラムクロマトグラフィーを参照する。

ヌクレオチドの分離にはポリエチレンイミン（PEI：(-CH$_2$-CH$_2$-NH$^+$-)n，弱塩基性陰イオン交換体）を用いる。

アデニレートキナーゼ（AK）（EC 2.7.4.3）は，ATP＋AMP⇄2ADPの反応を触媒する。ここでは，基質にはリン酸供与体としてATPとリン酸受容体としてNMP（AMP，GMP，CMP，UMP）を用いてAK反応を行う。生ずるADPおよびNDPをPEIセルロース薄層板（MERK 1.05579.0001）を用いたイオン交換クロマトグラフィーで分離同定し，アデニレートキナーゼのリン酸受容体に対する特異性を調べる。

試薬：
① [緩衝液] 100mM Tris/HCl，11mM MgSO$_4$，1 mM EDTA，pH 7.5
② [基質] 40mM ATPおよび40mM NMP（AMP，GMP，UMP，CMP），pH 7.5
③ [酵素希釈液] 10mM Tris/HCl，0.2mM EDTA，1 mg/mL BSA，pH 7.5
④ [酵素] 0.05mg/mL AK
⑤ [2M PCA] 市販の60% PCA（過塩素酸 HClO$_4$，9.2M）を希釈して調製。除タンパク剤として用いる。

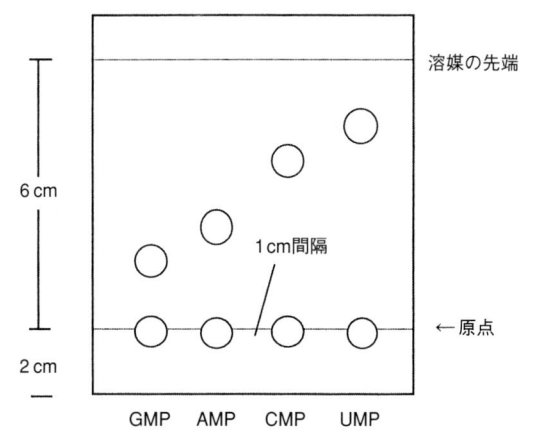

[図R-2] RNA成分のクロマトグラム

⑥ [1.6 M KOH] PCAを中和するのに用いる。

実施法：表R-1参照

[表R-1]

試 薬	C（AMPのみ）	E（AMP）	E（GMP）	E（CMP）	E（UMP）
緩衝液	1.0 mL	1.0 mL	1.0 mL	1.0 mL	1.0 mL
40 mM ATP	0.25	0.25	0.25	0.25	0.25
40 mM AMP	0.25	0.25	—	—	—
40 mM GMP	—	—	0.25	—	—
40 mM CMP	—	—	—	0.25	—
40 mM UMP	—	—	—	—	0.25
酵素希釈液	0.5	—	—	—	—
酵 素	—	0.5	0.5	0.5	0.5
室温で60分間反応					
2 M PCA	0.5	0.5	0.5	0.5	0.5
室温で10分間放置後，3000 rpmで10分間遠心し，上清0.8 mLをマイクロピペットで別の試験管にとる。					
遠心上清	0.8	0.8	0.8	0.8	0.8
1.6 M KOH	0.2	0.2	0.2	0.2	0.2
よく撹拌後5分間静置する。PCAはKOHで中和され，不溶性の過塩素酸カリウム塩として沈澱する。上清2μLをPEIセルロース薄層板（8.5×6 cm，厚さ0.1 mm）に添加し，薄層板をメタノールに10分間浸した後，ドライヤーで十分乾燥する。0.4 M酢酸-0.4 M LiClで約7分間展開後，ドライヤーで十分乾燥する。UVランプを照射してヌクレオチドを検出し，AK反応で生じる生成物を確認する。原寸大でスケッチし，それぞれのヌクレオチドのRf値を測定する。					

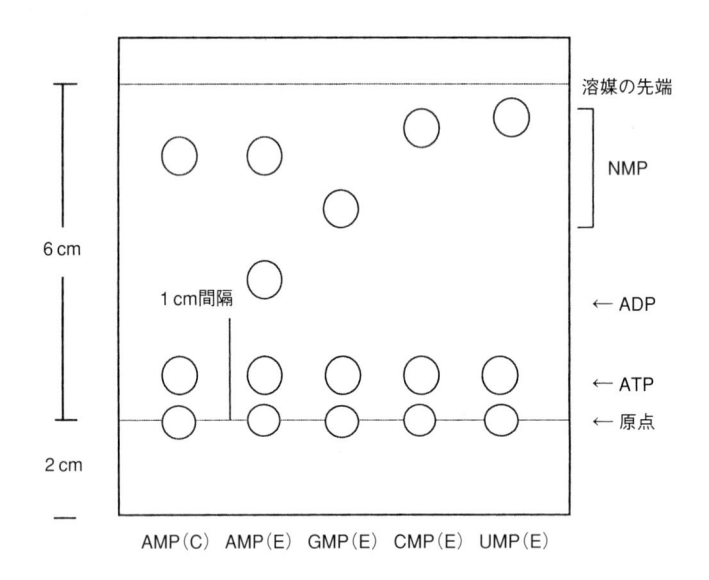

[図R-3] アデニレートキナーゼ実験のクロマトグラム

※アデニレートキナーゼはリン酸受容体に対する特異性が高い。アデニレートキナーゼ反応ではAMPのみにリン酸が転移され，AMPのコントロール（C）には見られないADPが生成される。ほかのリボヌクレオシド一リン酸には反応が見られない。このイオン交換クロマトグラフィーでは陰性電荷の強い程，移動度は小さい。ATP，ADP，AMPの分離を例に挙げると中性付近では陰性電荷の強さが ATP＞ADP＞AMPであるため，移動度の大きさは逆に AMP＞ADP＞ATPとなる（図R-3）。

Point

- クロマトグラフィーの結果（クロマトグラム）をスケッチし，検出された物質の相対移動度を計算してみよう。
- 検出された物質の移動度の違いが何に起因するかを調べてみよう。
- 物質の検出方法を調べてみよう。

S 免疫化学実験法

抗原抗体反応の特異性を利用する免疫化学実験法は幅広く活用されている方法である。この章では免疫学的同定法および定量法を取り上げており，各方法の原理を学んで欲しい。最近では抗原抗体反応の検出感度を高める種々の方法が開発されており，その基礎となる内容である。

1. 抗血清の調製法

抗血清を調製するときは，血清などのように多種類のタンパク質を含む生体試料を免疫原として用いる場合もあるし，高度に精製されたタンパク質および多糖類を免疫原とする場合もある。何を免疫原とするかは研究目的により異なる。タンパク質および多糖類などの巨大分子はそれ自体で抗体産生を引き起こすことができる。つまり免疫原性を有するが，小さなペプチドホルモン，ステロイドホルモンなどのようなハプテンはそれ自身では免疫原性がないため，牛血清アルブミンのような担体（キャリアー，carrier）に化学的に結合させてはじめて抗体を産生させることができるようになる。

1.1 免疫動物

抗血清を調製するために一般的に用いられる動物は，ウサギ，モルモット，マウス，ヒツジ，ラット，ニワトリなどである。いずれの動物も実験に用いる前には1週間前後，飼育環境に慣らしてから使うことが大切である。また，雌の方が一般に抗体産生がよい。

1.2 免疫アジュバント

動物の免疫には，一般に免疫原と抗体産生を促進するアジュバントを混合したものを用いる。アジュバントにはフロイント不完全アジュバント（FIA）とフロイント完全アジュバント（FCA）の2種類がある。前者は鉱物油と界面活性剤（通常アラセルA）が85：15の割合からなり，抗原刺激を長期にわたって持続させる。後者は菌体あるいは菌体成分をFIAに含むもので，加熱結核死菌がよく用いられており，免疫系における細胞間の情報伝達を増強する。

1.3 ウサギ抗血清の調製法

生理的食塩水（0.9% NaCl溶液）に溶解した免疫原（1〜3 mg/mL）0.5 mLとフロイント完全アジュバント0.5 mLを三方活栓などを用いてよく混合し乳化する（タンパク質は強い混合により変性するので注意する）。エマルジョンをウサギの背中数箇所に分けて皮内注射する。初回免疫から3および4週後に，初回免疫に使用した免疫原量の半量を皮下に追加免疫（ブースター）する。最終免疫より1週後に心臓から全採血し，血清を分取する。抗血清に防腐剤としてアジ化ナトリウム（NaN_3）を0.1%の濃度となるように添加し，4℃または−20℃で保存する。

2. 抗体の精製法

　免疫学的実験には抗血清をそのまま用いる場合もあるが，特定の抗原に対する特異抗体を用いる場合が多い。ここではアフィニティークロマトグラフィー（p167参照）による特異抗体の精製方法について述べる。

試薬および材料：

　100 mM NaCl，2 M Na_2CO_3，臭化シアン（CNBr）アセトニトリル，100 mM $NaHCO_3$，1 M グリシン，リン酸緩衝化生理的食塩水（PBS）：150 mM NaCl，20 mM リン酸ナトリウム，pH 7.2，500 mM NaClを含む20 mM リン酸ナトリウム緩衝液（pH 7.2），3 M チオシアン酸カリウムを含むPBS（pH 7.2），高度精製抗原，ガラスビーカー，ガラスろ過器（3G3），セファロース4B（ファルマシア社），カラム（カラムサイズはゲル容量に合わせる），ペリスタポンプ

方法：

① ガラスろ過器を用いて，100 mM NaCl 500 mL，次いで水500 mLで洗浄したセファロース4B 10 mLを50 mLのガラスビーカーに移し，10 mLの水に懸濁し，2 M Na_2CO_3 20 mLを加えて氷冷下で15分間撹拌する。

② アセトニトリルに溶解した臭化シアン（2 g/mL）0.5 mLを加え，10分間撹拌してセファロース4Bを活性化する。

③ セファロース4Bは，直ちにガラスろ過器を用いて氷冷水500 mL次いで100 mM $NaHCO_3$ 100 mLで洗浄する。

④ 臭化シアン活性化セファロース4Bに，あらかじめ100 mM $NaHCO_3$に対し十分透析した抗原（4〜6 mg）を添加し，4℃で4時間撹拌して抗原をセファロース4Bに結合させる。

⑤ 抗原-セファロース4Bをカラム（1.5×8 cm）に詰め，ペリスタポンプを用いて1 Mグリシン100 mLを流速20 mL/hで4℃で一晩カラムに循環し，残存する活性基をブロックする。

⑥ カラムはPBS次いで3 M チオシアン酸カリウムを含むPBSで洗浄後，500 mM NaClを含む20 mMリン酸ナトリウム緩衝液（pH 7.2）で平衡化する。

⑦ 抗血清を500 mM NaClを含む20 mMリン酸ナトリウム緩衝液で5倍希釈し，12,000 xg，15分間遠心し，不溶物を除去する。

⑧ 得られた上清をペリスタポンプを用いて20 mL/hの流速で抗原-セファロース4Bカラムに添加し，特異抗体を吸着させる。

⑨ 500 mM NaClを含む20 mMリン酸ナトリウム緩衝液で，カラム流出液の波長280 nmにおける吸光度が0.01以下になるまでカラムを洗浄後，3 M チオシアン酸カリウムを含むPBSを用いて特異抗体をカラムから溶出する。溶出液を2〜3 mLずつ分画し，各画分の波長280 nmにおける吸光度を測定する。抗体を含むピーク画分をプールし，直ちにPBSに対して十分透析し（透析液は数回換える）チオシアン酸カリウムを除く。IgG抗体濃度は紫外部280 nmにおける吸光係数（ウサギIgGの場合 $A_{280nm}^{1.0\%} = 14.6\,cm^{-1}$）を用いて算出すると便利である。

3. 免疫学的同定法

3.1 ゲル内沈降反応

　タンパク質や多糖類などの可溶性高分子の抗原に抗体を反応させると，不溶性の抗原抗体複合体を生成する。これを沈降反応（precipitin reaction）という。ゲル内で沈降反応を行わせるゲル内沈降反応は広く用いられ，代表的なゲル内沈降反応は1948年 Ouchterlony[1]により創案された二次元二重免疫拡散法である。この方法は抗原および抗体の検出のみならず，同定も行える利点がある。スライドガラスまたはシャーレ上に寒

天などのゲル層をつくりこれに小孔（well，ウェル）を開け，隣接する小孔にそれぞれ抗原および抗体溶液を入れる。両者はゲル内を拡散していき，最適比（optimal ratio）のところで線状に沈降物を形成する。この沈降線の数は抗原抗体反応系の数を示す。

図S-1のように3個の小孔を開け抗血清，抗原AおよびBを入れゲル内沈降反応を行う。生成される沈降線の相互関係から抗原AとBの免疫学的相互関係を知ることができる。Ⅰでは抗血清と抗原AまたはBとの間にできる沈降線が完全に連続して融合しており，これは両者が免疫学的に同一であることを示す。Ⅱでは抗原AとBは免疫学的に互いに異なり，用いた抗血清が両者に対する抗体を含むときには，抗原AとBの沈降線がX状に交差する。抗原Aの複数の抗原決定基の一部が抗原Bにも存在するときには，Ⅲのようなスパー（spur）を生じる。この時抗原Bは抗原Aと交差反応し，交差反応性抗原と呼ばれる。

試薬および材料：
　PBS
　アガロース粉末
　シャーレ
　ゲルパンチャー（直径3～5mm）

方法：
①沸騰水中あるいはオートクレーブでアガロース粉末を1～1.2％の濃度になるようにPBSに溶かす。
②シャーレに，厚さ1mmになるようにアガロース溶液を注ぎ固まらせる。
③パンチャーを用いてゲルに小孔を開ける。
④抗原および抗血清を小孔に注入する（一定量を入れると再現性がよく，液が小孔から溢れないようにする）。
⑤シャーレにフタをし，室温あるいは4℃で反応させる（反応時間はウェルの間隔により異なるが，通常10時間前後である）。
⑥形成された沈降線を肉眼で観察する。

3.2　ウェスタンブロット法（Western blot technique）

電気泳動で分離されたタンパク質を，抗原抗体反応により検出する方法で非常に感度が高い。イムノブロット法，ブロット法とも呼ばれる。原理的にはタンパク質をゲルからメンブランフィルターに転写して解析するものである。転写法としては電気泳動による転写および電気泳動によるセミドライ法が主に用いられている。転写には多くの場合，ディスク-ポリアクリルアミドゲル電気泳動あるいはSDS-ポリアクリルアミドゲル電気泳動（SDS-PAGE）後のゲルが用いられるが，ここではSDS-PAGE後のゲルからポリビニリデ

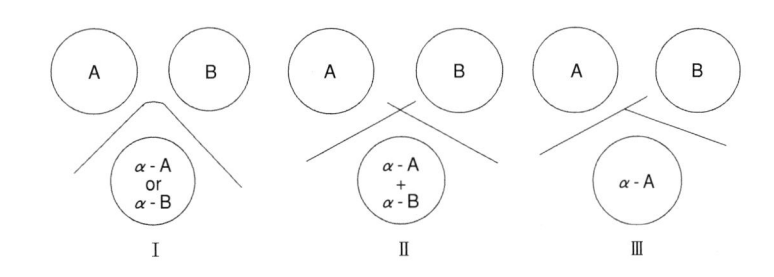

Ⅰ：抗原Aと抗原Bは免疫学的に同じである（一致：Identitiy）
Ⅱ：抗原Aと抗原Bは免疫学的に異なる（不一致：Non-identitiy）
Ⅲ：抗原Aと抗原Bは交差反応する（部分一致：Partial identitiy）
　　スパー（Spur）形成

[図S-1] オクタロニー二重免疫拡散法の基本的パターン

ンジフルオリド膜（疎水性膜）へのタンパク質の転写をセミドライ方式で行う方法を述べる。なおSDS-PAGEの方法に関しては，O章の電気泳動法とデンシトメトリー（p141）を参照すること。

試薬および材料：
① メタノール
② 転写用電極ろ紙（アトー社製）
③ 転写用緩衝液：5％（v/v）メタノール，192mMグリシン/100mMトリス緩衝液，pH 9.0
④ ポリビニリデンジフルオリド膜（アトー社製クリアブロット・P膜）
⑤ 転写装置（アトー社製ホライズブロット AE-6675P/N型）
⑥ パワーサプライ
⑦ トリス緩衝化生理的食塩水（TBS）：150mM NaCl，20mMトリス塩酸緩衝液，pH 7.6
⑧ マスキング溶液：1.0％（w/v）牛血清アルブミン，0.02％ NaN_3 を含むTBS
⑨ 免疫反応用緩衝液：0.1％牛血清アルブミン，0.1％ツイーン20，0.01％チメロザールを含むTBS
⑩ 洗浄液：0.1％ツイーン20を含むTBS
⑪ 酵素（アルカリ性ホスファターゼまたはペルオキシダーゼ）標識抗IgG抗体

基質溶液：
① ペルオキシダーゼ用：
　0.67mM 3,3'-ジアミノベンジジン四塩酸塩
　13mM H_2O_2
　100mMトリス塩酸緩衝液（pH 7.6）
② アルカリ性ホスファターゼ用：
　0.4mM ニトロブルーテトラゾリウム
　0.4mM 5-ブロモ-4-クロロ-3-インドリルリン酸
　（これら2つの試薬は緩衝液に直接には溶解しにくいのであらかじめN,N'-ジメチルホルムアミドに溶解させておく）。
　100mM NaCl
　5mM $MgCl_2$
　100mMトリス塩酸緩衝液（pH 9.5）

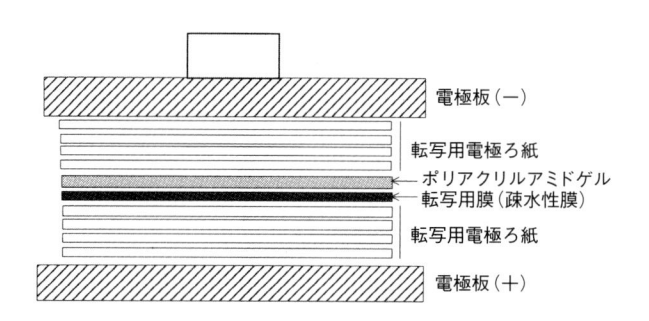

[図S-2] ポリアクリルアミドゲルからタンパク質を転写用膜（疎水性膜）に転写するためのセミドライタイプトランスファー装置の模式図

方法：
① SDS-PAGE後のゲルおよび転写用電極ろ紙8枚を転写用緩衝液に15分間浸漬する。
② P膜を100％メタノールに20秒間浸した後，直ちに転写用緩衝液に30分以上浸漬する。図S-2のように転写装置の水平型平面プレート電極間に下からろ紙（4枚），P膜，ゲル，ろ紙（4枚）の順にセットする（セットするとき，膜とゲルとの間に気泡が入らないように注意する）。操作は15分以内に完了させ，転写は $2mA/cm^2$ の定電流で90分間行う。
③ 転写終了後のP膜をTBS 50mLで1回洗浄後，マスキング溶液50mLに一晩浸漬し，膜を牛血清アルブミンでマスキングする。
④ 膜を免疫反応用緩衝液で適切に希釈した特異抗体あるいは抗血清溶液20mLに浸し，室温で2時間振とうしながら反応させる。
⑤ 膜を洗浄液50mLで振とうしながら3回（10分/回）洗浄し，免疫反応用緩衝液で適切に希釈した酵素標識抗IgG抗体溶液20mLに浸し，室温で2時間振とうしながら反応させる。一次抗体および酵素標識二次抗体は，ケースバイケースで決定する。例えば，一次抗体にウサギ抗体を用いる場合は，標識抗体としてヤギ抗ウサギIgG抗体を用いるなど各自の実験系で組み合わせを選定する。
⑥ 膜を洗浄液50mLで3回洗浄し（10分/回），次いでTBS 50mLで2回（5分/回），さらに水50mLで1回（5分）洗浄後，酵素の基質溶液30mLに浸し，振とうしながら反応させる。反応は膜を水

50 mLで数回洗浄することによって停止させ，膜はろ紙にはさんで乾燥する。

3.3 免疫電気泳動法

O章の免疫電気泳動法（p148）に記載。

4. 免疫学的定量法

4.1 単純放射状免疫拡散法（single radial immunodiffusion, SRID）

ゲル内沈降反応を利用して抗原または抗体を定量する方法で1965年Manciniら[3]およびFaheyとMckelvey[4]により別々に考案された。

一定濃度の抗体を含んだ寒天などのゲル層をガラス板の上につくり，小孔を開けて抗原溶液を一定量入れる。抗原は抗体を含んだゲル内を拡散し，円形状の沈降物（沈降輪，precipitin ring）が生成される。抗原濃度と沈降輪の直径の2乗との間には直線関係が成立するので，検量線から測定すべき試料の抗原濃度を求めることができる。

試薬および材料：
①PBS
②アガロース粉末
③ノギスあるいはものさし
④ガラス板（11×8.5cm）
⑤ゲルパンチャー（直径2～3 mm）

方法：
①沸騰水中あるいはオートクレーブでアガロース粉末を1～1.2％の濃度になるようにPBSに溶かし，試験管に9 mLずつ分注し，50～56℃の湯ぶねにつけておく。

②抗血清（最適濃度は抗血清によって異なるので検討しておく。ゲル中の抗体濃度0.05～0.2 mg/mLが目安）を50～60℃に温め，1 mLを①のアガロース溶液に加えて混合し，水平に置いたガラス板上に注いで固まらせる。

③ゲルパンチャーを用い直径2～3 mmの小孔を1.5～2.0 cmの間隔で開ける。

④2倍階段希釈した標準抗原溶液および試料をそれぞれ正確に4 μLずつ小孔に入れた後，ゲルを容器に入れ密封し，室温に約48時間静置する。

⑤時間によって生成された沈降輪の直径が変化しないことを確かめた後，各小孔のまわりにできた沈降輪の直径を測定する。この際，観察箱の上でゲル面を下にしてノギスあるいはものさしを直接ガラス面にあてると正確に測定することができる。

⑥抗原濃度を横軸に，沈降輪の直径の2乗を縦軸に目盛り，検量線をつくる。各点が一直線上にのることが必要である。

4.2 酵素免疫測定法

(1) ラジオイムノアッセイから酵素免疫測定法へ

ラジオイムノアッセイ（radioimmunoassay，RIA）は放射性免疫測定法，放射性免疫検定法，放射性免疫定量法ともいう。抗原抗体反応を利用して物質を測定する方法のうち放射性同位体（ラジオアイソトープ）を標識とする方法の総称である。1959年 BersonとYalow[2]によりインスリンを測定するために開発された。放射性同位体を使うことにより，それまでの方法と比べて飛躍的に高い感度が得られる。これまでにホルモン，薬物，病原体などの多くの物質の微量定量法が確立され，様々な分野において多大の貢献をもたらした。

しかし，放射性同位体の人体への影響，放射性物質を取扱うための特別な施設や設備が必要なこと，取扱い者に一定の資格が必要なこと，取扱い上の厳しい規制を受けること，さらには放射活性の減衰により試薬の有効期間に制約を受ける等の欠点があげられ，この優れた微量定量法の普及を阻んでいる。これらの欠点

を克服するためにラジオイムノアッセイに匹敵するだけの感度と特異性を持ち、しかも一般にどこでも実施できる方法として急速に普及しているのが、酵素を利用した酵素免疫測定法である。

(2) 酵素免疫測定法の原理

酵素免疫測定法は大きく競合法と非競合法に分けることができる。

① 競合法：固相に不溶化した一定量の抗体と一定量の酵素標識抗原を反応させる。そこに測定すべき抗原を共存させると、抗体と結合する酵素標識抗原の量が減少するので減少の度合いにより抗原の量を測定することができる。あるいはまた固相に不溶化した抗原に結合する酵素標識抗体量が、共存する測定すべき抗原により減少する度合いを利用する方法もある。測定感度は多くの場合1 fmol ($1×10^{-15}$ mol) あるいはそれ以上である。

② 非競合法：固相に不溶化した抗体に測定すべき抗原を結合させ、さらに酵素標識抗体を結合させた後、固相に結合した酵素活性から測定すべき抗原の量を知ることができる。測定すべき抗原分子を二分子以上の抗体によりはさむところからサンドイッチ法、あるいは二点結合法と呼ばれる。1 amol ($1×10^{-18}$ mol) の抗原を測定し得る。

抗体を測定するためには、非競合法のひとつで、固相に不溶化した抗原に測定すべき抗体 (一次抗体) を結合させ、酵素標識二次抗体 (一次抗体に対する抗体) を反応させる方法が一般的によく用いられる。

抗体あるいは抗原を不溶化した固相を用いる酵素免疫測定法をELISA (enzyme-linked immunosorbent assay) と呼ぶ。

(3) 酵素標識抗体 (enzyme-labeled antibody) の調製法

酵素標識抗体は酵素と抗体を結合させたもので免疫測定、免疫組織化学染色などの目的に用いられる。共有結合法および非共有結合法に分類される。標識酵素としては西洋ワサビペルオキシダーゼ、大腸菌 β-D ガラクトシダーゼおよび牛小腸アルカリ性ホスファターゼがよく用いられる。ここでは共有結合法のひとつで、抗体のアミノ基と酵素のアミノ基をグルタルアルデヒドを用いて架橋するAvrameas[5]の方法について述べる。

試薬および材料：
① 精製抗体
② 牛小腸アルカリ性ホスファターゼ
③ 100％飽和硫酸アンモニウム溶液
④ 5％グルタルアルデヒド
⑤ 1 mM $MgSO_4$ および 0.1 mM $ZnSO_4$ を含む 0.1 M トリス塩酸緩衝液 (pH7.2)
⑥ PBS

保存用溶液：
1 mM $MgSO_4$、60％グリセリン、0.1％牛血清アルブミン、PBS

方法：
① 酵素アルカリ性ホスファターゼ 1 mg と精製抗体 1 mg を含む溶液に100％飽和硫酸アンモニウム溶液を飽和度が80％になるように添加し、一晩放置して塩析する。
② 4℃、15,000 xg で15分間遠心後、沈渣を0.5 mLのPBSに溶解し、500 mLのPBSに対して3回透析する。PBSでサンプルの全液量を1 mLとし、5％グルタルアルデヒドを20 μL添加し、室温で1時間、4℃で8時間放置する。
③ 1 L の 1 mM $MgSO_4$ および 0.1 mM $ZnSO_4$ を含む 0.1 M トリス塩酸緩衝液 (pH 7.2) に対して4℃で3回透析する。調製したアルカリ性ホスファターゼ標識抗体は保存用溶液で10倍希釈して−20℃で保存する。

(4) ELISA

競合法の一例として競合二抗体法ELISAによるラット血清テストステロンの測定方法を、また非競合法の一例としてサンドイッチ法ELISAによる牛血漿ラクトフェリンの測定方法を述べる。

a) 競合二抗体法ELISAによるラット血清テストステロンの測定

試薬および材料：

① ウサギ抗テストステロン抗血清（テストステロン-3-O-牛血清アルブミンをウサギに免疫して調製）
② テストステロン-17β-オボアルブミン
③ アルカリ性ホスファターゼ標識ヤギ抗ウサギIgG抗体
④ PBS
⑤ ELISA緩衝液Ⅰ（0.1%オボアルブミン，0.1%ツイーン20，0.02% NaN_3，PBS, pH 7.2）
⑥ アルカリ性ホスファターゼ基質溶液（3mM p-ニトロフェニルリン酸，1mM $ZnSO_4$，1mM $MgSO_4$，100mMグリシン/NaOH, pH 10.0）
⑦ 200mM EDTA (pH 7.5)
⑧ マイクロタイタープレート（ヌンク社製 Immuno Plate Maxisorp）
⑨ インキュベーター
⑩ マイクロプレートリーダー

方法：

① PBSで10μg/mLに溶解したテストステロン-17β-オボアルブミンをマイクロタイタープレートの各ウェルに150μLずつ添加し，4℃で一晩放置してテストステロンをプレートに吸着させる。
② ELISA緩衝液Ⅰで20分毎に3回洗浄し，プレート表面をオボアルブミンでマスキングする。PBSで希釈調整したラット血清およびテストステロン標準液を各ウェルに100μLずつ添加し，さらにELISA緩衝液で適切に希釈したウサギ抗テストステロン血清を各ウェルに50μLずつ添加する。37℃で2時間インキュベートする。
③ ELISA緩衝液Ⅰで3回洗浄し，ELISA緩衝液で適切に希釈したアルカリ性ホスファターゼ標識ヤギ抗ウサギIgG抗体溶液を各ウェルに150μLずつ添加し，37℃で2時間反応させる。
④ ELISA緩衝液Ⅰで3回洗浄し，アルカリ性ホスファターゼ基質溶液を200μLずつ添加して37℃で酵素反応させる。

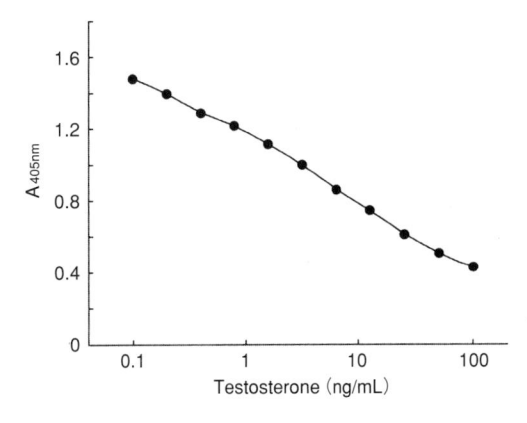

[図S-3] 競合二抗体法ELISAにおけるテストステロン標準曲線

⑤ テストステロン非存在下での波長405nmにおける吸光度が約1.6になるように酵素反応させた後，200mM EDTAを50μLずつ添加して酵素反応を停止させる。マイクロプレートリーダーを用いて，酵素反応により遊離するp-ニトロフェノールの波長405nmにおける吸光度を測定する。図S-3に競合二抗体法ELISAにおけるテストステロンの標準曲線を示す。

b) サンドイッチ法ELISAによる牛血漿ラクトフェリン測定

試薬および材料：

① 精製抗牛ラクトフェリン抗体
② アルカリ性ホスファターゼ標識抗牛ラクトフェリン抗体
③ PBS
④ ELISA緩衝液Ⅱ（0.1%ゼラチン，0.1%ツイーン20，0.02% NaN_3，PBS, pH 7.2）
⑤ 0.5M硫酸アンモニウムを含むELISA緩衝液 (pH7.2)
⑥ アルカリ性ホスファターゼ基質溶液（a）の競合法参照）
⑦ 200mM EDTA (pH 7.5)
⑧ マイクロタイタープレート（ヌンク社製 Immuno Plate Maxisorp）
⑨ インキュベーター
⑩ マイクロプレートリーダー

方法：

① PBSで2.5 μg/mLに希釈した精製抗牛ラクトフェリン抗体をマイクロタイタープレートの各ウェルに100 μLずつ分注し，4℃で一晩放置して抗体をプレートに吸着させる。

② プレートをELISA緩衝液Ⅱで3回（20分/回）洗浄し，プレート表面をゼラチンでマスキングする。0.5 M硫酸アンモニウムを含むELISA緩衝液で希釈した牛血漿および牛ラクトフェリン標準液をプレートの各ウェルに100 μLずつ添加し37℃で2時間反応させる。

③ ELISA緩衝液Ⅱで3回洗浄後，同緩衝液で300 ng/mLに希釈したアルカリ性ホスファターゼ標識抗牛ラクトフェリン抗体溶液を各ウェルに100 μLずつ添加し37℃で2時間反応させる。

④ ELISA緩衝液Ⅱで洗浄後，アルカリ性ホスファターゼ基質溶液を各ウェルに200 μLずつ添加し，37℃で30分間反応させる。200 mM EDTAを各ウェルに50 μLずつ添加して酵素反応を停止後，酵素反応により遊離するp-ニトロフェノールの波長405 nmにおける吸光度を測定する。図S-4はサンドイッチ法ELISAにおけるラクトフェリンの標準曲線を示す。

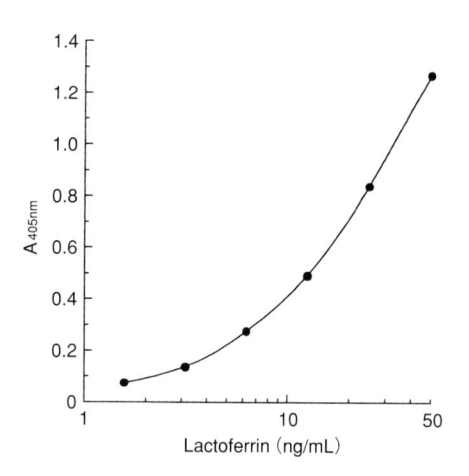

[図S-4] サンドイッチ法ELISAにおけるラクトフェリン標準曲線

[参考文献]

1) O.Ouchterlony (1948)：Acta Path. Microbiol. Scand., 25, 186
2) S.A.Berson and R.S.Yalow (1959)：J.Clin.Invest., 38, 1996
3) G.Mancini, A.O.Carbonara, and J.F.Heremans (1965)：Immunochemistry, 2, 235
4) J.L. Fahey and E.M.Mckelvey (1965)：J. Immunol. 94, 87
5) S. Avrameas (1969)：Immunochemistry, 6, 43

Point

- 抗血清の調製法および抗体の精製法について学ぼう。免疫学な専門用語（ハプテン，アジュバント，追加免疫（ブースター）等）を習得しよう。
- ゲル内沈降反応（オクタロニー二重免疫拡散法）の基本的パターンを見て，免疫学的に説明できるようになろう。
- ウエスタンブロット法および免疫学的定量法は，臨床的にも応用されている。どのように活用されているのか調べてみよう。

T 血球および血球膜の分離

動物血液中の主な血球成分は赤血球，白血球，血小板である。これらの細胞は，おのおの独自の重要な機能を有しており，大きさ，比重が異なるため密度勾配遠心法により比較的容易に分離できる。また，血球膜は生化学研究の材料としてよく用いられる。

1. 血球および血球膜の分離

ここでは，それらの細胞の分離法および研究材料としてよく用いられる赤血球の膜の分離法について述べる。

1.1 赤血球の分離

① 内壁をヘパリンでぬらしたプラスチック注射器で静脈血を採血（1～10 mL）する。
② 6％デキストラン生理食塩水[*1]を血液の1/3量加え，よく混和後，室温で20～30分放置する。赤血球は沈降し，上部には血漿・白血球層ができる。
③ 血漿・白血球層は別の試験管にとり，下部の赤血球層に2～3倍量の生理食塩水（またはPBS[*2]）を加え，700×gで5分間，遠心洗浄する（2回）。
④ 沈澱に生理食塩水（またはPBS）を加え，赤血球浮遊液とする。

1.2 白血球（主として好中球）の分離

① 上述の血漿・白血球層を室温で150×g，10分間遠心し，上清を捨て，底の白血球ペレットに氷冷した（4℃）低張食塩水[*3] 5 mLを加え，30～40秒間ゆるやかに振とうして，混在する赤血球を溶血除去する。次いで高張食塩水[*4]を5 mL加え，等張に戻した後，150×g，10分間遠心する。底の白血球ペレットを氷冷した1 mLのPBSに懸濁し，白血球浮遊液とする。
② この浮遊液には多核球（主として好中球）と単核球（リンパ球と単球）が混ざっているのでFicoll-Conray液[*5]を用いて比重の差により分離する。4 mLのFicoll-Conray液の上に1 mLの白血球浮遊液をキャピラリーを使って静かに重層し，室温で500×g，15分間遠心する。
③ 図T-1に示すように中間の単核球（リンパ球と単

[*1] 生理食塩水：0.9% NaCl溶液。
[*2] PBS：NaCl 8.0 g，KCl 0.2 g，Na$_2$HPO$_4$・12H$_2$O 2.9 g，KH$_2$PO$_4$ 0.2 gを蒸留水に溶かし，全量を1 Lとし，pHを7.4に合わせる。
[*3] 低張食塩水：0.2% NaCl溶液。
[*4] 高張食塩水：1.6% NaCl溶液
[*5] Ficoll-Conray液：Conray 400（66.8%，第一製薬）を蒸留水で2倍に希釈し，33.4%にしたものと9% Ficoll水溶液を10：24の比率で混和し，25℃での比重が1.078となるように調整した溶液。

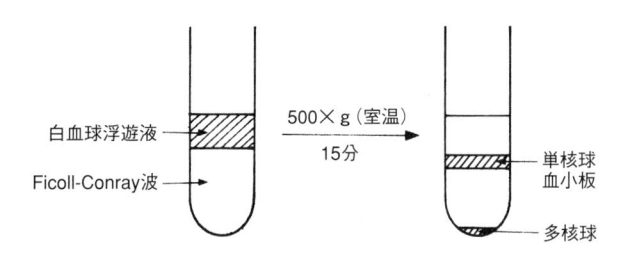

[図T-1] 白血球浮遊液の分離

球）と血小板の層と底部の多核球層に分かれるので，単核球・血小板層を上清とともに除き，氷冷したPBSを5mL加え，キャピラリーを用いてよく混和する。4℃，150×g，10分間，2回遠心洗浄する。多核球ペレットにPBSを加えて懸濁浮遊する。こうして調製した多核球浮遊液は90％以上の純度で好中球を含む。

また，市販のリンパ球分離用試薬［モノ・ポリ分離用液（大日本製薬），LYMPHO SEPARATION MEDIUM (ICN Biochemicals)，Ficoll-Paque PLUS（アマシャムファルマシア），Nyco Prep 1.077 Animal（第一化学）等］を使うと，ワンステップで赤血球，白血球の分離が行えるので，非常に便利である。この際，白血球層に赤血球の混在がある場合は上述の低張食塩水処理を行えば赤血球を溶血させて除くことができる。

1.3 血小板の分離

血小板は容易に凝集反応を起こすので，赤血球や白血球の分離とは異なる注意が必要である。冷やすと自然凝集するので，すべての分離操作は室温で行う。また，血小板はガラス表面に粘着するので使用する器具はシリコン処理ガラス器具かプラスチック製品を用いる。

① プラスチック遠心管に3.8％クエン酸ナトリウム溶液1容量に対して静脈血9容量をとり，よく混合後，室温で300×g，10分間遠心する。上層部に多血小板血漿を，下層部にほかの血球群を得る。

② 多血小板血漿の層を静かに別のプラスチック遠心管に採取し，ACD液[*6]を1/10容量加えて，室温で1,200×g，15分間遠心する。下層に濃縮血小板を得る。

③ この濃縮血小板層に3～5mLの生理食塩水を加え，1,200×g，10分間，2回遠心洗浄する。最後に得られた沈澱に適量の生理食塩水を加えて血小板浮遊液として使用する。

1.4 赤血球膜の分離

細胞膜の分離・調製は種々の細胞の膜の構成成分や機能の研究に不可欠な技術である。膜の分離はすべての細胞に適用できる統一した方法があるわけではなく，細胞の種類によってそれぞれ工夫が必要である。また，分離にあたって重要な点は分離した膜の純度と収量をいかに検定するかである。純度の検定は，細胞膜に特異的に存在する酵素活性の測定，膜のタンパク質，糖質，脂質などの化学的分析，膜の形態の観察，膜の成分の免疫学的解析を組み合わせることにより行う。ここではDodge（1963年）により報告された赤血球膜の分離法を紹介する。

① 1.1で分離，洗浄した赤血球0.5mLを15mL容の遠心管に移し，10mL（20倍量）の低張リン酸緩衝液[*7]を加え，室温に5分間放置する。この間に2,3回ゆるやかに転倒混和する。

② 4℃，10,000×g，20分間遠心する。

③ 上清を除き，沈澱（ピンク色）に10mLの低張リン酸緩衝液を加え，②と同様遠心する。このときの沈澱は舞い上がりやすいので上清を除くときに吸い上げないように十分に注意する。

[*6] ACD (acid-citrate dextrose) 液：クエン酸ナトリウム2.6g，クエン酸0.327g，リン酸1ナトリウム0.251g，グルコース2.32gを蒸留水に溶かし，pHを5.4～5.8に調整し100mLにする。

[*7] 低張リン酸緩衝液：0.155 M NaH$_2$PO$_4$と0.103 M Na$_2$HPO$_4$を混合してpH 7.4に調整したもの（等張リン酸緩衝液）を蒸留水で15.5倍に希釈する。

④同様の遠心操作を沈澱が白くなるまで繰り返す（通常，3〜4回の遠心洗浄操作で白い沈澱が得られる）。

⑤最後の遠心で得られた沈澱を約0.5 mLの低張リン酸緩衝液に懸濁し，分離赤血球膜とする。凍結保存も可能である。

[参考文献]

1）辻本賀英，細胞死・アポトーシス集中マスター，羊土社，2006
2）三浦正幸，山田武，用語ライブラリー　アポトーシス，羊土社，1996
3）辻本賀英，刀祢重信，山田武，新アポトーシス実験法，羊土社，1995
4）田沼靖一，改訂アポトーシス実験プロトコール，秀潤社，1994
5）Kawaminami M, Shibata Y, Yaji A, Kurusu S, Hashimoto I. Prolactin inhibits annexin 5 expression and apoptosis in the corpus luteum of pseudopregnant rats: involvement of local gonadotropin-releasing hormone. Endocrinology 2003 44:3625-3631
6）Kerr JF, Wyllie AH, Currie AR. Apoptosis: a basic biological phenomenon with wide-ranging implications in tissue kinetics. Br J Cancer 1972 26:239-257
7）Wyllie AH, Kerr JF, Currie AR. Cell death: the significance of apoptosis. Int Rev Cytol 1980 68:251-306

Point

■溶血していない新鮮な血液を使うのが望ましい。
■緩衝液は長期保存しないでなるべく新しく調整したものを使用するのが良い。
■白血球をきれいに分離しようとする場合，十分に赤血球を取り除くことが必要である。
■分離能の高い試薬が多く市販されており，これらを利用すると簡単に血球の分離ができ非常に便利である。

U アポトーシス実験法

アポトーシスは遺伝的に制御された細胞の自殺機構であり，発生時の器官形成や免疫細胞の選抜など，様々な生命現象において重要な役割を担っている。本章では，研究目的としてもよく用いられている，3つのアポトーシス検出法について紹介する。アポトーシスのメカニズムについて深く学ぶとともに，実際にアポトーシス細胞を誘導して詳細な観察を行うことで，細胞の一生を理解するのに役立ててほしい。

1. アポトーシス実験の背景

1.1 歴史，定義

生体の各器官を正常に機能させるためには，生体は細胞を増殖分化させるだけでなく，ときには不要な細胞を積極的に排除する必要がある。1972年，Kerrらは，1)染色体の凝縮，2)核と細胞質の収縮，3)それらの分断化を特徴とする新しい細胞死の形態を発見した。この所見は通常の細胞死（ネクローシス）にみられる特徴 4)細胞内器官の膨潤，5)細胞膜破壊など）とは大きく異なっており，まったく別の細胞死メカニズムの存在が予想された（図U-1）。Kerrらはこの現象を，秋になると樹木の枝から離れ落ちる枯葉になぞらえてアポトーシスと名づけた。「アポトーシス：apoptosis」は，ギリシャ語の「離れる：apo = off」と「落ちる：ptosis = falling」を合わせた造語である。その後，Brennerらによる線虫を用いた研究モデルなどによって，アポトーシスのメカニズムは精力的に研究された。その結果，アポトーシスは，遺伝子によって制御されている生理現象で，個体発生における形態形成や免疫系の成立などにおいて重要な役割を果たしていることが明らかにされた。Brennerらはこの功績により2002年にノーベル賞を受賞している。

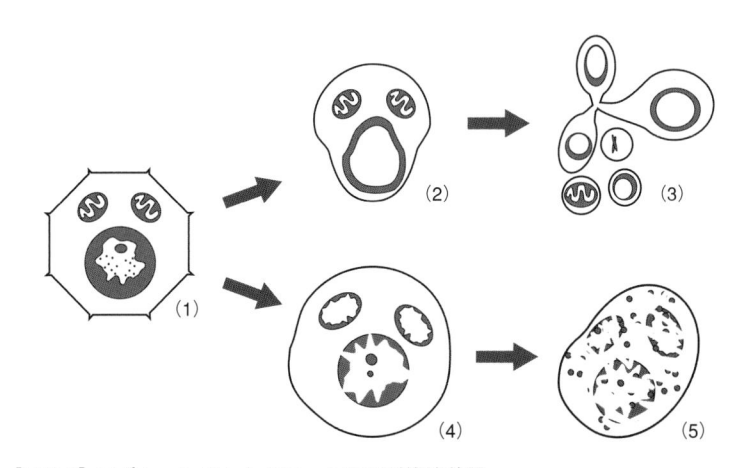

[図U-1] アポトーシスとネクローシスの形態的差異
(1)は正常細胞をあらわす。アポトーシスでは，まず細胞質の縮小とクロマチンの核膜周辺への凝縮が起きる(2)。この後，細胞は分断され，アポトーシス小体を形成する(3)。アポトーシス小体は，マクロファージや近接の食細胞などに貪食される。一方，ネクローシスでは，細胞質やミトコンドリアの膨潤がおきる(4)。その後細胞内小器官は融解する(5)

1.2 原理

アポトーシスの引き起こされる過程は便宜上3つの段階に分けることができる。(1) 細胞外よりアポトーシスシグナルが伝えられるシグナル受容過程，(2) これを受け，細胞内の因子がアポトーシスの開始を決定するシグナル伝達過程，(3) タンパク質分解やDNA断片化を中心とするアポトーシス実行過程である（図U-2）。

(1) 細胞外よりアポトーシスシグナルが伝えられるシグナル受容過程

アポトーシスの誘引となるシグナル（デスシグナル）の多くは細胞膜上に発現している受容体（デスレセプター）を介して伝達される。例えばFasリガンド（FasL）はその特異的なレセプターであるFasを介してアポトーシスシグナルを細胞内に伝える。ほかにもアポトーシスを引き起こすシグナルとして，TNFαなどのサイトカインや，紫外線・X線などによるDNA障害，薬物などによるストレスなどが知られている。また，胸腺細胞などのリンパ系の細胞では，副腎皮質ホルモンによっても引き起こされる（Wyllie, 1980年）。

(2) 細胞内の因子がアポトーシスの開始を決定するシグナル伝達機構

①アポトーシスシグナルの伝達は様々な因子によって厳密に管理されており，通常の細胞では何重もの抑制性制御をかけることでアポトーシスの誤作動を防いでいる。下の図U-2に示されるように，デスレセプタ

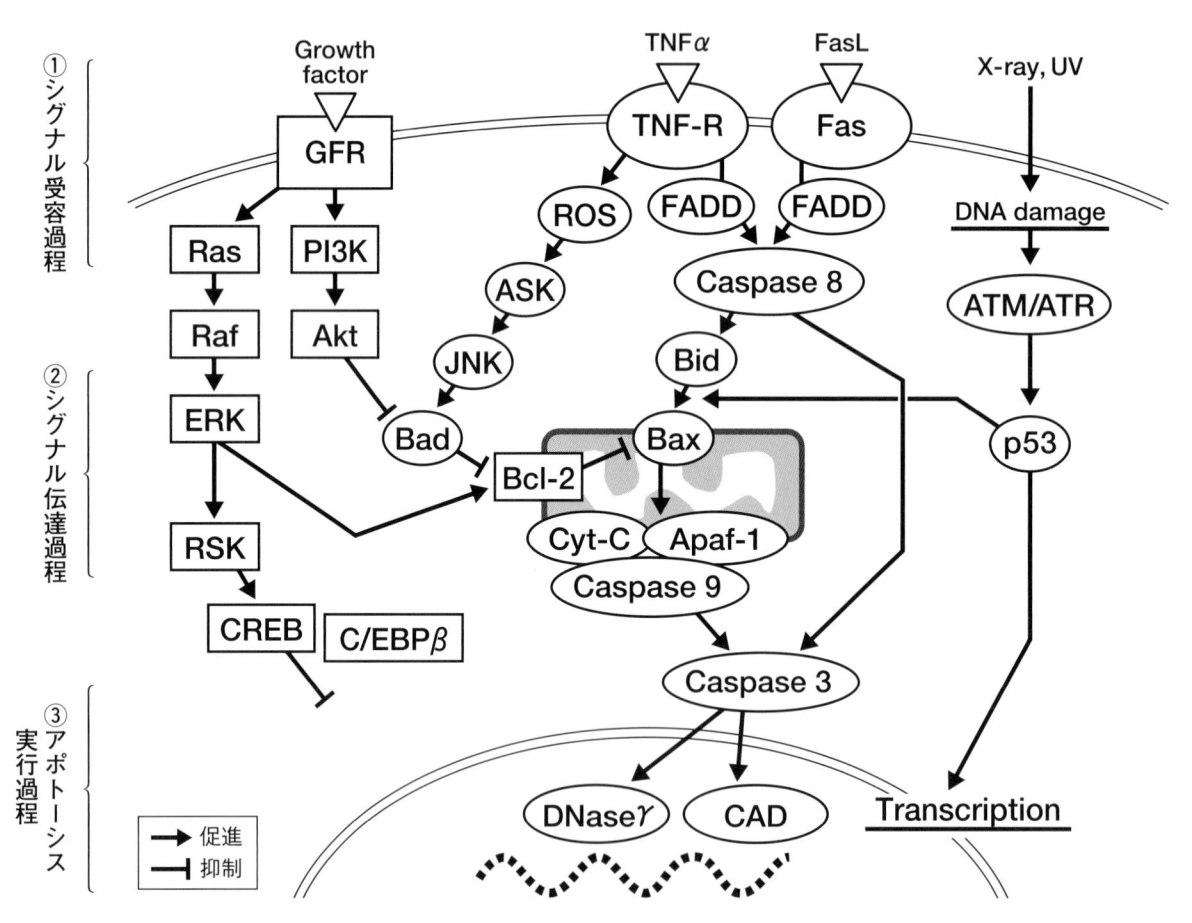

[図U-2] アポトーシスに関与する分子群
　アポトーシスは，TNFαやFasLなどのデスシグナル，紫外線などのDNA損傷，または増殖因子の欠如などがきっかけとなって誘導される（①シグナル受容過程）。これを受け，細胞内の様々な因子がアポトーシスのシグナルを伝達する（②シグナル伝達過程）。ミトコンドリアを介するBax→Cyt C，Apaf-1経路と，ミトコンドリアを介さないCaspase 8からの直接経路があるのに注意されたい。これらのシグナルはCaspaseやDNaseによる特定タンパク質の変化とゲノムDNAの断片化に収束する（③アポトーシス実行過程）。また，Growth factorをはじめとするRas経路やPI3K-Aktシグナルは，BadやBcl-2を介してアポトーシスの伝達を抑制する

一直下には様々なアダプター分子が存在し、さらにその活性化によってp53, PI3K-Akt, Bcl-2などに代表される様々な制御因子（レギュレーター）がリクルートされる。その一部はミトコンドリア膜上に発現しており、ミトコンドリアがアポトーシスの発現に密接に関与していることが知られている。これら一連のシグナル伝達機構によって細胞の運命が決定され、そのシグナルはCaspase 3、さらにはCAD (caspase-activated DNase)やDNase γ などの実行因子へと伝達される。

(3) タンパク質分解やDNA断片化を中心とするアポトーシス実行過程

アポトーシスは細胞サイズの急速な縮小と核の著明な変化が特色である。まず、クロマチンが核膜周辺に凝縮し、核濃縮が起きる。DNAはDNase γ やCADなどによって、ヌクレオソーム単位で断片化される。同細胞膜表面では、ホスファチジルセリンが外膜側に露出し、糖タンパク質の糖鎖構造に特異的な変化が起こる。同時に、細胞はくびれて大小の突起が出現し、これがちぎれて球状の小体（アポトーシス小体）を形成する。これらの変化は細胞の種類や(1), (2)の経路によらず、ほぼ同一の形態変化をたどるとされている。その後、アポトーシスを起こした細胞は、マクロファージなどの食細胞によって貪食除去される。

1.3 本実習のねらい

アポトーシスは形態学的な変化から発見されたため、初期の頃はアポトーシス細胞の同定は電子顕微鏡観察によって行われた。しかし、電子顕微鏡用の試料作成は適当な設備と熟練した手技が必要であるため、代替的にアポトーシスを観察する方法が様々に考案されてきた（図U-3）。今ではこれらの手法のそれぞれの利点を活かし、上手に組み合わせて研究を推し進めるやり方が主流になっている。電子顕微鏡を用いた形態観察は解剖学実習などに譲ることにして、本章では比較的汎用性の高いアポトーシス検出法を3つ（DNA断片化に基づく検出法、TUNEL法、膜変化に基づく検出法）紹介したい。

検出内容	手法
細胞の形態変化	・光学顕微鏡観察 ・電子顕微鏡観察
ゲノムDNAの断片化	・TUNEL法 ・アガロースゲル電気泳動 ・パルスフィールド電気泳動
細胞膜の脂質の局在変化	・AX5染色　→　フローサイトメトリー
ミトコンドリア膜電位低下	・JC-1染色 ・ローダミン123染色　→　フローサイトメトリー ・DiOC6染色
ミトコンドリア酵素活性	・MTTアッセイ法

[図U-3] アポトーシスの検出方法

2. DNA断片化に基づく検出法

2.1 原理

アポトーシス時にみられる、クロマチンDNAのオリゴヌクレオソーム単位の切断は、デスシグナルによるDNase（エンドヌクレアーゼ）の活性化に起因する（Wyllie, 1980年）。このDNA断片化（DNA fragmentation）はネクローシス時にはほとんど検出されない。アポトーシスの発生時には、まず最初に200～300kbpと30～50kbpに分かれる大まかなDNA断片化が起きる。パルスフィールド電気泳動法などを用いれば、この大きなDNA断片を検出することもできる。さらに反応が進むと、オリゴヌクレオソーム単位のDNA断片化が起こり、180～200bpの整数倍のラダー（ladder：はしご）状にDNAが切断される（図U-4）。DNAラダーの生成には、いくつかのDNaseの関与が考えられるが、なかでもCAD（caspase-activated DNase）と呼ばれるDNaseが最も強力な実行因子であるとされている。

DNAラダーの検出は、細胞から抽出したDNAをアガロース電気泳動で泳動するだけという簡便さから、アポトーシスの生化学的指標として広く用いられている。ただし、DNAのラダー検出は、半定量的方法であり、回収してきた細胞のうち、ある程度以上の細胞にアポトーシスが起きていないと泳動写真上で検出することができない。

2.2 試薬と材料

(1) サンプル調整

- ウィスター系幼若雄ラット（40～60日齢）
- 生理食塩水（対照群への腹腔注射用）
- DMEM（Dulbecco's Modified Eagle's Medium）溶液
  ※滅菌蒸留水でTotal 1Lに調整する。作成後は、4℃で保存する。
  ※さらに大量に作成する場合には、5～10x濃度の原液を作成し、これを希釈して用いる。

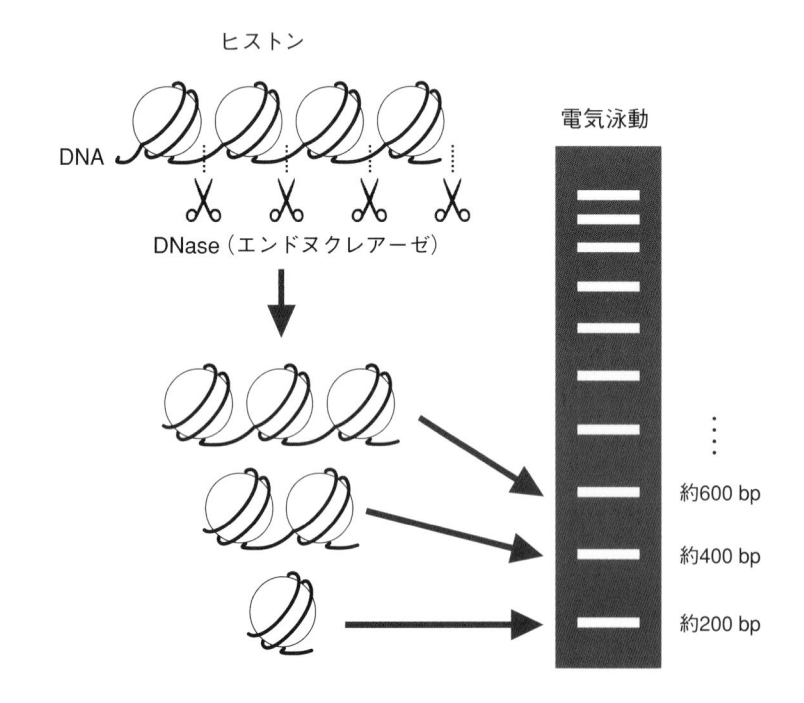

[図U-4] アポトーシスにおけるDNA断片化
アポトーシスシグナルにより活性化するDNaseは主にDNAを中断するエンドヌクレアーゼであり、ヒストンと結合していない部分のDNAに作用しやすい。そのため、ゲノムDNAはヌクレオソーム単位で断片化される。その様子は電気泳動を行うことにより容易に観察できる

(2) DNA抽出用試薬

・Cell lysis 溶液

1 M Tris -HCl 溶液 (pH 7.4)	0.1 mL
0.5 M EDTA (pH 8.0)	0.2 mL
10% Triton X-100	0.5 mL

※滅菌蒸留水で Total 10 mLに調整する。
※1 mLずつ分注し，4℃で保存する。

・Pro-K溶液

Proteinase K	1 mg
PBS (−)	1 mL

※少量ずつ小分けにして−20℃で保存する。使用直前に溶解し，使用まで氷中に置く。

・TE 溶液

1 M Tris -HCl 溶液 (pH 7.4)	1.0 mL
0.5 M EDTA (pH 8.0)	0.2 mL

※滅菌蒸留水で Total 100 mLに調整する。作成後は4℃で保存する。

・RNase A溶液

TE 溶液に10 mg/mLで調整	

※0.1 mLずつ分注し，−20℃で保存する。溶解後は4℃で保存する。

(3) 電気泳動用試薬

・5 x TBE溶液

Tris base	54 g
ホウ酸	27.5 g
0.5 M EDTA (pH 8.0)	20 mL

※滅菌蒸留水でTotal 500 mLに調整する。
※室温で保存し，使用時に希釈して用いる。

・6 x BPB 溶液

ブロムフェノールブルー（BPB）	25 mL
ショ糖	4 g

※滅菌蒸留水で Total 10 mLに調整する。
※4℃で保存する。

・2％アガロースゲル

TAKARA agarose	0.6 g
5 x TBE	6 ml

※滅菌蒸留水でTotal 30 mLに調整し，レンジで60〜80℃に温める。
※熱いうちに型に注いでコームをさし，冷めて固まるのを待つ。
※固まった後は容器から取り出し，TBE溶液を満たした湿潤箱に浸して保存する。

2.3 方法

(1) サンプル調整

① 若齢雄ラットを断頭と殺する。胸腔を開き，胸腺を取り出す。

② 胸腺に両側から数ヶ所切込みを入れる。3 mLのDMEM液中で胸腺をゆすり，胸腺細胞を液中に流出させる。この液を細胞懸濁液とする。

③ 細胞懸濁液をナイロンメッシュ（200μm程度）でろ過した後（図U-5），液中の細胞数をトーマ式血

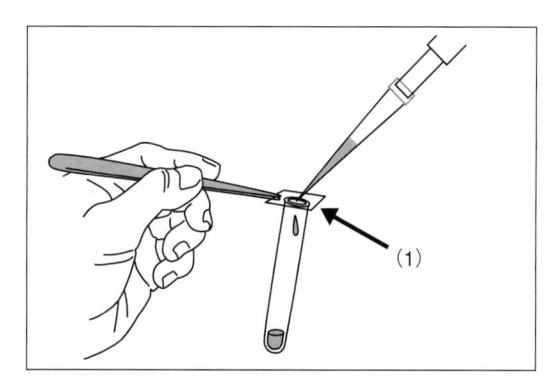

[図U-5] 胸腺細胞浮遊液のろ過
ピペットのチップ先端をメッシュ（1）に押し当てるようにして，液をチューブへ押し出す

球計算版を用いて計数する。

④液に細胞数が 1x 10⁶ cells/mL になるように懸濁する。

⑤懸濁液を2つにわけ，片方にはデキサメサゾンを最終濃度1μg/mLになるように添加する。転倒混和ののち，35mm dishに1mLずつ播種し，37℃ CO_2 インキュベータに入れて，4～6時間培養する。

(2) DNA抽出

① (1)で調整した液を1.5mLチューブ内に入れ，6,000rpm，5分で遠心し，上清を捨てる。これにCell lysis溶液 0.1mLを加えてよくVortexし，4℃で10分静置する。

②RNase A溶液を2μL，Pro-K溶液を2μL加え，50℃で30分静置する。

③同液に5M NaCl溶液を20μL，イソプロピルアルコール240μLを加え，よくVortexした後，これを遠心する（15,000rpm，15分，4℃）。

④遠心機からチューブを取り出すときに，白い沈澱ができていることを確認する。これを落とさないようにしながら，マイクロピペットを用いて上清を完全に除去する。

⑤同チューブに，TE溶液 10μLと，BPB溶液 2μLを加え，よく混ぜる。

(3) MuPidを用いたアガロースゲル電気泳動

① 5x TBEを蒸留水で5倍希釈したものを泳動バッファーとして用いる。MuPid電気泳動槽の槽内を充分量の泳動バッファーで満たす。

② 2%アガロースゲルのウェルにサンプルを注入する。泳動バッファーを満たした泳動槽にゲルを浮かせるようにゲルを入れる。分離能を高めるために，泳動を開始してサンプルがゲルに入るまではウェルにバッファーが入らないようにするとよい。

③100Vで泳動を開始し，3～5分くらいたってサンプルがゲルに入ったら，ゲルをバッファーに完全に沈める。

④BPBがゲルの端まで来たら（約30分），泳動を終了する。電源を切った後に，ゲルを泳動槽から取りだし，エチジウムブロマイド（EtBr）希釈液（適当量のTBE溶液に数滴のEtBrを入れたもの）に漬けて5分ゆっくり揺らす。その後，水道水に漬けてさらに10分揺らし，余分なEtBrを洗い落とす。

⑤新たに水道水で洗浄した後，UVトランスイルミネーターでEtBrの発色を観察する（図U-6）。

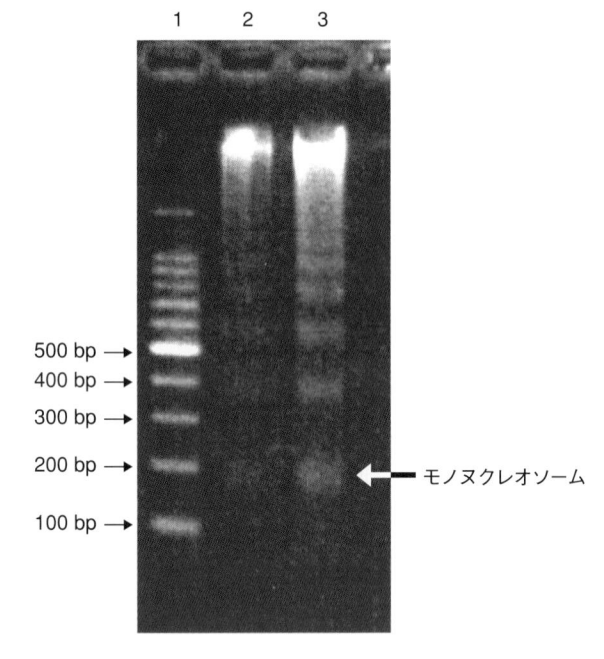

[図U-6] デキサメサゾンが胸腺細胞のDNA断片化に及ぼす影響
胸腺細胞のグルココルチコイド誘発アポトーシスに伴うDNAの変化。レーン1：100 bp分子量マーカー，レーン2：単純4時間培養した胸腺細胞のDNA。レーン3：デキサメサゾン1μg/mLで同時間培養した胸腺細胞のDNA。デキサメサゾンの添加によって，アポトーシスによる断片化DNAが増加していることがわかる

ут
3. TUNEL法

3.1 原理

アポトーシス細胞のゲノムDNAはオリゴヌクレオソーム単位に断片化しているので、通常の細胞に比べDNA断端の数が非常に多い。一方、ネクローシス細胞では、DNAの不規則な切断によるDNAの断端が存在するだけなので、DNA断端の数はそれほど多くはない。TUNEL：TdT（TdT：terminal deoxynucleotidyl transferase)-mediated dUTP-biotin nick end labeling法は、DNAのオリゴヌクレオソーム単位での切断を組織内で可視化する方法で、Garvrieliらによって開発された。本法に関しては多数のキット製品が市販されているが、ここではRöcheから販売されているIn situ cell Death Detection kit, POD (Cat No. 11684817)について説明する。まず酵素TdTを用いて、DNA断端に蛍光タンパク標識dUTPを結合させる。この段階でも蛍光観察によってアポトーシスの判定が可能である。さらに、そこにペルオキシダーゼ付加抗体を結合させ、ペルオキシダーゼの基質であるジアミノベンチジン（DAB）を滴下して発色させれば、明視野での観察も可能である（図U-7）。

この方法の特色は、組織内でのアポトーシスを鋭敏に検出し、局在部位を観察できることにある。対比染色を行ったり、隣接切片を免疫組織化学染色することによって、細胞の種類や特定の抗原との関連性を調べることもできる。ただし、本法はDNAの3'末端があれば時間依存的に付加が起こり、濃く染まってくるため、反応時間や試薬濃度などの条件を慎重に決定する必要がある。

3.2 試薬と材料

(1) サンプル調整

・ウィスター・イマミチ系成熟雌ラット
・チオペンタール麻酔薬
・メシル酸ブロモクリプチン（CB154, Dopamine作動薬）
・組織灌流用ペリスタルティックポンプ

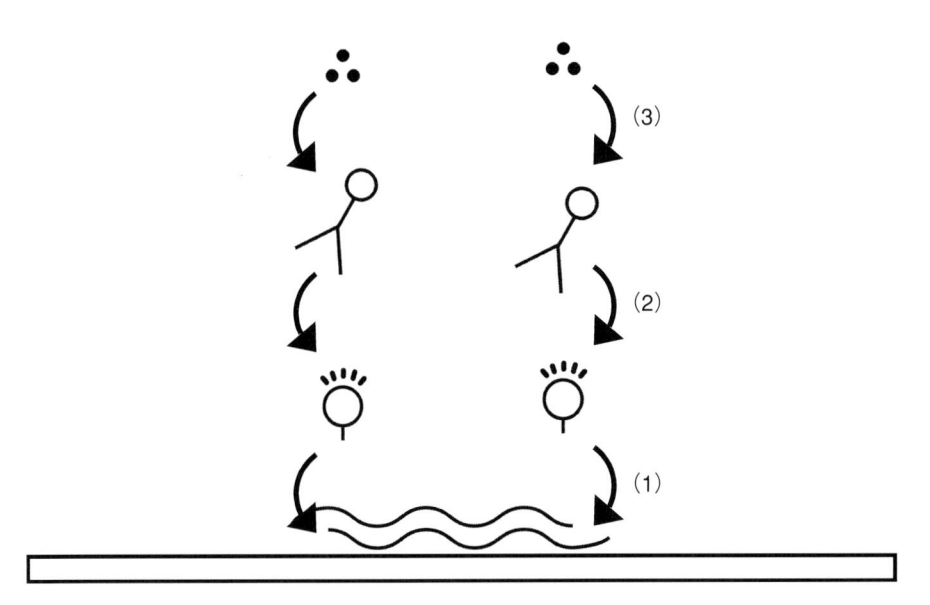

[図U-7] TUNEL法の原理
スライドグラスに載ったDNAの3'末端に、TdTの作用によって蛍光タンパク付加dUTPが結合する(1)。蛍光観察すれば、この段階でもアポトーシスの検出を行うことができる。これにペルオキシダーゼ（POD）付加抗体を結合させる(2)。ここにPOD基質を作用させることで発色する(3)。これによって明視野でも観察できるようになる

・4% PFA 溶液

パラホルムアルデヒド	6 g
PBS（−）	150 mL

※溶解するにはいったん60〜80℃にする必要がある。
※溶解後は4℃にて保存する。保存中に固定力が減退するため，2〜3日中の使用が望ましい。

・パラフィン包埋，脱パラフィン・再水和用試薬系列

エタノール水溶液（70%，80%，90%，99%，100%）
エタノール：キシレン＝1：1溶液
キシレン溶液（x 2つ）
キシレン：パラフィン＝1：1溶液
パラフィン溶液（x 2つ）

※それぞれ約100mLずつ用意し，ドーゼに入れる。包埋用と脱パラフィン用をそれぞれ用意し，包埋は70%エタノール水溶液からパラフィン溶液まで，脱パラフィン再水和ではキシレン溶液から70%エタノール水溶液まで順番に浸漬する。

・シランコートもしくはポリ-L-リジンコートしたスライドグラス
・切片作成用ミクロトーム

(2) TUNEL反応

・H_2O_2 溶液

メタノール	100 mL
H_2O_2（約60%）	1 mL

・Pro-K 溶液

Proteinase K	2 mg
PBS（−）	1 mL

※上記をさらに100倍希釈し，少量ずつ小分けにして−20℃で保存する。使用直前に溶解し，使用まで氷中に置く。

・TUNEL 反応溶液

TUNEL kit内	（Roche, Cat No.11684817）
ボトル1	50 μL
ボトル2	450 μL

※1サンプル50（5＋45）μLとして準備する。
※ボトル1は不凍液につき，使用直前まで−20℃保存する。

・DAB substrate（Roche, Cat No.1718096）

DAB/metal concentrate	5 μL/slide
Peroxide 溶液	45 μL/tube

※1サンプル50（5＋45）μLとして準備する。
※DAB/metal concentrateは不凍液で，使用直前まで−20℃で保存する。
※Peroxide 溶液は4℃保存でもよい。

3.3 方法

(1) サンプル調整

① ウィスター・イマミチ雌ラットを精管結紮した雄ラットと交配させ，偽妊娠させる。

② 偽妊娠5日目に，CB154を300 μg/0.2 mL腹腔投与する。

③ 偽妊娠7日目に，ラットにチオペンタール溶液を30〜40mg/kg腹腔注射する。

④ 十分な麻酔がかかったことを確認した後，ラットを保定台に貼り付け，胸腔を開く。

⑤ 左心室にカニューレを刺し，ペリスタルティックポンプを用いてPBS（−）を灌流する。このとき，右心耳を切開し，余剰の血流が流れ出るようにする。

⑥ 5〜10分後，右心耳から流れ出る血流がPBS（−）にほぼ置き換わったら，灌流する溶液を4%PFA溶液に代えて，さらに15〜30分灌流し，組織を固定する。

⑦ 十分固定されたら，腹腔を開き，卵巣を採材する。採材した組織は，新しい4%PFA溶液の中に入れ，

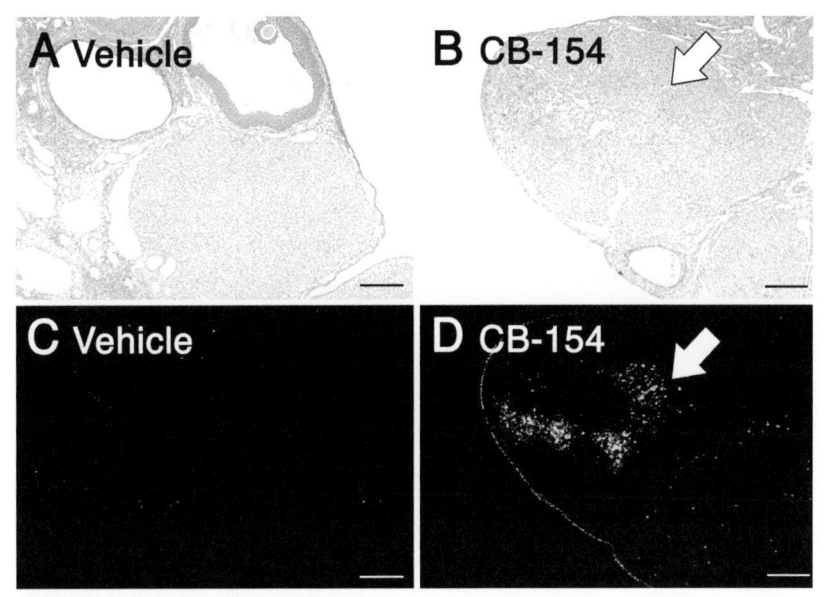

[図U-8] **TUNEL法によるアポトーシス細胞の検出**
ラット偽妊娠5日目の午後に，ドパミン作動薬であるCB154，もしくは溶媒のみ（Vehicle）を投与し，偽妊娠7日目に卵巣を採取した。A, Bは光学顕微鏡による卵巣切片，C, Dはこれと隣接する切片でTUNEL法によるアポトーシス検出を行ったもの（蛍光観察像）。緑色蛍光がTUNEL陽性細胞を示す。黄体機能化作用を持つプロラクチンの分泌が，CB154の投与により抑制されたため，黄体が機能を保てずにアポトーシスを起こし始めている（Kawaminami et al., Endocrinology 2003 44：3625-3631より引用）

一晩ゆっくり浸透させることで，さらにしっかりと固定を行う。

⑧固定した組織を用意したドーゼに30分ずつ浸漬して，パラフィン包埋処理を行う。

(2) TUNEL反応

(In Situ Cell Death Detection Kit, POD: Roche, Cat No. 11684817を用いる)

①パラフィン包埋した組織ブロックから，薄切切片（約4μm）をつくり，シランコートされたスライドグラス上にとる。スライドグラスは37℃で一晩静置し，風乾させる。

②スライドグラスを用意したドーゼに5分ずつ浸漬して脱パラフィン・再水和処理を行った後，PBS（-）で濯ぐ。

③スライドグラスをH_2O_2溶液につけて，30分室温で反応させる。PBS（-）で5分×3回濯ぐ。

④スライドグラスについている水分をおおまかに払いのけた後，組織周囲をパップペンで縁取りすることで，溶液がこぼれ落ちにくいようにして，湿潤箱に入れる。

⑤組織切片にPro-K溶液をのせ，37℃で30分反応させる。反応終了後，PBS（-）で5分×3回濯ぐ。

⑥使用直前にTUNEL反応溶液を作成し，これを組織片にのせて，37℃で60分反応させる。反応終了後，PBS（-）で5分×3回濯ぐ。

⑦3%NRS溶液（キット添付）を組織片にのせて，室温で30分反応させる。

⑧反応終了後，組織片から水分を払いのけた後，そのままの状態でConverter POD（キット添付）を組織片にのせて，37℃で30分反応させる。反応終了後，PBS（-）で5分×3回濯ぐ。

⑨組織片から水分を払いのけた後，DAB substrateを組織切片にのせ，光学顕微鏡で発色の様子を観察する。1分～数分のうちに，アポトーシスを起こした核が染色されてくるので，バックグランドとの差が大きい時間を見計らって，蒸留水を用いて組織切片を洗浄する。

⑩スライドグラスをヘマトキシリン溶液につけて，対比染色を行う。

⑪ヘマトキシリンを蒸留水でよく洗い流した後，脱水，透徹，封入を行う。

⑫改めてアポトーシス像の観察を行う。陽性細胞の

核は黒褐色に染まり，陰性細胞の核は対比染色によりヘマトキシリンの青色に染まる(図U-8)。

4. 膜変化に基づく検出法

4.1 原理

本項の検出法では，細胞膜のリン脂質成分の変化を，特定のリン脂質結合物質によってとらえ，フローサイトメトリーや蛍光顕微鏡などを用いて計数する。正常細胞の細胞膜では，膜の内外でリン脂質成分の分布に偏りがある。例えば，ホスファチジルセリンやホスファチジルエタノールアミンは主として内膜に分布し，ホスファチジルコリンやスフィンゴミエリンは外膜に多く分布している。アポトーシスの初期過程において，このリン脂質成分の分布が変化することが知られており，内膜のホスファチジルセリンやホスファチジルエタノールアミンが，細胞表面外膜へ移行し露出する。

アネキシン5(AX5)はカルシウム存在下でホスファチジルセリンと強固に結合するタンパク質である。従って，FITCなどで標識したAX5とアポトーシス細胞を懸濁すると，AX5はアポトーシス細胞表面に露出したホスファチジルセリンと結合し，発色する。AX5染色性は，アポトーシスの比較的早期の変化であり，DNA断片化や核凝縮，膜透過性の変化に先行して起きるとされている。

アポトーシスが進行して二次的ネクローシスとなった細胞では，膜透過性が上昇するため，AX5は膜を通り抜けて内膜に存在するホスファチジルセリンにも結合するようになってしまう。そこで，ヨウ化プロピジウム(PI)による膜透過性の変化による細胞死判定を同時に調べる二重標識法が用いられている。AX5だけでなくPIの観察も同時に行うことで，アポトーシス過程の進行具合も同時に検出することができる。FITC標識AX5を用いた検出キットはいくつかの会社から販売されているが，ここではBeckman CoulterのAnnexin-V-FITC kit (Cat No.IM2375-20)について説明する。

4.2 試薬と材料

(1) サンプル調整

- ウィスター系幼若雄ラット(40～60日齢)
- 生理食塩水
- デキサメサゾン
- KRP (Krebs Ringer phosphate)溶液，pH 7.4

NaCl	8 g
KCl	0.41 g
$CaCl_2$	0.166 g
$MgSO_4$	0.168 g
リン酸一水素ナトリウム(無水)	1.15 g
リン酸二水素カリウム(無水)	0.2 g

※滅菌蒸留水でTotal 1 Lに調整する。

(2) AX5-FITC標識

- Annexin-V-FITC kit (Beckman Coulter: IM 2375-20)

4.3 方法

(1) サンプル調整

① 幼若雄ラットに午前10時にデキサメサゾンを(5mg/kg)腹腔投与する。

② 午後2時(注射から4時間後)にラットを断頭と殺する。胸腔を開き，胸腺を取り出す。

③ 胸腺に両側から数箇所切り込みを入れる。10mLのKRP液中で胸腺を揺すり，胸腺細胞を液中に流出させる。この液を細胞懸濁液とする。

④ 細胞懸濁液をナイロンメッシュ(40～200μm)でろ過する(図U-5)。その後液中の細胞数を，トーマ式血球計算版を用いて計数する。

⑤ 1,000rpm，10分間，4℃で遠心し，上清を除去した後，KRP液に細胞数が10^6cells/mLになるように懸濁する。

(2) AX5-FITC標識

① 再び1,000rpm，10分間，4℃で遠心した後，上清

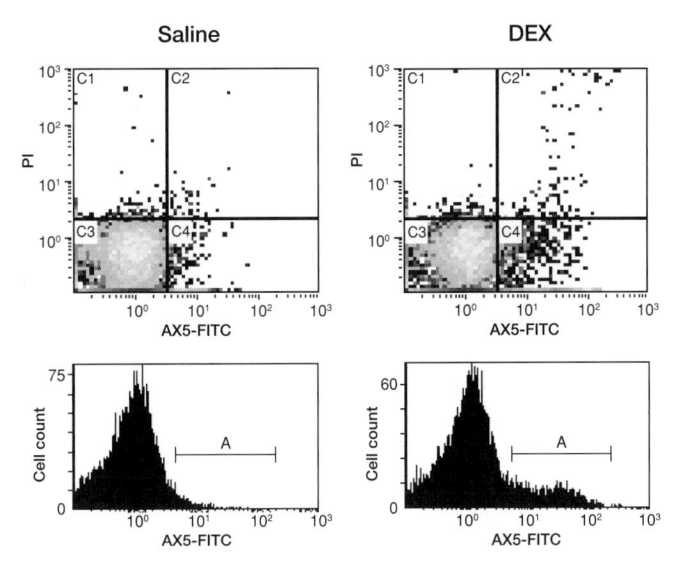

[図U-9] フローサイトメトリーによるアポトーシス細胞の検出
生理食塩水（Saline）もしくはデキサメサゾン（DEX）を投与したラットから胸腺細胞を回収し，フローサイトメトリーを用いてアポトーシスを検出した。縦軸はPIによる発色強度，横軸はAX5-FITCの発色強度をあらわす（上段のグラフ）。区画C2がネクローシス細胞および後期アポトーシス細胞，C3が健常な細胞，C4が初期アポトーシス細胞を示す。下段のグラフでは，縦軸に細胞数，横軸はAX5-FITCの発色強度を示している。図中のAの分画がアポトーシス細胞の区画と考えられる

を除去する。
② 上清と同量のAX5-FITC kit binding 溶液（kitに添付）を加える。
③ 100 μLの細胞懸濁液にAX5-FITC Solutionを5 μLとPIを2.5 μL加え，静かに撹拌する。
④ 氷中に試験管を置き，遮光して10分間静置する。
⑤ AX5-FITC kit binding 溶液を400 μL加え，静かに撹拌する。
⑥ AX5-FITCとPI添加後30分以内に，フローサイトメトリーによって細胞懸濁液中のアポトーシス細胞の検出を行う。

(3) フローサイトメトリー
① AX5-FITCのみで染色したFITCポジティブコントロール，PIのみで作成したPIポジティブコントロール，両方とも加えないネガティブコントロールをそれぞれ1本ずつ用意する。
② フローサイトメトリーのFSCおよびSSCにおける目的細胞の範囲を設定する。
③ 陽性コントロール細胞，陰性コントロール細胞を用いて蛍光の感度設定と補正を行う。
④ 試料細胞の測定を行う。AX5染色（−）でPI染色（−）なら正常細胞，AX5染色（＋）でPI染色（−）ならアポトーシス初期の細胞，AX5染色（＋）でPI染色（＋）ならアポトーシス後期にみられるネクローシス細胞，もしくは単なるネクローシス細胞とみなす。AX5染色（−）でPI染色（＋）の細胞は操作過程の手技によるものと考え除外する（図U-9）。

[参考文献]
1) 辻本賀英，細胞死・アポトーシス集中マスター，羊土社，2006
2) 三浦正幸，山田武，用語ライブラリー　アポトーシス，羊土社，1996
3) 辻本賀英，刀祢重信，山田武，新アポトーシス実験法，羊土社，1995
4) 田沼靖一，改訂アポトーシス実験プロトコール，秀潤社，1994
5) Kawaminami M, Shibata Y, Yaji A, Kurusu S, Hashimoto I. Prolactin inhibits annexin 5 expression and apoptosis in the corpus luteum of pseudopregnant rats: involvement of local gonadotropin-releasing hormone. Endocrinology 2003 44:3625-3631
6) Kerr JF, Wyllie AH, Currie AR. Apoptosis: a basic biological phenomenon with wide-ranging implications in tissue kinetics. Br J Cancer 1972 26:239-257
7) Wyllie AH, Kerr JF, Currie AR. Cell death: the significance of apoptosis. Int Rev Cytol 1980 68:251-306

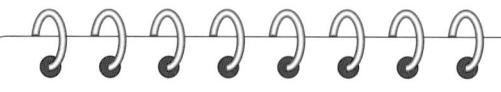

Point

■DNA断片化に基づく検出法：
電気泳動像がスメア状に見える場合がある。抽出する細胞数が多すぎると，そうなる傾向にあるので，最初に細胞数を調整する際に注意して行う必要がある。ほかにも，RNAのコンタミ，DNAの破損などがスメアの原因として考えられるが，電気泳動の分離能についても検討する必要がある。

■TUNEL法：
手順が多いため，様々な段階での失敗が考えられる。失敗の原因を判断するために，コントロールサンプルを作成する。すでにTUNEL法で陽性が確認されている組織切片や，DNase I 処理を行った組織切片などの陽性コントロール，TUNEL反応液の代りに溶媒を用いた陰性コントロールをサンプルと同時に作成する。

■膜変化に基づく検出法：
細胞のロスが激しい時は，多くの細胞がチューブの壁に付着したり，壊れてしまったりした可能性がある。使用するチューブを1％ BSA入りKRP溶液などであらかじめ濯いでおくと，チューブがコーティングされ，細胞が付着しにくくなり，ロスが減少する。また，ボルテックスや遠心分離を弱めに設定することで，細胞の破損を軽減できる。

■AX5-FITCとPIを添加してからフローサイトメトリーによる測定までの時間は30分を超えないほうがよい。この時間が長くなると，正しい測定を行うことができなくなる。測定機の空き状況を見ながら，時間的余裕を十分において試薬を調整する必要がある。

Ⅴ 簡単なガラス細工

生化学の実験では，ガラス管を切ったりつないだり，引き伸ばしたり，曲げたりすることがよくある。大きなガラス管を加工することは難しいが，直径3cm以下の管であれば比較的簡単に加工することができる。

ここでは，簡単なガラス管の加工法を述べる。ガラス細工をするときは小さなガラス片が飛び散る。目に入ると危険であるから，必ず素通しの眼鏡をかけること。

1. ガラス管の切り方・曲げ方

1.1 ガラス管の切り方

(1) 直径1.5cm以下のガラス管の場合
① 必要な直径のガラス管を選ぶ。
② 所定の長さの位置に，ガラス鉛筆またはマジックインクで印をつける。
③ ヤスリの刃を少し斜めにしてガラス管にあて，刃が上滑りしない程度に力を入れて，2〜3mmの傷を付ける。
④ 両手の人差指と親指でガラス管を摘むようにして保定する。その際，人差指を軽く曲げ，傷を中心にして指同士をぴったりくっつけるようにする。
⑤ 傷口を開きながら両手で引き切るような感じで力を入れる。ガラス管は傷の位置で容易に切れるはずであるが，切れないときは，もう一度同じ位置に傷を付ける。傷が浅いとうまく切れないことがある。
⑥ この方法で，直径1.5cm以下のガラス管は容易に切ることができるが，それ以上になると切口が歪みやすくなる。
⑦ 切口をヤスリ，サンドペーパーなどでこするか，あるいは加熱してガラスエッジを丸める。

(2) 直径1.5cm以上のガラス管の場合
① ヤスリで傷付けるところまでは(1)と同じであるが，傷の長さをガラス管の1/3位まで長くする。
② 直径2〜4mmのガラス棒の先端をブンゼン燈で十分加熱し，焼き玉をつくりヤスリ傷の中心に当てる。うまく切る決め手は温度である。だいたいの温度の目安は，パイレックス管を切るときは，ガラス棒の先が黄白色〜白色，硬質ガラス管を切るときは，黄赤色である。加熱ガラス棒をヤスリ傷に押し当てていると，ヤスリ傷の下をひび割れが走る。一回の操作でひび割れが一周しなかったときは，同じ操作を繰り返す。ただし，加熱ガラス棒を当てる位置は，ひび割れの先端から5mmくらい手前にする。プロパンガスでは火力が弱すぎて十分加熱できないから，酸素バーナーが必要である。
③ 切口が真っ直ぐでないときは，グラインダーかサンドペーパーでこすって，切口を整える。サンドペーパーを傷のない実験台の上に広げ，ガラス管を垂直に立ててこするとよい。

1.2 ガラス管の曲げ方

直径1cm以下のガラス管なら初心者でも曲げられるが，それ以上になるとある程度の訓練が必要である。ここでは1cm以下のものを曲げる場合について述べる。

① ガラス管のサイズを選ぶ。
② ガラス管を回しながら，ブンゼン燈で曲げようとする全範囲にわたって加熱する。
③ ガラス管が，少し力を入れると曲がる程度に柔らかくなったら，平べったくならないように注意しながら，少し曲げる。
④ 次に，曲げた位置から0.5〜1cm離れた位置を加熱し，同じようにして少し曲げる。この操作を繰り返すことにより，ガラス管を任意の角度に曲げることができる。柔らかくなりすぎると管がひしゃげてしまう。
⑤ いびつにならないように曲げるには，部位によって温度差が生じないように全方向から暖める。
⑥ 加熱しすぎてひしゃげたときには，ガラス管の一端をゴム栓などで塞ぎ，軽く吹いて形を整える。

2. ガラス管の封じ方，封管の切り方

2.1 ガラス管の封じ方

生体高分子を加熱加水分解するとき，試験管やアンプルを封管する必要が生じる。また，使用目的により，ガラス管の一端を封じたいときがある。管を封じるときは，シャープな炎が必要である。

① ブンゼン燈の炎を最小にし，空気を最大限まで入れて温度を最高にする。酸素バーナーを使う方がよい。特に，パイレックスガラスを封管するときは，酸素バーナーでなければうまくいかない。
② 中の試料が加熱部位に流れてこないように，試験管またはアンプルを斜めに持って，ゆっくり回しながらなるべく狭い範囲を加熱する。試験管に対して直角になるように炎を固定しておくとやりやすい。また，試験管は，試料を入れる前に予めアンプル形に加工しておく方がよい。
③ 加熱部位が十分柔らかくなったら，3〜5mm程度引き伸ばすつもりで，炎の中で軽く引き，管を焼き切るようにする。長く引きすぎるとガラスが薄くなって失敗する。
④ 封管が終わったら，管を熱湯で暖め，冷たいところに出して封管部を下にしてみる。小さな気泡が入ってくるときは，封管が不十分である。
⑤ 試料の量が多すぎたり，試料溶媒の蒸発が激しくなるほど封管に手間取ると，うまく封管されない。

2.2 封管の切り方

① 封管を切るときは，内外の圧に注意しなければならない。中に沸点の低い液体が入っていたり，暖かいところに置いたために内圧が高まっているようなときには，冷蔵庫に入れるか，氷の中に入れて冷やしてから切る。管にビニールテープを巻き付けておくとガラスが飛び散るのを防ぐことができる。
② 封管を切るのは，小さなガラス管を切るのと同じ要領で切る。アンプルを切るときはアンプルカッターを使う。アンプルカッターで切れない程肉厚のときは，ヤスリで傷つけ，ガラス管を切るときの要領で切る。

3. ガラス管の引き方，孔の開け方

3.1 ガラス管の引き方

毛細管やパスツールピペットをつくるとき，ガラス管を引くことが必要になる。

① ガラス管のサイズを選ぶ。
② ブンゼン燈の炎を中くらいにし，引き伸ばす部位

（2〜3 cm）を強く加熱する。
③ガラス管が十分柔らかくなったら，炎の外に出し，必要な長さに引き伸ばす。
④パイレックス管を引くときは，酸素バーナーが必要である。

3.2 孔の開け方

ガラス管，試験管等に小さな孔を開けたいときがある。ガラス管に孔を開けるときは，一方の端を塞いでおき，加熱部位が一点になるように，炎を小さくシャープにして強く加熱しながら，管のほかの端から息を吹き込む。穴の縁を焼いて大きさを調節する。

付　録

1-1　乳牛の代謝プロファイルテストと正常値 ……… 210

2-1　大動物の血液成分の正常値 …………………… 214

2-2　小動物および実験動物の血液成分の正常値 …… 222

2-3　鳥類の血液成分の正常値 ……………………… 230

2-4　動物の尿成分の正常値 ………………………… 232

2-5　動物の脳脊髄液成分の分析値 ………………… 233

付録1-1 乳牛の代謝プロファイルテストと正常値

1. はじめに

乳牛は乳生産を目的として飼育され，良質な乳を低コストでいかに多く生産するかが生産に携わる人たちの共通のゴールである。このためには乳牛は健康でなければならない。

乳牛は分娩してはじめて泌乳を開始する。産乳量は分娩後急速に増加し，50〜70日後にピークを迎える。この頃1日の産乳量は30 kgから多いものでは50 kgを越える。以後，徐々に減少し，次の分娩の2カ月前には搾乳を止める（乾乳）。乾乳期を設けるのは次の泌乳に備え乳腺を十分に休ませ，生まれてくる仔牛に与える良質な初乳を得るためである。そして前の分娩から1年後，再び分娩し，前述の泌乳経過を操り返す。

この様に乳牛は分娩と産乳量の大きな変化を1年毎に繰り返し，これに伴って給与される飼料の質および量も大きく変化する。したがって，生体における代謝が乳の生産のために大きく変化するのである。この変化は乳産量の大きなものほど大きい。

2. 代謝病と生産病

栄養の消費に見合った栄養の摂取が行われていれば乳牛は健康を保ちつつ生産を行うことができるが，過不足が生じた場合，それが恒常性維持機構を越えて重度であれば生体は恒常性を失って病的状態に陥り各種の臨床症状を呈する。広義の代謝病とは代謝のバランスが崩れて起こる疾病の総称である。

イギリスのPayneは生産から生ずる人為的な代謝病を生産病とする概念を提唱した。ひとたび生産病に陥ると生産（乳量の減少，乳質および繁殖能の低下）が落ちるだけではなく治療のための費用がかかり，また，重度の場合には死亡したり飼育を諦めることになり，これらは生産コストを上げる。

3. 代謝プロファイルテスト

しかし，一方で栄養の過不足が恒常性維持機構の範囲内で軽度であれば生体は健康な範囲にいられるが，生産性は低下している可能性がある。このとき軽度な代謝の変化から血液性状に**正常範囲内（正常値）における変化**が現れる。

この僅かな変化を血液検査により**牛群（酪農家）単位で捉える**ことによってその牛群の栄養状態を把握し，予想される疾病の前兆を発見し，これを未然に防ごうとする目的で，1970年，Payneらにより紹介されたのが本法である。彼らは，血液中の一定成分は栄養状態を反映し**乳期により特徴的変動を示す**こと，疾病多発牛群は血液性状にも異常が多いことを報告した。その後，アメリカ，ドイツおよび日本からもこれに関する報告がなされている。わが国では木田が精力的にこれを行っており，その結果を基に酪農家の指導を行い成果を得ている。

4. 乳期の分類とその特徴

Payneらは対象とする牛の抽出を泌乳最盛期，泌乳中期および乾乳期からとし，Rowlandsらは分娩後70日前後，同150日前後および乾乳牛とし，それぞれ一群から3乳期7頭ずつ計21頭を抽出した。木田は泌乳初期（分娩〜49日），泌乳最盛期（50〜109日），泌乳中期（110〜220日），泌乳後期（221日〜乾乳）および乾燥期（乾乳〜分娩）とし各乳期から数頭ずつ，全体で30頭程度（最低20頭）を1牛群から抽出している。

(1) 泌乳初期

泌乳が開始され急速に泌乳量（産乳エネルギー）が増加するが，それに見合う飼料が摂取できず乳牛はマイナスのエネルギー状態にある。したがって，血中ケトン体の増加や体に蓄積した脂肪を消費するために血中遊離脂肪酸の増加，肝細胞への脂肪沈着，体重の減少が起こり，重度なものでは脂肪肝による

肝機能障害，ケトージス，分娩後の卵巣周期発現の遅延などが起こる。

(2) 泌乳最盛期

泌乳量のピークにやや遅れて乾物摂取量がピークを迎えるため，この期間にはマイナスのエネルギー状態がプラスに変化する。したがって体重の減少は止まり徐々に増加に向かう。

(3) 泌乳中期および泌乳後期

産乳量は徐々に減少し摂取エネルギーの方がやや上回っているので，体重はさらに増加を続ける。泌乳後期の後半には分娩時の体重にほぼ回復する。

(4) 乾乳期

搾乳中止により給与飼料の急な減量が行われ牛は空腹状態となる。末期には分娩後の高タンパク高エネルギー飼料の増量に合わせこれらの飼料の慣らし給与が行われる。しかし，子宮の膨大に伴って第一胃容積が小さくなり粗飼料の摂取量が減少する。泌乳後期から乾乳期におけるこの期間体重はさらに増加する。

5. 代謝プロファイルと乳期による変動

代謝プロファイルとしてエネルギー代謝，タンパク代謝，肝機能および無機質代謝の指標となる各種血液検査項目を測定する。

(1) エネルギー代謝

①血糖

分娩後低値となり泌乳初期に増加し，その後，泌乳最盛期から乾乳期まで微増が続く。乾乳期が最も高値。低値は重度で持続的なエネルギー摂取不足。高値はストレス，持続的なエネルギー過剰。

②遊離脂肪酸（free fatty acid；FFA，nonesterified fatty acid；NEFA）

分娩時から高値。以後，徐々に低下し，泌乳中期－後期は一定となるも乾乳と同時に高値となり乾乳期後半からさらに増加する。高値はエネルギー不足（産乳量の増加または採食量の減少）に起因し，脂肪組織に貯蔵されている中性脂肪が酵素による加水分解を受けNEFAとして血中に放出される。

(2) タンパク代謝

①赤血球容積（Packed cell volume；PCV）

PCVは分娩後低下し泌乳最盛期頃から増加し始め，泌乳中期後半に回復する。低値は比較的長期間のタンパク質の摂取不足に起因する。高値は濃厚飼料多給によるルーメンアシドーシスや飲水の不足。

②アルブミン

アルブミンは分娩後低下，以後増加し泌乳最盛期後半に最高となってそのまま推移する。低値および高値の原因はPCVと同様である。

③尿素態窒素（urea nitrogen；UN）

UNは乾乳期間中泌乳のための飼料給与量のカットに伴い低値をとり，分娩後飼料摂取量の増加に伴い増加して泌乳中期から後期に高値となる。

UNの低値は飼料からのタンパク摂取の不足あるいはエネルギー摂取の増大を示す。高値はその逆。いずれも短期間に反応する。

(3) 肝機能

①glutamic-oxaloacetic transaminase；GOT

GOTは泌乳初期から後期にかけて一定に推移し，乾乳期に低値をとる。個体ごとに見ると分娩後に一過性に高値をとる。これは分娩による子宮や産道の損傷および長時間の座臥姿勢による骨格筋の障害によると考えられる。

高値は筋肉組織の障害がない場合に限って肝細胞の障害を論議する。

② γ-glutamyltransferase；GGT（γ-glutamyl-transpeptidase；γ-GTP）

　　GGTは泌乳中期に高値となり乾乳期に低値となる。高値は肝機能障害（特に肝細胞の脂肪沈着による胆汁の排泄障害）でGOTよりやや遅れて増加する。乾乳期後半および泌乳初期前半の異常高値は脂肪肝によることが多い。

③総コレステロール

　　総コレステロールは分娩後急速に増加し泌乳最盛期から中期に最高値となり後期にはやや低下し、さらに乾乳期になって急速に低下する。低値は脂質飼料の摂取不足または肝機能低下によるコレステロール生成の低下による。高値は脂質飼料の摂取過剰。

④エステル比（総コレステロール/エステル型コレステロール）

　　分娩により低下しその後上昇して泌乳中期以降一定に推移する。低値は総コレステロールと同様。

(4) 無機質代謝

①カルシウム（Ca）

　　血清Ca濃度は9〜10mg/dLの狭い範囲に乳期によらず一定に調整されている。しかし、泌乳開始時にはCaの急激な乳汁への移行が起こるので低Ca血症を起こすが直ぐに回復する。このとき、著しいものでは乳熱を発症する。低値はCa摂取量の減少。

②無機リン（Pi）

　　泌乳開始時には、Ca減少に伴って低下するが泌乳初期の間に回復し、以後一定に推移する。乾乳初期に一時高値となる。低値は摂取量の不足。

③マグネシウム（Mg）

　　分娩後、低値となり泌乳初期の中ごろには回復し以後一定に推移するが、乾乳と同時に一時低下する。低値は摂取量の不足。

6. 材料の分析に関わる注意事項

(1) 血液の分析に当たっては、採血時刻、採血方法、採血後分析までの処理時間および処理方法、分析方法および分析機器などを一定に保つことが必要である。

(2) 他のdataは参考にはなるが基準にならない。基準値はあくまでもこれを行う者が(1)の条件を満たした上で設けるものである。

(3) 健康状態が明らかに異常な牛は対象にしない。

7. 分析結果に関わる注意事項

(1) 得られた分析結果はあくまでも正常範囲内の変化である。正常範囲を越えた異常値が得られた場合は健康状態が明らかに異常な牛を見落として抽出している。

(2) 地域、季節、放牧の有無および放牧時間、この間の青草摂取の量、年齢構成、乳量および乳成分、飼料の構成、量、質、給与間隔などを合わせて考える必要がある。

(3) さらに体脂肪の蓄積の指標としてbody condition score（BCS）を測定する。BCSは1（最も痩せている状態）から5（最も肥満）に区分されエネルギーの過不足により生じる皮下脂肪の付着の状態を数字で表す。

　　BCSは分娩後急速に低下し泌乳最盛期から徐々に増加し、分娩まで増加する。体重の変化とほぼ一致する。

　　本文中、代謝プロファイルの各項目の解説については「獣医臨床生化学」[2]、牛の疾病については「牛の臨床」[5] 他、BCSについては「先手で決まる牛群管理」[7] を参照願いたい。

[参考文献]

1）The Veterinary Clinics of North America，Metabolic Diseases of Ruminant Livestock，T.H. Herdt 編，W.B. SAUNDERS COMPANY（1988年）
2）獣医臨床生化学（第4版），J.J. Kaneko著，近代出版
3）乳牛群に対する生産獣医療―飼養管理診断における代謝プロファイルテストの活用（平成4年農水省委託中堅獣医師専門講習会資料），本田克弥著，北海道NOSAI家畜臨床講習所（1992年）
4）牛の栄養障害と代謝病，J. M. Payne著，チクサン出版社（1991年）
5）牛の臨床（改訂増補版），其田三夫監修，デーリィマン社
6）乳牛のMetabolic Profile testの試み，福岡かおり，昭和62年度酪農学園大学大学院獣医学研究科修士論文（1988年）
7）先手で決まる牛群管理―モニタリング＆ハードヘルス―（Dairy Japan臨時増刊），デーリィ・ジャパン社（1992年）

付録2-1 大動物の血液成分の正常値[*1] (以下, 付録2-4までは『獣医臨床生化学』(第4版), J.J. Kaneko著, 近代出版から転載)

成分[*2]	単位	馬	牛	羊	山羊	ラマ	豚
アセチルコリンエステラーゼ (AcChE) : R	U/L	450〜790	1,270〜2,430	640	270		930
アラニンアミノトランスフェラーゼ (ALT, GPT) : S, HP	U/L	3〜23 (14±11)	14〜38 (27±14)	(30±4)	24〜83	6.0〜14.0 (8.8±2.6)	31〜58 (45±14)
アンモニウム塩 (NH_4^+) : S, HP	µmol/L	7.63〜63.4 (35.8±17.0)					
	µg/dL	13±108 (61±29)					
アミラーゼ (Amyl) : S, HP	U/L	75〜150					
アルギナーゼ (ARG) : S, HP	U/L	0〜14 (11±18)	1〜30 (8.3±6)	0〜14 (5±1)			0〜14
アスパラギン酸アミノトランスフェラーゼ (AST, GOT) : S, HF	U/L	226〜366 (296±70)	78〜132 (105±27)	(307±43)	167〜513	216〜378 (292±50)	32〜84 (61±26)
重炭酸塩 (HOC_3^-) : S, P	mmol/L	20〜28	17〜29	20〜25			18〜27
総胆汁酸 (TBA) : S	µmol/L	5〜28	20〜80				
ビリルビン: S, P, HP 抱合型 (CB)	mmol/L	0〜6.84 (1.71)	0.68〜7.52 (3.08)	0〜4.61 (2.05)			0〜5.13 (1.71±1.71)
	mg/dL	0〜0.4 (0.1)	0.04〜0.44 (0.18)	0〜0.27 (0.12)			0〜0.3 (0.1±0.1)
非抱合型 (UCB)	mmol/L	3.42〜34.2 (17.1)	0.51	0〜2.05			0〜5.13
	mg/dL	0.2〜2.0 (1.0)	0.03	0〜0.12			0〜0.3
総ビリルビン (TB)	mmol/L	7.1〜34.2 (17.2)	0.17〜8.55 (3.42)	1.71〜8.55 (3.93±1.71)	0〜1.71	0〜17.1 (3.42±3.42)	0〜17.1 (3.42±3.42)
	mg/dL	1〜2.0 (1.0)	0.01〜0.5 (0.2)	0.1〜0.5 (0.23±0.1)	0〜0.1	0〜1.0 (0.2±0.2)	0〜1.0 (0.2±0.2)

[*1] 正常範囲を示す。( )内は標準偏差　[*2] B:全血　HB:ヘパリン処理血液　HP:ヘパリン処理血漿　P:血漿　S:血清　R:赤血球

付録2-1 大動物の血液成分の正常値

成 分[2]	単位	馬	牛	羊	山羊	ラマ	豚
ブチリルコリンエステラーゼ (ButChE) : P	U/L	2,000～3,100	70	0～70	110		400～430
カルシウム (Ca) : S, HP	mmol/L	2.80～3.40 (3.10±0.14)	2.43～3.10 (2.78±0.15)	2.88～3.20 (3.04±0.07)	2.23～2.93 (2.58±0.18)	2.20～2.58 (2.30±0.23)	1.78～2.90 (2.41±0.25)
	mg/dL	11.2～13.6 (12.4±0.58)	9.7～12.4 (11.08±0.67)	11.5～12.8 (12.16±0.28)	8.9～11.7 (10.3±0.7)	8.0～10.3 (9.2±0.9)	7.1～11.6 (9.65±0.99)
炭酸ガス分圧 (pCO$_2$) : S, P	mmHg	38～46 (42.4±2.0)	35～44				
総炭酸ガス (TCO$_2$) : S, P	mmol/L	24～32 (28)	21.2～32.2 (26.5)	21～28 (26.2)	25.6～29.6 (27.4±1.4)		
塩化物 (Cl$^-$) : S, HP	mmol/L	99～109 (104±2.6)	97～111 (104)	95～103	99～110.3 (105.1±2.9)	102～109 (105±2)	94～106
コレステロール (Chol) : S, P, HP エステル型	mmol/L		1.50～2.28 (1.89±0.39)				
	mg/dL	(81.1)	58～88 (73±15)				28～48
遊離型	mmol/L	(0.41)	0.57～1.35 (0.96±0.39)	(1.66±0.31)			0.72～1.24
	mg/dL	(15.7)	22～52 (37±15)				5.7～10.9
コレステロール (Chol) : S, P, HP 総コレステロール	mmol/L	1.94～3.89 (2.88±0.47)	2.07～3.11	1.35～1.97 (1.66±0.31)	2.07～3.37	0.91～2.93 (1.55±0.67)	0.93～1.40
	mg/dL	75～150 (111±18)	80～120	52～76 (64±12)	80～130	35～113 (60±26)	36～54
銅 (Cu) : S	μmol/L		5.16～5.54	9.13～25.2			20.9～43.8 (32.4)
	μg/dL		32.8～35.2	58～160			133～278 (206)

[1] 正常範囲を示す。（ ）内は標準偏差　　[2] B : 全血　　HB : ヘパリン処理血液　　HP : ヘパリン処理血漿　　P : 血漿　　S : 血清　　R : 赤血球

付録2-1 大動物の血液成分の正常値

成分[*2]	単位	馬	牛	羊	山羊	ラマ	豚
コプロポルフィリン (COPRO)：HB, HP, R	μmol/L		痕跡				
	μg/dL		痕跡				
コルチゾル (Cort-RIA)：S, HP	nmol/L	36〜81	(17±2)	(62±10)	(65±8)		(82±3)
	μg/dL	1.30〜2.93	(0.61±0.07)	(2.24±0.36)	(2.35±0.29)		(2.97±0.10)
クレアチンキナーゼ (CK)：S, HP	U/L	2.4〜23.4 (12.89±5.25)	4.8〜12.1 (7.4±2.4)	8.1〜12.9 (10.3±1.6)	0.8〜8.9 (4.5±2.8)	17〜101 (40.8±29.9)	2.4〜22.5 (8.9±6.0)
クレアチニン (Creat)：S, P, HP	μmol/L	106〜168	88.4〜177	106〜168	88.4〜159	97.2〜221 (150±35.4)	141〜239 (141±5.3)
	mg/dL	1.2〜1.9	1.0〜2.0	1.2〜1.9	1.0〜1.8	1.1〜2.5 (1.7±0.4)	1.0〜2.7 (1.6±0.06)
遊離脂肪酸 (FFA)：HP	mg/L		30〜100				
フィブリノゲン (Fibr)：P, HP	μmol/L	2.94〜11.8 (7.65±2.35)	8.82〜20.6	2.94〜14.7	2.94〜11.8		2.94〜14.7
	g/L	1.0〜4.0 (2.6±0.8)	3.0〜7.0	1.0〜5.0	1.0〜4.0		1.0〜5.0
	mg/dL	100〜400 (260±80)	300〜700	100〜500	100〜400		100〜500
グルコース (Glu)：S, P, HP	mmol/L	4.16〜6.39 (5.30±0.47)	2.50〜4.16 (3.19±0.38)	2.78〜4.44 (3.80±0.33)	2.78〜4.16 (3.49±0.39)	5.72〜8.89 (7.10±0.89)	4.72〜8.33 (6.61±0.96)
	mg/dL	75〜115 (95.6±8.5)	45〜75 (57.4±6.8)	50〜80 (68.4±6.0)	50〜75 (62.8±7.1)	103〜160 (128±16)	85〜150 (119±17)
グルタミン酸デヒドロゲナーゼ (GD)：S, HP	U/L	0〜118 (5.6±4.2)	31	20			0
グルタミン酸オキサロ酢酸トランスアミナーゼ (GOT)	AST参照						
グルタミン酸ピルビン酸トランスアミナーゼ (GPT)	ALT参照						
γ-グルタミルトランスフェラーゼ (GGT)：S, P	U/L	4.3〜13.4 (7.6±1.5)	6.1〜17.4 (15.7±4.0)	20〜52 (33.5±4.3)	20〜56 (38±13)	7〜29 (15.8±6.4)	10〜60 (35±21)

*1 正常範囲を示す。（ ）内は標準偏差　　*2 B：全血　　HB：ヘパリン処理血液　　HP：ヘパリン処理血漿　　P：血漿　　S：血清　　R：赤血球

付録2-1 大動物の血液成分の正常値

成分[*2]	単位	馬	牛	羊	山羊	ラマ	豚
グルタチオン (GSH)：B	mmol/L		2.47〜3.67 (2.89±0.46)				
	mg/dL		76〜113 (89±14)				
グルタチオンレダクターゼ (GR)：HB	U/100gHb	(33.3±10.5)	(19.5±3.9)	(34.3±7.5)	(98±16)		(68.2±9.2)
ヘモグロビン (Hb)：B	g/L	110〜190 (144±17)	80〜150 (110)	90〜140 (115)	80〜120 (100)		100〜160 (130)
黄疸指数 (II)：P, HP	unit	5〜20	5〜15	2〜5	2〜5		2〜5
イジトールデヒドロゲナーゼ	SDH参照						
インスリン (Ins)：S, HP	pmol/L		0〜35.88				
	μU/mL		0〜5				
総ヨウ素 (I)：S	nmol/L	394〜946					
	μg/dL	5〜12					
鉄 (Fe)：S	μmol/L	13.1〜25.1 (19.9±1.97)	10.2〜29.0 (17.4±5.19)	29.7〜39.7 (34.5±1.25)			16.3〜35.6 (21.7±5.91)
	μg/dL	73〜140 (111±11)	57〜162 (97±29)	166〜222 (193±7)			91〜199 (121±33)
総鉄結合能 (TIBC)：S	μmol/L	(59.1±5.73)	(41.2±11.6)				(74.6±12.9)
	μg/dL	(330±32)	(230±65)				(417±72)
非鉄結合能 (UIBC)：S	μmol/L	35.8〜46.9 (39.0±3.78)	11.3〜33.3 (23.5±6.44)				
	μg/dL	200〜262 (218±21)	63〜186 (131±36)				100〜262 (196±39)
イソクエン酸デヒドロゲナーゼ (ICD)：S, HP	U/L	4.8〜18.0 (10.0±3.3)	9.4〜21.9 (16.7±2.8)	0.4〜8.0 (4.7±2.8)			
ケトン体 (Ket)：HP	mmol/L	(0.029±0.003)	0〜0.11 (0.05)	(0.030±0.002)			
アセト酢酸 (AcAc)	mg/dL	(0.30±0.03)	0〜1.1 (0.5)	(0.30±0.02)			

[*1] 正常範囲を示す。（ ）内は標準偏差　　[*2] B：全血　　HB：ヘパリン処理血液　　HP：ヘパリン処理血漿　　P：血漿　　S：血清　　R：赤血球

付録2-1 大動物の血液成分の正常値

成分*2	単位	馬	牛	羊	山羊	ラマ	豚
アセトン (Ac)	mmol/L		0〜1.72	0〜1.72			
	mg/dL		0〜10	0〜10			
3-ヒドロキシン酪酸 (β-OHB)	mmol	(0.064±0.006)	(0.95±0.18)	(0.55±0.04)			
	mg/dL	(0.67±0.06)	(9.90±1.88)	(5.73±0.42)			
乳酸 (Lac) : B	mmol/L	11.1〜1.78	0.56〜2.22	1.00〜1.33			
	mg/dL	10〜16	5〜20	9〜12			
乳酸デヒドロゲナーゼ (LDH) : S, HP	U/L	162〜412 (252±63)	692±1445 (1061±222)	238〜440 (352±59)	123〜392 (281±71)	88〜487 (320±116)	380〜634 (499±75)
LDHアイソザイム : S, P LDH-1 (心臓, 陽極へ)	%	6.3〜18.5 (11.5±4.0)	39.8〜63.5 (49.0±5.4)	45.7〜63.6 (54.3±6.5)	29.3〜51.8 (41.0±8.0)		34.1〜61.8 (50.8±10.1)
LDH-2	%	8.4〜20.5 (14.8±3.2)	19.7〜34.8 (27.8±3.4)	0〜3.0 (0.8±1.2)	0〜5.4 (2.4±1.8)		5.9〜9.2 (7.3±1.2)
LDH-3	%	41.0〜65.9 (50.2±7.2)	11.7〜18.1 (14.5±1.9)	16.4〜29.9 (23.3±4.0)	24.4〜39.9 (31.2±6.2)		5.7〜11.7 (7.4±1.9)
LDH-4	%	9.5〜20.9 (16.2±3.8)	0〜8.8 (4.4±2.4)	4.3〜7.3 (5.3±1.0)	0〜5.5 (2.5±2.5)		6.9〜15.9 (10.9±3.1)
LDH-5 (肝臓, 筋肉, 陰極へ)	%	1.7〜16.5 (7.3±4)	0〜12.4 (4.3±3.4)	10.5〜29.1 (16.3±6.2)	14.1〜36.8 (20.9±9.4)		16.3〜35.2 (23.6±6.5)
鉛 (Pb) : HB	μmol/L	0.24〜1.21	0〜1.16 (0.48±0.29)	0.24〜1.21	0.24〜1.21		
	μg/dL	5〜25	0〜24 (10±6)	5〜25	5〜25		
マグネシウム (Mg) : S	mmol/L	0.90〜1.15 (1.03±0.13)	0.74〜0.95 (0.84±0.10)	0.90〜0.31 (1.03±0.12)	0.31〜1.48 (1.32±0.14)	0.75〜1.55 (0.95±0.10)	1.11〜1.52 (1.31±0.20)
	mg/dL	2.2〜2.8 (2.5±0.31)	1.8〜2.3 (2.05±0.25)	2.2〜2.8 (2.5±0.3)	2.8〜3.6 (3.2±0.35)	1.82〜3.77 (2.31±0.24)	2.7〜3.7 (3.2±0.49)
オルニチンカルバミルトランスフェラーゼ (OCT) : S, HP	U/L	(3.3±4.2)	(4.7±0.3)				
pH : HB	unit	7.32〜7.44 (7.38±0.03)	7.31〜7.53 (7.38)	7.32〜7.54 (7.44)			

*1 正常範囲を示す。（ ）内は標準偏差　　*2 B：全血　　HB：ヘパリン処理血液　　HP：ヘパリン処理血漿　　P：血漿　　S：血清　　R：赤血球

付録2-1 大動物の血液成分の正常値

成分[*2]	単位	馬	牛	羊	山羊	ラマ	豚
アルカリホスファターゼ（AlP：S, HP）	U/L	143〜395 (244±101)	0〜488 (194±126)	68〜387 (178±102)	93〜387 (219±76)	41〜92 (63±17)	118〜395 (194±84)
無機リン酸（P₁）：S, HP	mmol/L	1.00〜1.81	1.81〜2.10	1.62〜2.36 (2.07±0.06)	(4.62±0.25)	1.00〜3.49 (2.06±0.87)	1.71〜3.10
リン（P）：S, HP	mg/dL	3.1〜5.6	5.6〜6.5	5.0〜7.3 (6.4±0.2)	(6.5)	3.1〜10.8 (6.4±2.7)	5.3〜9.6
カリウム（K）：S, HP	mmol/L	2.4〜4.7 (3.51±0.57)	3.9〜5.8 (4.8)	3.9〜5.4	3.5〜6.7 (4.3±0.5)	4.6〜7.1 (5.6±0.8)	4.4〜6.7
カリウム（K）：R	mmol/L	(88)	10〜45 (24±7.0)	(64または18)			(100)
タンパク質（Prot）：S 総タンパク質（TP）	g/L	52.0〜79.0 (63.5±5.9)	67.4〜74.6 (71.0±1.8)	60.0〜79.0 (72.0±5.2)	64.0〜70.0 (69.0±4.8)	58.0〜75.0 (64.9±4.9)	79.0〜89.0 (84.0±5.0)
セルロースアセテート膜（CA） 電気泳動（SPE） アルブミン	g/L	26.0〜37.0 (30.9±2.8)	30.3〜35.5 (32.9±1.3)	24.0〜30.0 (27.0±1.9)	27.0〜39.0 (33.0±3.3)	36.0〜48.0 (42.5±3.9)	(25.9±7.1)
総グロブリン	g/L	26.2〜40.4 (33.3±7.1)	30.0〜34.8 (32.4±2.4)	35.0〜57.0 (44.0±5.3)	27.0〜41.0 (36.0±5.0)	16.0〜29.0 (22.4±3.9)	52.9〜64.3 (58.6±5.7)
α	g/L		7.5〜8.8 (7.9±0.2)	3.0〜6.0 (5.0±1.0)	5.0〜7.0 (6.0±0.6)	6.0〜9.0 (7.7±1.3)	
α₁	g/L	0.6〜7.0 (1.9±2.6)					3.2〜4.4 (3.8±0.6)
α₂	g/L	3.1〜13.1 (6.5±1.3)					12.8〜15.4 (14.1±1.3)
β	g/L		8.0〜11.2 (9.6±0.8)			10.0〜11.0 (10.3±0.5)	
β₁	g/L	4.0〜15.8 (9.2±3.0)		7.0〜12.0 (10.0±1.4)	7.0〜12.0 (9.0±1.0)		1.3〜3.3 (2.3±1.0)
β₂	g/L	2.9〜8.9 (5.7±1.1)		4.0〜14.0 (7.0±2.6)	3.0〜6.0 (4.0±0.2)		12.6〜16.8 (14.7±2.1)

*1 正常範囲を示す。（　）内は標準偏差　　*2 B：全血　　HB：ヘパリン処理血液　　HP：ヘパリン処理血漿　　P：血漿　　S：血清　　R：赤血球

付録2-1 大動物の血液成分の正常値

成分[*2]	単位	馬	牛	羊	山羊	ラマ	豚
γ	g/L	5.5〜19.0 (10.0±14)	16.9〜22.5 (19.7±1.4)		9.0〜30.0 (17.0±4.4)	5.0〜10.0 (7.0±2.2)	22.4〜24.6 (23.5±1.1)
γ₁	g/L			7.0〜22.0 (16.0±4.1)			
γ₂	g/L			2.0〜11.0 (8.0±3.0)			
A/G比	—	0.62〜1.46 (0.96±0.17)	0.84〜0.94 (0.89±0.05)	0.42〜0.76 (0.63±0.09)	0.63〜1.26 (0.95±0.17)	1.31〜3.86 (1.96±0.45)	0.37〜0.51 (0.44±0.07)
プロトポルフィリン (PROTO):R	μmol/L		痕跡				
偽コリンエステラーゼ (PsChE)	μg/dL		痕跡				118
ピルビン酸 (PYR):R	ButChE参照						
	μmol/L		(54.0±24.0)				
ナトリウム (Na):S, HP	mmol/L	132〜146 (139±3.5)	132〜152 (142)	139〜152	142〜155 (150±3.1)	148〜155 (152±1.9)	135〜150
ソルビトールデヒドロゲナーゼ (SDH):S, HP	U/L	1.9〜5.8 (3.3±1.3)	4.3〜15.3 (9.2±3.1)	5.8〜27.9 (15.7±7.5)	14.0〜23.6 (19.4±3.6)	1〜17 (4.9±6.2)	1.0〜5.8 (2.6±1.6)
サイロキシン (T₄-RIA):S	nmol/L	11.6〜36.0 (24.5)	54.0〜110.7 (82.4)			131.6〜286.4 (185.8±50.3)	
	μg/dL	0.9〜2.8 (1.9)	4.2〜8.6 (6.4)			10.2〜22.2 (14.4±3.9)	
トリヨードチロニン (T₃-RIA)	nmol/L					1.35〜4.06 (2.27±0.94)	
	ng/dL					88〜264 (148±61)	
尿酸 (UA):S, P, HP	mmol/L	53.5〜65.4	0〜119.0	0〜113.0	17.8〜59.5		
尿素 (UR):S, P, HP	mg/dL	0.9〜1.1	0〜2	0〜1.9	0.3〜1		
	mmol/L	3.57〜8.57	7.14〜10.7	2.86〜7.14	3.57〜7.14 (5.36±0.71)	4.28〜12.14 (9.71±2.61)	3.57〜10.7
尿素態窒素 (UN):S, P, HP	mg/dL	10〜24	20〜30	8〜20	10〜20 (15±2.0)	12〜34 (27.2±7.3)	10〜30

[*1] 正常範囲を示す。( ) 内は標準偏差　　[*2] B:全血　　HB:ヘパリン処理血液　　HP:ヘパリン処理血漿　　P:血漿　　S:血清　　R:赤血球

付録2-1 大動物の血液成分の正常値

成分[*2]	単位	馬	牛	羊	山羊	ラマ	豚
ビタミンA (VitA) カロチン：S	μmol/L	0.37〜3.26 (1.86)	0.47〜17.7 (0.74)	0〜0.37 (18.8)			
	μg/dL	20〜175 (100)	25〜950 (40)	0〜20 (10)			
カロチノール：S	μmol/L	0.17〜0.30 (0.22)	0.19〜0.56 (0.45)	0.37〜0.84			0.19〜0.65 (0.37)
	μg/dL	9〜16 (12)	10〜30 (24)	20〜45			10〜35 (20)

[*1] 正常範囲を示す。（ ）内は標準偏差　　[*2] B：全血　HB：ヘパリン処理血液　HP：ヘパリン処理血漿　P：血漿　S：血清　R：赤血球

付録2-2 小動物および実験動物の血液成分の正常値 [*1]

成分 [*2]	単位	犬	猫	ラット	マウス	家兎	サル
アセチルコリンエステラーゼ (AcChE)：R	U/L	270	540				
アラニンアミノトランスフェラーゼ (ALT, GPT)：S, HP	U/L	21〜102 (47±26)	6〜83 (26±16)	(35.1±13.3)	(19.0)	(79.0)	0〜82 (27±28)
アンモニウム塩 (NH_4^+)：S, HP	μmol/L	11.2〜70.4 (31.1±14.7)					
	μg/dL	19〜120 (53±25)					
アミラーゼ (Amyl)：S, HP	U/L	185〜700					
アルギナーゼ (ARG)：S, HP	U/L	0〜14.0	0〜14.0	(21.3)			
アスパラギン酸アミノトランスフェラーゼ (AST, GOT)：S, HF	U/L	23〜66 (33±12)	26〜43 (35±9)	(42.9±10.1)	(37.0)	(47.0)	13〜37 (22±8)
重炭酸塩 (HCO_3^-)：S, P	mmol/L	18〜24	17〜21				
ビリルビン：S, P, HP 抱合型 (CB)	mmol/L	1.03〜2.05					0.68〜5.98 (0.68±0.68)
	mg/dL	0.06〜0.12					0.04〜0.35 (0.04±0.04)
総ビリルビン (TB)	mmol/L	1.71〜8.55 (3.42±1.71)	2.57〜8.55	(5.13±2.39)	(6.84±8.55)	(6.84±8.55)	1.71〜8.55 (4.28±0.86)
	mg/dL	0.10〜0.50 (0.20±0.10)	0.15〜0.50	(0.30±0.14)	(0.4±0.5)	(0.40±0.50)	0.10〜0.50 (0.25±0.05)
非抱合型 (UCB)	mmol/L	0.17〜8.38					0〜3.76 (3.42±3.08)
	mg/dL	0.01〜0.49					0〜0.22 (0.20±0.18)
総胆汁酸 (TBA)：S	μmol/L	0〜5.0 (2.60±0.40)	0〜5 (1.70±0.30)				5.0〜14.0 (10)

[*1] 正常範囲を示す。（ ）内は標準偏差　　[*2] B：全血　HB：ヘパリン処理血液　HP：ヘパリン処理血漿　P：血漿　S：血清　R：赤血球

付録2-2 小動物および実験動物の血液成分の正常値

成分[*2]	単位	犬	猫	ラット	マウス	家兎	サル
ブチリルコリンエステラーゼ (ButChE) : P	U/L	1,210～3,020	640～1,400				523～1711 (589±260)
カルシウム (Ca) : S, HP	mmol/L	2.25～2.83 (2.55±0.15)	1.55～2.55 (2.06±0.24)	1.50～2.65 (2.00±0.32)	1.20～1.86 (1.39±0.20)	1.46～3.60 (2.50±0.56)	2.28～2.95 (2.55±1.50)
	mg/dL	9.0～11.3 (10.2±0.60)	6.2～10.2 (8.22±0.97)	6.00～10.6 (8.00±1.28)	4.80～7.44 (5.56±0.80)	5.84～14.4 (10.0±2.24)	9.1～11.8 (10.2±6.0)
炭酸ガス分圧 (pCO$_2$) : S, P	mmHg	(38)	(36)				
総炭酸ガス (TCO$_2$) : S, P	mmol/L	17～24 (21.4)	17～24 (20.4)				9.6～25.9 (18.6±4.0)
塩化物 (Cl⁻) : S, HP	mmol/L	105～115	117～123	79.4～111.3 (96.8±6.4)	95.6～128.9 (107.6±6.7)	85.0～105.3 (96.5±6.8)	97.5～113.5 (105±4.0)
コレステロール (Chol) : S, P, HP エステル型	mmol/L	1.04～2.02 (1.53±0.49)	1.04～2.23 (1.63±0.60)				
	mg/dL	40～78 (59±19)	40～86 (63±23)				
遊離型	mmol/L	0.80～1.84 (1.32±0.52)	0.52～1.04 (0.78±0.26)	0.13～1.41 (0.73±0.35)	0.74～2.86 (1.61±0.43)	0.14～1.86 (0.69±0.41)	0.19～1.08 (0.57±0.26)
	mg/dL	31～71 (51±20)	20～40 (30±10)				7.4～41.7 (22±10)
総コレステロール	mmol/L	3.50～6.99 (4.61±0.98)	2.46～3.37	5.1～54.2 (28.3±13.7)	0.74～2.86 (1.61±0.43)	0.14～1.86 (0.69±0.41)	2.51～4.82 (3.81±0.88)
	mg/dL	135～270 (178±38)	95～130	5.1～54.2 (28.3±13.7)	28.6～110.4 (62.1±16.7)	5.3～71.0 (26.7±15.9)	97～186 (147±34)
銅 (Cu) : S	μmol/L	15.7～31.5					
	μg/dL	100～200					
コルチゾル (Cort-RIA) : S, HP	nmol/L	27～188	9～71				(850±224)
	μg/dL	0.96～6.81	0.33～2.57				(30.8±8.1)
クレアチンキナーゼ (CK) : S, HP	U/L	1.15～28.40 (6.25±2.06)	7.2～28.2 (19.5±6.7)	(183)	(155)	(544)	(125)

*1 正常範囲を示す。（ ）内は標準偏差 *2 B：全血 HB：ヘパリン処理血液 HP：ヘパリン処理血漿 P：血漿 S：血清 R：赤血球

付録2-2 小動物および実験動物の血液成分の正常値

成 分[*2]	単位	犬	猫	ラット	マウス	家兎	サル
クレアチニン (Creat)：S, P, HP	μmol/L	44.2～132.6	70.7～159	35.4～331.5 (140.6±69.8)	44.2～123.8 (74.2±16.8)	70.7～227.2 (140.6±30.1)	70.7～205.0 (124.6±27.4)
	mg/dL	0.5～1.5	0.8～1.8	0.40～3.75 (1.59±0.79)	0.5～1.4 (0.84±0.19)	0.8～2.57 (1.59±0.34)	0.8～2.32 (1.41±0.31)
フィブリノゲン (Fibr)：P, HP	μmol/L	5.88～11.8	1.47～8.82				
	g/L	2.0～4.0	0.5～3.0				
	mg/dL	200～400	50～300				
グルコース (Glu)：S, P, HP	mmol/L	3.61～6.55 (5.05±0.67)	3.89～6.11 (5.05±0.42)	2.65～5.94 (4.07±1.01)	1.74～11.11 (5.12±2.49)	2.78～5.18 (4.08±0.53)	4.72～7.27 (5.94±0.72)
	mg/dL	65～118 (91±12)	70～110 (91±7.5)	47.7～107.0 (73.3±18.2)	31.4～200 (92.2±44.9)	50.0～93.2 (73.4±9.5)	85～131 (107±12.9)
グルタミン酸デヒドロゲナーゼ (GD)：S, HP	U/L	(3)		(4)	(9)	(16)	(40)
グルタミン酸オキサロ酢酸トランスアミナーゼ (GOT)	AST参照						
グルタミン酸ピルビン酸トランスアミナーゼ (GPT)	ALT参照						
γ-グルタミルトランスフェラーゼ (GGT)：S, P	U/L	1.2～6.4 (3.5±1.8)	1.3～5.1			(9)	(62)
グルタチオン (GSH)：R	mmol/L	(2.07±0.36)	(1.97±0.19)				
グルタチオンペルオキシダーゼ (GPx)：HB	U/100gHb	(8,921±237)	(12,135±616)				
グルタチオンレダクターゼ (GR)：HB	U/100gHb	(137±7.0)	(405±48)				
ヘモグロビン (Hb)：B	g/L	120～180	80～140				
黄疸指数 (II)：P, HP	unit	2～5	2～5				
イジトールデヒドロゲナーゼ (ID)	SDH参照						
インスリン (Ins)：S, HP	pmol/L	(86.1±35.9)					
	μU/mL	(12±5)					

[*1] 正常範囲を示す。（ ）内は標準偏差　　[*2] B：全血　　HB：ヘパリン処理血液　　HP：ヘパリン処理血漿　　P：血漿　　S：血清　　R：赤血球

付録2-2 小動物および実験動物の血液成分の正常値

成 分[*2]	単位	犬	猫	ラット	マウス	家兎	サル
総ヨウ素 (I) : S	nmol/L	394〜1,576 (473±276)					
	µg/dL	5〜20 (6.0±3.5)					
鉄 (Fe) : S	µmol/L	5.37〜32.2 (15.5±5.5)	12.2〜38.5 (25.1)	(39.4±22.2)	(60.1±2.2)	(36.5±3.4)	
	µg/dL	30〜180 (86.4±30.8)	68〜215 (140)	(220±124)	(336±12)	(204±19)	
総鉄結合能 (TIBC) : S	µmol/L	29.5〜74.9 (57.7±7.9)	(51.9)	(65.9)		(48.4)	(79.7)
	µg/dL	165〜418 (322±44)	(290)	(368)		(270)	(445)
非鉄結合能 (UIBC) : S	µmol/L	30.4〜39.7 (35.8)	18.8〜36.7 (26.9)				
	µg/dL	170〜222 (200)	105〜205 (150)				
イソクエン酸デヒドロゲナーゼ (ICD) : S, HP	U/L	0.4〜7.3 (3.0±1.7)	2.0〜11.7 (5.3±3.2)	(4)	(32)	(137)	(28)
ケトン体 (Ket) : HP アセト酢酸 (AcAc)	mmol/L	(0.018±0.018)					
	mg/dL	(0.18±0.18)					
3-ヒドロキシ酪酸 (β-OHB)	mmol	(0.030±0.006)					
	mg/dL	(0.30±0.06)					
乳酸 (Lac) : B	mmol/L	0.22〜1.44					
	mg/dL	2〜13					
乳酸デヒドロゲナーゼ (LDH) : S, HP	U/L	45〜233 (93±50)	63〜273 (137±59)	(46.6±22.0)	(366)	94.3±28.8	173〜275 (232±31)
LDHアイソザイム : S, P LDH-1 (心臓, 陽極へ)	%	1.7〜30.2 (13.9±9.5)	0〜8.0 (4.5±2.8)				2.7〜38.2 (17.2±8.4)

[*1] 正常範囲を示す。( ) 内は標準偏差　　[*2] B : 全血　　HB : ヘパリン処理血液　　HP : ヘパリン処理血漿　　P : 血漿　　S : 血清　　R : 赤血球

付録2-2 小動物および実験動物の血液成分の正常値

成分[*2]	単位	犬	猫	ラット	マウス	家兎	サル
LDH-2	%	1.2〜11.7 (5.5±4.2)	3.3〜13.7 (6.1±3.4)				4.3〜39.7 (19.8±9.4)
LDH-3	%	10.9〜25.0 (17.1±5.7)	10.2〜20.4 (13.3±3.4)				12.8〜50.4 (24.5±7.2)
LDH-4	%	11.9〜15.4 (13.0±1.2)	11.6〜35.9 (23.6±8.6)				0.8〜38.0 (17.7±10.6)
LDH-5 (肝臓, 筋肉, 陰極へ)	%	30.0〜72.8 (50.5±16.9)	40.0〜66.3 (52.5±9.3)				4.7〜36.3 (18.6±8.3)
鉛 (Pb) : HB	μmol/L	0〜2.42					
	μg/dL	0〜50					
ロイシンアミノペプチダーゼ (LAP) : S, HP	U/L	(13)		(25)	(25)	(46)	(29)
リパーゼ (Lip) : S	U/L	13〜200	0〜83				
マグネシウム (Mg) : S	mmol/L	0.74〜0.99 (0.86±0.12)	(0.90)	(1.28±0.17)	(1.28±0.15)	(0.92±0.07)	(0.68±0.13)
	mg/dL	1.8〜2.4 (2.1±0.3)	(2.2)	(3.12±0.41)	(3.11±0.37)	(2.25±0.16)	(1.65±0.32)
リンゴ酸デヒドロゲナーゼ (MD) : S, HP	U/L	(199)	(132)	(118)	(419)	(1000)	(109)
オルニチンカルバミルトランスフェラーゼ (OCT) : S, HP	U/L	(2.7±0.7)	(3.8±1.0)				
酸素分圧 (pO₂) : HB	mmHg	85〜100	78〜100				
pH : HB	unit	7.31〜7.42 (7.36)	7.24〜7.40 (7.35)				
酸性ホスファターゼ (AcP) : S, HP	U/L	5〜25	0.5〜24				
アルカリホスファターゼ (AlP) : S, HP	U/L	20〜156 (66±36)	25〜93 (50±35)	(133±134)	(66±19)	(120±13.8)	100〜277 (171±55)
無機リン酸 (P) : S, HP	mmol/L	0.84〜2.00 (1.39±0.29)	1.45〜2.62 (2.00)	(2.29±0.38)	(2.12±0.42)	(1.34±0.15)	1.42〜1.78 (1.62±0.13)
リン (P) : S, HP	mg/dL	2.6〜6.2 (4.3±0.9)	4.5〜8.1 (6.2)	(7.08±1.19)	(6.55±1.30)	(4.16±0.46)	4.4〜5.5 (5.0±0.4)

[*1] 正常範囲を示す。( ) 内は標準偏差　　[*2] B:全血　HB:ヘパリン処理血液　HP:ヘパリン処理血漿　P:血漿　S:血清　R:赤血球

付録2-2 小動物および実験動物の血液成分の正常値

成　分[*2]	単位	犬	猫	ラット	マウス	家兎	サル
カリウム (K)：S, HP	mmol/L	4.37〜5.35	4.0〜4.5 (4.3)	(6.50±1.33)	(5.40±0.15)	(5.3±0.5)	3.5〜6.5 (4.7±0.6)
タンパク質 (Prot)：S 総タンパク質 (TP)	g/L	54.0〜71.0 (61.0±5.2)	54.0〜78.0 (66.0±7.0)	(75.2±2.7)	(62.0±2.0)	(64.5±3.1)	78.0〜96.0 (87.2±7.3)
セルロースアセテート膜 (CA) 電気泳動 (SPE) アルブミン	g/L	26.0〜33.0 (29.1±1.9)	21.0〜33.0 (27.0±1.7)	(41.7±2.1)	(34.0±1.0)	(27.3±3.0)	31.3〜53.0 (42.1±2.0)
セルロースアセテート膜 (CA) 総グロブリン	g/L	27.0〜44.0 (34.0±5.1)	26.0〜51.0 (39.0±6.9)				30.5〜52.2 (41.4±2.0)
α_1	g/L	2.0〜5.0 (3.0±0.3)	2.0〜11.0 (7.0±0.2)				1.0〜4.9 (2.7±0.3)
α_2	g/L	3.0〜11.0 (6.0±2.1)	4.0〜9.0 (7.0±0.2)				2.5〜8.0 (4.7±0.5)
β	g/L						9.6〜27.2 (18.9±1.7)
β_1	g/L	7.0〜13.0 (8.2±2.3)	3.0〜9.0 (7.0±0.3)				
β_2	g/L	6.0〜14.0 (8.9±3.3)	6.0〜10.0 (7.0±0.2)				
γ	g/L						7.3〜28.4 (15.1±1.4)
γ_1	g/L	5.0〜13.0 (8.0±2.5)	3.0〜25.0 (16.0±7.7)				
γ_2	g/L	4.0〜9.0 (7.0±1.4)	14.0〜19.0 (17.0±3.6)				
A/G比	—	0.59〜1.11 (0.83±0.16)	0.45〜1.19 (0.71±0.20)	(0.59)	(0.62)	(0.58)	0.72〜1.21 (0.94±0.16)
偽コリンエステラーゼ (PsChE)		ButChE参照					

[*1] 正常範囲を示す。（ ）内は標準偏差　　[*2] B：全血　　HB：ヘパリン処理血液　　HP：ヘパリン処理血漿　　P：血漿　　S：血清　　R：赤血球

付録2-2 小動物および実験動物の血液成分の正常値

成分*2	単位	犬	猫	ラット	マウス	家兎	サル
ナトリウム (Na) : S, HP	mmol/L	141〜152 (107)	147〜156 (152)	(146.8±0.93)	(138.0±2.9)	(141.0±4.5)	142〜160 (149±5)
ナトリウム (Na) : R	mmol/L	(107)	(104)				
ソルビトールデヒドロゲナーゼ (SDH) : S, HP	U/L	2.9〜8.2 (4.5±1.9)	3.9〜7.7 (5.4±1.3)	(20.3±4.16)	(29.6±7.4)		
サイロキシン (T4-RIA) : S	nmol/L	7.7〜46.4 (29.7±10.3)	1.3〜32.3 (12.9±6.5)				
	μg/dL	0.6〜3.6 (2.3±0.8)	0.1〜2.5 (1.0±0.5)				
遊離サイロキシン (FT4) : S	pmol/L	(45.5±4.4)					(4.1±0.6)
	ng/dL	(3.53±0.34)					
総トリアシルグリセロール (TG) : S	mmol/L	(0.43)	(0.40)	(1.96±0.29)	(1.53)	(1.38)	(0.75±0.58)
	mg/dL	(38.1)	(35.4)	(173.3±25.9)	(135.4)	(122.0)	(66.6±51.3)
トリヨードチロニン (T3-RIA) : S	nmol/L	1.26〜2.13 (1.65±0.28)	0.23〜0.77				
	ng/dL	82〜138 (107±18)	15〜50				
尿酸 (UA) : S, P, HP	mmol/L	0〜199	0〜59.5	(90±17.8)		(70.2±16.6)	(71.4±16.6)
	mg/dL	0〜2	0〜1				
尿素 (UR) : S, P, HP	mmol/L	1.67〜3.33 (2.83±0.67)	3.33〜5.00	(1.52±0.30)		(1.18±0.28)	(1.20±0.28)
尿素態窒素 (UN) : S, P, HP	mg/dL	10〜28 (17±4.0)	20〜30	(2.82±0.35)	(3.45±0.85)	(2.38±0.50)	1.33〜3.33 (2.50±0.5)
				(16.9±2.1)	(20.7±5.1)	(14.3±3.0)	8〜20 (15±3.3)
ビタミンA (VitA) カロテノール : S	μmol/L	0〜93 (53)	932〜3614				
	μg/dL	9〜5 (3.0)	50〜194				

*1 正常範囲を示す。（ ）内は標準偏差　　*2 B：全血　　HB：ヘパリン処理血液　　HP：ヘパリン処理血漿　　P：血漿　　S：血清　　R：赤血球

付録2-2 小動物および実験動物の血液成分の正常値

成分[*2]	単位	犬	猫	ラット	マウス	家兎	サル
カロチン：S	μmol/L	652〜1,677	(3502)				
	μg/dL	35〜90	(188)				
ビタミンB_{12}：S	pmol/L	125〜133					
	pg/mL	170〜180					
亜鉛(Zn)：S	μmol/L						(12.1±0.6)
	μg/dL						(79±4.0)

[*1] 正常範囲を示す。（　）内は標準偏差　　[*2] B：全血　　HB：ヘパリン処理血液　　HP：ヘパリン処理血漿　　P：血漿　　S：血清　　R：赤血球

付録2-3 鳥類の血液成分の正常値[1]

成分[2]	単位	鶏	セキセイインコ	オカメインコ	コンゴウインコ	ワシ	タカ
アスパラギン酸アミノトランスフェラーゼ (AST, GOT) : S, HF	U/L	(174.8)	150〜350	59〜1,310 (410±452)	40〜2,408 (508±950)	316〜2,881 (1045±918)	126〜500 (266±117)
カルシウム (Ca) : S, HP	mmol/L	(7.10)		1.30〜2.83 (2.20±0.45)	1.93〜3.73 (2.41±0.66)	2.25〜3.08 (2.58±0.26)	0.90〜2.80 (2.28±0.58)
	mg/dL	(28.4)		5.20〜11.3 (8.81±1.80)	7.70〜14.9 (9.64±2.65)	9.0〜12.3 (10.3±1.05)	3.60〜11.2 (9.13±2.30)
塩化物 (Cl⁻) : S, HP	mmol/L						
総コレステロール (Chol) : S, P, HP	mmol/L	(4.75)				(116)	
	mg/dL	(183.8)					
クレアチニン (Creat) : S, P, HP	μmol/L		8.8〜35.4	26.5〜167.9 (68.1±52.2)	35.4〜247.5 (64.5±50.4)	70.7〜132.6 (91.9±25.6)	26.5〜79.6 (48.6±15.9)
	mg/dL		0.1〜0.4	0.3〜1.9 (0.77±0.59)	0.4〜2.0 (0.73±0.57)	0.8〜1.5 (1.04±0.29)	0.3〜0.9 (0.55±0.18)
グルコース (Glu) : S, P, HP	mmol/L	(9.3)	11.1〜22.2	10.2〜20.8 (15.8±5.3)	11.9〜23.2 (16.9±3.2)	14.9〜32.6 (19.9±8.6)	8.5〜20.7 (16.7±4.1)
	mg/dL	(167.8)	200〜400	184〜375 (285±95)	215〜418 (304±57)	268〜587 (359±154)	153〜373 (301±74)
グルタミン酸オキサロ酢酸トランスアミナーゼ (GOT)	AST参照						
乳酸デヒドロゲナーゼ (LDH) : S, HP	U/L	(636.0)	150〜450	151〜1,337 (467±435)	48〜831 (293±269)	358〜3,400 (1256±1072)	58〜708 (301±226)
アルカリホスファターゼ (AlP)	U/L	(482.5)		36〜229 (109±60)	10〜239 (88.5±75.0)	63〜174 (61.8±57.8)	6〜235 (88.7±84.0)
無機リン酸 (Pi) : S, HP	mmol/L	(2.52)		0.23〜1.91 (1.0±0.6)	0.70〜3.36 (1.68±0.84) (1.58±1.00)	0.68〜3.55 (1.58±1.00)	1.16〜2.16 (1.58±0.32)
リン (P) : S, HP	mg/dL	(7.81)		0.7〜5.9 (3.1±1.7)	2〜10.4 (5.2±2.6)	2.1〜11.1 (4.9±3.1)	3.6〜6.7 (4.9±1.0)

[1] 正常範囲を示す。( )内は標準偏差　[2] B：全血　HP：ヘパリン処理血漿　HB：ヘパリン処理血液　P：血漿　S：血清　R：赤血球

付録2-3 鳥類の血液成分の正常値

成分[*2]	単位	鶏	セキセイインコ	オカメインコ	コンゴウインコ	ワシ	タカ
カリウム (K) : S, HP	mmol/L			2.9〜11.0 (6.0±3.2)	2.2〜10.1 (4.7±2.7)	2.4〜4.4 (3.6±0.7)	1.6〜4.2 (3.0±0.9)
タンパク質 (Prot) : S							
総タンパク質 (TP)	g/L	(56.0)	25.0〜45.0	27.0〜54.0 (41.5±7.1)	22.0〜52.0 (35.8±7.3)	32.0〜49.0 (38.7±6.4)	27.0〜46.0 (37.6±6.3)
セルロースアセテート膜 (CA) 電気泳動 (SPE)							
プレアルブミン	g/L			(3.0)	5.0〜11.1 (8.1±5.0)		
アルブミン	g/L	(25.0)	21.0〜33.0 (27.0±1.7)	(23.0)	11.0〜24.0 (17.3±5.3)		
総グロブリン	g/L	(31.0)	26.0〜51.0 (39.0±6.9)	(16.0)	8.0〜33.0 (19.7±10.0)		
A/G比			0.45〜1.19 (0.71±0.20)	(1.74)	0.33〜3.50 (1.96±1.29)		
ナトリウム (Na) : S, HP	mmol/L			149.0〜155.0 (153.7±2.1)	138.0〜157.0 (148.6±5.3)	147〜171 (159.0±7.0)	154.0〜158 (156.4±1.6)
尿酸 (UA) : S, P, HP	mmol/L		0.24〜0.83	0.10〜1.07 (0.46±0.29)	0.09〜0.88 (0.39±0.27)	0.26〜2.28 (1.07±0.60)	0.37〜1.77 (0.77±0.50)
	mg/dL		4.0〜14.0	1.6〜18.0 (7.8±4.8)	1.5〜14.8 (6.6±4.6)	4.3〜38.4 (18.0±10.0)	6.2〜29.8 (13.0±8.4)

*1 正常範囲を示す。（ ）内は標準偏差　　*2 B：全血　　HB：ヘパリン処理血液　　HP：ヘパリン処理血漿　　P：血漿　　S：血清　　R：赤血球

付録2-4 動物の尿成分の正常値

成分	単位	馬	牛	羊	豚	犬	猫	山羊
アラントイン	mg/kg/日	5～15	20～60	20～50	20～80	35～45	80	
ヒ素	μg/dL					30～150		
重炭酸塩（HCO₃⁻）	mmol/kg/日					0.05～3.2		
カルシウム	mg/kg/日		0.10～1.40	2.0		1～3	0.20～0.45	1.0
塩化物（Cl⁻）	mmol/kg/日		0.10～1.10			0～10.3		
コプロポルフィリン	μg/dL		5～14	8.8		16～28		
クレアチニン	mg/kg/日		15～20	10	20～90	30～80	12～20	10.0
シスチン	mg/gクレアチニン					67±15		
水素イオン	pH	7.0～8.0	7.4～8.4	7.4～8.4	5.0～8.0	5.0～7.0	5.0～7.0	7.4～8.4
鉛	μg/dL					20～75		
リシン	mg/gクレアチニン					21±6		
マグネシウム	mg/kg/日		3.7			1.7～3.0	3～12	
水銀	μg/dL					1.0～10		
窒素態尿素窒素	mg/kg/日		23～28	98	201	140～230	374～1,872	107
総窒素	mg/kg/日	100～600	40～450	120～350	40～240	250～800	500～1,000	120～400
アンモニア態窒素	mg/kg/日		1.0～17.0			30～60	60	3～5
リン	mg/kg/日			0.2		20～30	108	1.0
カリウム	mmol/kg/日		0.08～0.15			0.1～2.4		
ナトリウム	mmol/kg/日		0.2～1.1			0.04～13.0		
比重	単位	1.020～1.050	1.025～1.045	1.015～1.045	1.010～1.030	1.015～1.045	1.015～1.065	1.015～1.045
硫酸塩	mg/kg/日		3.0～5.0			30～50		
尿酸	mg/kg/日	1～2	1～4	2～4	1～2			2～5
尿素	mg/kg/日	3～18	17～45	10～40	5～30	17～45	10～20	10～40
ウロポルフィリン	mg/dL		1.5～7.0	3.8	5.0			

付録2-5 動物の脳脊髄液成分の分析値

成　分	単位	馬	牛	羊	豚	犬	猫	山羊
カルシウム	mg/dL	4.2〜6.2	5.1〜6.3	5.1〜5.5		5.6〜6.5	5.2	4.6
塩化物（Cl⁻）	mmol/L	109〜126	111〜123	128〜148		131〜138	144	116〜130
グルコース	mg/dL	48〜57	35〜70	52〜85	45〜87	74〜75	85	70
水素イオン	pH	7.13〜7.36	7.22〜7.26	7.35		7.42		
マグネシウム	mg/dL	2.0	2.1〜2.4	2.2〜2.8		3.1	1.3	2.3
リン	mg/dL	0.8〜1.4	0.9〜2.5	1.2〜2.0		1.1〜3.9		
カリウム	mmol/L	2.9〜3.2	2.9〜3.5	3.0〜3.3		3.0〜3.1	3.0〜5.9	3.0
浸透圧	mmH₂O	272〜490				24〜172		
タンパク質 総タンパク質	mg/dL	32〜48	20〜30	29〜42	24〜29	15〜35	20〜27	12
アルブミン	mg/dL	15〜39	10〜20		17〜24	14〜27	19〜25	
グロブリン Nonne-Apelt反応	—	1+	陰性	陰性	陰性	痕跡		
Pandy反応	—	1+〜3+	陰性	陰性	陰性	痕跡		
Ross-Jones反応	—	1+	陰性	陰性	陰性	陰性		
ナトリウム	mmol/L	145	110〜123	145〜157	134〜144	151.6〜155	158	131
比重	単位	1.004〜1.008	1.005〜1.008			1.004〜1.006		
尿素態窒素	mg/dL	12〜13	8〜11			10〜11	10〜11	
粘度	—	1.00〜1.05	1.019〜1.029					
細胞成分	数/μL	4.23	0〜10	0〜15	1〜20	0〜25	0〜1	0〜1
小単核球	%					15〜95		
大単核球	%					5〜40		
変性細胞	%					0〜40		

[注] これらの正常値はあくまでも参考である。検査方法や検査機械により測定値は異なることが多い。したがって、実際には、それぞれの検査室の検査機械を用いて多数の正常動物のサンプルを測定し、独自に正常範囲を設定する必要がある

Copyright© 1989 by Academic Press, Inc.
Translation Copyright© 1991 by Kindai Shuppan Ltd.
Reprinted by permission of Academic Press, Inc. and Kindai Shuppan Ltd. Through Tuttle-Mori Agency, Inc., Tokyo

和文　索引

[ア]

アイソザイム ……………………………………… 149, 150
アガロース ………………………………… 148, 183, 185
アガロースゲル電気泳動 ……………………… 88, 148
アクリルアミド …………………………………………… 142
アジ化ナトリウム ………………………………………… 132
アジュバント ……………………………………………… 181
亜硝酸ソーダ ……………………………………………… 123
アスパラギン酸 …………………………………………… 138
アスピレーター ……………………………………… 15, 170
アセトニトリル …………………………………………… 172
アデニレートキナーゼ ………………………… 150, 177, 178
アニーリング ………………………………………………… 97
アフィニティークロマトグラフィー ……………… 167, 182
アポトーシス ………………………………… 193-195, 199, 201
アミノ酸 …………………………………………… 119, 166
1-アミノ-2-ナフトール-4-スルホン酸 …………………… 77
アミノナフトールスルホン酸試薬 ……………………… 77
アラニン …………………………………………………… 138
アルカリ-SDS法 …………………………………………… 83
アルカリ性ホスファターゼ ………… 137, 184, 186, 187
アルカロイド試薬 ………………………………………… 119
アルブミン ………………………………………………… 211
アングルローター ……………………………………… 20, 21
アンピシリン ……………………………………………… 83
アンフォライト …………………………………………… 145

[イ]

イオン強度 ……………………………………… 141, 148, 170
イオン交換 ………………………………………………… 165
イオン交換クロマトグラフィー ………………… 165, 177
イオン交換樹脂 …………………………………… 165, 166
イソプロパノール（isopropanol） ……………………… 77
イムノブロット法 ………………………………………… 183
陰イオン交換体 …………………………………………… 165

引火性試薬 ………………………………………………… 25
インドール誘導体 ………………………………………… 122

[ウ]

ウェスタンブロット法（Western blot technique） …… 183
ウェル ……………………………………………………… 183
牛血漿ラクトフェリン …………………………………… 186
牛血清アルブミン溶液 …………………………………… 126
上皿電子天秤 ……………………………………………… 29
上皿天秤 ……………………………………………… 29, 30

[エ]

泳動槽 ……………………………………………… 141, 143
エタノール沈澱 …………………………………………… 82
エチジウムブロマイド ……………………………… 80, 84, 88
エチレンジアミン誘導体 ………………………………… 38
エポキシド ………………………………………………… 167
塩基配列 …………………………………………………… 95
遠心加速度 ………………………………………………… 20
遠心機 ……………………………………………………… 19
遠心力算出ノモグラフ …………………………………… 20
塩析 ………………………………………………………… 131
エンドキャッピング ……………………………………… 171

[オ]

オートラジオグラフィー ……………………………… 92, 94
オキザロ酢酸 ……………………………………………… 138
オサゾン …………………………………………………… 67
オリゴDNAマイクロアレイ …………………………… 99, 104
オリゴ糖 …………………………………………………… 71

[カ]

解離定数 …………………………………………………… 167
化学天秤 …………………………………………………… 29
核酸 ………………………………………………… 81, 87, 92
過マンガン酸カリウム …………………………………… 53

ガラス器具	15
ガラスろ過器	166
カラム	166
過硫酸アンモニウム	142
カルシウム	51-54, 212
肝機能	211
緩衝液	41-48
乾燥機	22
乾乳期	211
乾熱滅菌機	22
感量	29

【キ】

器具の洗浄	16
キサントプロテイン（Xanthoprotein）反応	122
基質	167
キシレンシアノール	89
規定液	35
気泡	92
逆相カラム	73
逆相クロマトグラフィー	171
キャリアー	181
吸光係数	18, 79, 168, 182
吸光度	18, 79
吸収曲線	18
吸収スペクトル	17
吸着クロマトグラフィー	176
競合二抗体法ELISA	187
競合法	186
キレート試薬	35, 38
キレート滴定法	35, 38
禁水性試薬	25

【ク】

空隙体積	170
クーマシーブリリアントブルー R-250	144
屈折計法	128
グラファイト電極	147
グリシン-HCl緩衝液	42
グリセリン	75
グルコース6-リン酸	149
グルタミン酸	138
グルタルアルデヒド	186
クレアチンキナーゼ（CK）	149
クロマトグラフィー	132, 157
クロロホルム抽出	81

【ケ】

結核死菌	181
血小板	189, 190
血清アルブミン	186
血清（血漿）カルシウム	53
血清タンパク屈折計	128
血清テストステロン	187
血糖	211
血糖の定量法	69
ゲノムDNA	86, 93, 97
ゲル内沈降反応	182
ゲルパンチャー	148, 183, 185
ゲルローディングバッファー	93
ゲルろ過	72, 133, 153, 155, 169, 170
検量線	19, 81

【コ】

恒温槽	23
交換容量	165
抗血清	149, 181
抗原	167, 181, 182
交差反応	183
酵素	167
高速液体クロマトグラフィー	171, 172
高速冷却遠心機	19
酵素標識抗体	186
酵素免疫測定法	185
抗体	167, 181, 182
コーム	143
5炭糖	66
駒込ピペット	15, 16
コレステロール	212
コンタミネーション	81

【サ】

最適比	183
ザイモグラム（zymogram）	149, 150

坂口反応 122
サザンブロッティング 98
サブマリンゲル 88
サンガー法 95
酸化還元滴定法 35, 37
酸化性試薬 25
サンドイッチ法 186
サンドイッチ法ELISA 187, 188

[シ]
ジアゾベンゼンスルホン酸 123
3,3'-ジアミノベンジジン四塩酸塩 184
シアル酸 72
シークエンスゲル 96
ジエチルピロカーボネート（DEPC） 85
紫外部吸収法 127
色素結合法 126
試験管 15
ジチオトレイトール 144
ジデオキシヌクレオチド 95
ジデオキシ法 95
シトクロムc 168
ジフェニールアミン試薬 69
臭化シアン 167, 182
臭化シアン活性化セファロース4B 182
シュウ酸アンモニウム 53
シュウ酸塩沈澱-過マンガン酸カリウム滴定法 52
受容体 167
蒸留 124
シリカゲル 171, 175
親和力 167

[ス]
水準器 29, 30
水素イオン濃度 49
スイングローター 20
スキャナ 151
ステアリン酸 75
スパー（spur） 183
スピッチグラス 15
スピンカラム 90
スペーサー 167

スラブゲル 143

[セ]
制限酵素 87, 93
生産病 210
西洋ワサビペルオキシダーゼ 186
赤血球 189
赤血球膜 190
赤血球容積（PCV） 211
セファロース4B 182
セミドライタイプトランスファー装置 184
セミドライ方式 184
セルロースアセテート膜電気泳動法 141
セルロース薄層板 177

[ソ]
相対移動度 145
阻害剤 167
疎水結合 168
疎水性クロマトグラフィー 168
ソックスレー法（Soxhlet method） 76

[タ]
代謝病 210
代謝プロファイル 211
代謝プロファイルテスト 210
大腸菌 82
大腸菌β-Dガラクトシダーゼ 186
田代の指示薬 124
脱塩 131, 132
脱水素酵素 149
単核球 189
炭酸ナトリウムアルカリ溶液 126
単純放射状免疫拡散法（SRID） 185
タンパク質 112, 116, 153-160, 163, 164
タンパク質およびアミノ酸の呈色反応 120
タンパク質の沈澱反応 119
タンパク質の定量法 123

[チ]
チオシアン酸カリウム 182
チオ硫酸塩滴定法 37

中和滴定法 ··· 35
超遠心機 ··· 20
直示天秤 ·· 29-31
沈降速度 ··· 20
沈降反応 ··· 182
沈降輪 ··· 185
沈澱滴定法 ··· 35, 36

[ツ]

追加免疫 ··· 181

[テ]

ディスク-ポリアクリルアミドゲル電気泳動 ············ 142
ディファレンシャルディスプレイ ··························· 98
デカリン ··· 142
デキストラン ··· 169
デキストラン生理食塩水 ···································· 189
テストステロン ·· 186
鉄 ··· 51, 54, 55
展開溶媒 ··· 175
電気泳動 ······················· 102, 153, 154, 159, 197
デンシトメーター ······································· 142, 151
デンシトメトリー ·· 151
デンハルト溶液 ·· 92
天秤 ··· 29-31

[ト]

銅アンモニア錯塩 ··· 121
透過率 ·· 18
糖鎖 ··· 71
銅試薬 ·· 68
透析 ··· 132
透析膜 ·· 132
糖タンパク質 ··· 71
等電点 ·· 119
等電点電気泳動（IEF）法 ································· 145
糖類の定性反応 ·· 65
糖類の定量法 ··· 68
特異抗体 ··· 182
毒物および劇物取締法 ·· 25
トランスアミナーゼ ·· 138
トランスイルミネーター ························· 79, 80, 89

トランスフェリン ······························ 54, 147, 149
トリグリセライド ··· 76
トリクロル酢酸 ·· 51
トリス-HCl緩衝液 ·· 45

[ナ]

ナイロンメンブラン ······································ 91, 94

[ニ]

二次元糖鎖Mapping ·· 73
二次元二重免疫拡散法 ······································ 182
二重免疫拡散法 ·· 183
ニトロブルーテトラゾリウム ······························ 184
ニトロプルシド（Nitroprusside）反応 ················ 122
乳酸脱水素酵素（LDH） ····························· 137, 150
尿 ·· 54
尿素態窒素 ·· 211
ニンヒドリン試薬 ··· 166
ニンヒドリン（Ninhydrin）反応 ························ 121

[ヌ]

ヌクレオチド ·· 172, 173
ヌッチェ ··· 166

[ノ]

ノーザンブロッティング ····································· 98

[ハ]

廃液 ··· 27
ハイブリダイゼーション ································ 92, 94
薄層クロマトグラフィー（TLC） ······················· 175
爆発性試薬 ·· 25
発火性試薬 ·· 25
白血球 ·· 189, 190
ハプテン ··· 181

[ヒ]

ビーカー ··· 15
ビウレット ··································· 15, 16, 31, 32
ビウレット試薬 ·· 125
ビウレット（Biuret）反応 ································· 120
比活性 ·· 136

非競合法	186	ブロモフェノールブルー	89, 143
比色法	60	フロント	175
ビタミン	56	分光光度計	17
ビタミンA	56-58, 63	分子活性	136
ビタミンB_1	60, 63	分子量	145
ビタミンB_2	61, 63	分銅	30
ビタミンB_6	61-63	分配クロマトグラフィー	171, 176
ビタミンB_{12}	62, 63, 170		
ビタミンC	62, 63	**【ヘ】**	
ビタミンD	56-59, 63	ペーパークロマトグラフィー	72
ビタミンD_2	58	ヘキソキナーゼ	149
ビタミンD_3	58	ペルオキシダーゼ	184
ビタミンE	57, 59, 60, 6	ベロナールNa-HCl緩衝液	44
ヒットピッキング法	100	ベロナール緩衝液	141, 148
ヒドラジン分解法	71		
泌乳	210	**【ホ】**	
ピペットマン	16	飽和塩溶液	132
標識酵素	186	ホールピペット	15, 16, 31, 32
標定NaOH溶液	35	補酵素	136, 167
秤量	29	ホプキンス・コール (Hopkins-Cole) 反応	122
ピリジルアミノ化	71	ポリアクリルアミドゲル	141, 184
ピルビン酸	138	ポリアクリルアミド用ゲル	146
		ポリエチレン・ポリプロピレン容器	16
【フ】		ポリビニリデンジフルオリド膜	183
ブースター	181	ポリメラーゼ連鎖反応	81, 97
1, 10-フェナントロリン (o-フェナントロリン)	54	ホルマザン	149, 150
フェノール試薬	126	ホルマリンゲル	91
フェノール抽出	81	ホルモン	167
フェノールフタレイン溶液	36, 75		
フェリチン	54, 145	**【マ】**	
フタル酸水素カリウム標準液	35	マイクロシリンジ	144, 172
ブフナーロート	166	マイクロタイタープレート	187
プライマー	97	マイクロピペット	32
フラスコ	15, 16	マイクロプレートリーダー	187
プラスミドDNA	82, 84	マクサム・ギルバート法	95
ブルーデキストラン	170	膜変化に基づく検出法	195, 202
プレハイブリダイゼーション	94, 95	マグネシウム	212
不連続緩衝液系	142, 144	マグネティックスターラー	132
フロイント完全アジュバント (FCA)	181	松原法	54
フロイント不完全アジュバント (FIA)	181	マルチプライム法	90
プローブ	89		
5-ブロモ-4-クロロ-3-インドリルルリン酸	184		

[ミ]

ミカエリス・メンテン (Michaelis-Menten) の式 ……… 135
ミクロソーム …………………………………………… 168
ミロン (Millon) 反応 …………………………………… 121

[ム]

無機リン ………………………………………………… 212

[メ]

メスシリンダー ………………………………… 15, 16, 31, 32
メスピペット …………………………………… 15, 16, 31, 32
メスフラスコ ……………………………………… 15, 16, 31
メニスカス ……………………………………………… 31
免疫拡散法 ……………………………………………… 148
免疫原 …………………………………………………… 181
免疫原性 ………………………………………………… 181
免疫電気泳動法 ……………………………………… 148, 185
メンブランフィルター ………………………………… 172

[モ]

モノクロメーター ………………………………………… 17
モリブデン酸アンモニウム溶液 ………………………… 51
モリブデンブルー ………………………………………… 68

[ヤ]

薬包紙 …………………………………………………… 29, 30

[ユ]

有機溶媒 ………………………………………………… 26
遊離脂肪酸 ……………………………………………… 211
ユニバーサル緩衝液 …………………………………… 47

[ヨ]

陽イオン交換体 ………………………………………… 165
溶解度 …………………………………………………… 131
ヨウ素デンプン反応 ……………………………………… 68
容量分析 ………………………………………………… 35

[ラ]

ラクトフェリン ……………………………………… 187, 188
ラジオイムノアッセイ (radioimmunoassay, RIA) …… 185
ランバート・ベール (Lambert-Beer) の法則 …………… 18

[リ]

リーベルマン・ブルヒアルト
　(Libermann-Burchard) 反応 ………………………… 76
リガンド ………………………………………………… 167
リボフラビン …………………………………………… 170
リボフラビン-5'-リン酸 ………………………………… 145
硫化鉛反応 ……………………………………………… 122
硫酸アンモニウム ……………………………………… 131, 187
硫酸銅・クエン酸ナトリウム溶液 ……………………… 126
両性電解質 ……………………………………………… 145
リン ……………………………………………………… 51, 52
リンゴ酸脱水素酵素 …………………………………… 138

[レ]

レポート作成 …………………………………………… 14
連続緩衝液系 …………………………………………… 144

[ロ]

ローター ………………………………………………… 20, 22
6炭糖 …………………………………………………… 66

欧文　索引

[A]

ADP ······················· 149, 150, 173, 177, 178
2′, 5′-ADPセファロースカラム ················ 168
AgNO₃の調製 ···································· 36
AGPC法 ·· 85
Amide吸着カラム ································ 73
ATP ······················· 149, 150, 172, 177, 178

[B]

Barfoed反応 ······································· 66
BCS ··· 212
Benedict反応 ····································· 65
Berson ··· 185
BIND ·· 157
Biuret反応 ·· 120
Body condition score（BCS） ················ 212
Bradford法 ······································· 126
Bronstedの酸 ····································· 41

[C]

CaCO₃標準液 ······································ 38
Calf Thymus DNA ································ 81
cDNA ····································· 89, 90, 98
cDNAクローニング ··························· 153, 156
cDNAマイクロアレイ ··························· 100-103
cDNAプローブ ································· 92, 95
CK ··· 149, 150
Coomassie brilliant blue（CBB） ············ 126

[D]

dddNTP溶液 ······································ 96
DEPC ·· 85
Diphenylamine法 ································ 69
DNA ··· 81, 167
DNA（RNA）結合タンパク質 ··················· 167

DNA断片化に基づく検出法 ················ 195, 196
DPA溶液 ·· 176

[E]

Eadieのプロット ································ 136
EDTA溶液 ·· 38
Ehrlich反応 ····································· 123
ELISA ······································· 186, 187
Elution Volume ································ 170
Ensembl Genome browser ················· 111
Entrez ····································· 109, 110

[F]

FASTA配列形式 ························· 112, 114, 115
FCA ·· 181
Fehling反応 ······································· 65
FIA ··· 181
Ficoll-Conray液 ································ 189
Fletcherの変法 ··································· 76
Folin反応 ·· 122

[G]

GenomeNet ····································· 114
glucose-oxidase ································ 69
Goldenberg法 ···································· 51
Goodらの緩衝液 ·································· 48
GOT ······································ 138, 139, 211
GPT ··· 138, 139
GTE ··· 83
GTP ·· 172

[H]

Hanes-Woolfのプロット ······················ 136
Hoechst Dye No.33258, Bisbenzimide ···· 80
Hopkins-Cole反応 ······························ 122
HPLC ·· 61, 157

HPLC法 59

[I]
isopropanol 77

[K]
KH$_2$PO$_4$-Na$_2$HPO$_4$緩衝液 44
KIO$_3$標準液 37
K$_m$：ミカエリス定数 135
KOAc 83

[L]
Laemmli法 144
Lambert-Beerの法則 18
LB寒天培地 83
LDH 137, 150
Libermann-Burchard反応 76
Lineweaver-Burkのプロット 136
Lowry-Folin法 126

[M]
Michaelis-Mentenの式 135
micro-Kjeldahl法 124
Millon反応 121
Molisch反応 66
MTT：3-(4, 5-dimethylthiazol-2-yl)-2, 5-diphenyltetrazolium bromide 149

[N]
NaCl標準液 36
NAD 137
NAD$^+$ 150
NADH 137
NADP$^+$ 149, 150
NADPH-P450還元酵素 168, 169
NBT：nitro blue tetrazolium 150
NCBI 109-114, 117
Nelson試薬 68
N-glycosidase 71
NH$_4$OH-NH$_4$Cl緩衝液 38
Ninhydrin反応 121
Nitroprusside反応 122
Northern blot法 89
Nylander反応 66

[O]
ODS 171, 172
optimal ratio 183
Ouchterlony 182

[P]
P450 168
Parnas装置 124
Pauli反応 123
PA化 72
PCR 81, 97, 98
PCV 211
PDB 157
pH試験紙 50
pHメーター 49
Phenylhydrazine反応 67
PMS：phenazine methosulfate 149, 150
Proteinase K 86

[R]
radioimmunoassay 185
reverse transcriptase 98
Rf値 175
RIA 185
RNA 81, 85, 167, 176, 177
RNAゲルローディングバッファー 91
RNaseA 83
RT-PCR 98

[S]
SAGE (serial analysis of gene expression) 98
SDS (sodium dodecyl sulphate) 144
SDS-ポリアクリルアミドゲル電気泳動 144
Sephadex 169, 170
Somogyi-Nelson法 68
Southern blot法 93
Soxhlet method 76
spur 183
SRID 185

SSC ··· 91
Sudan Ⅲ ·· 75

[T]

TAE ·· 88
Taq DNAポリメラーゼ ··· 97
TARE ·· 29
TBE ·· 88
Terrific Broth ·· 83
TLC ··· 175
TLCプレート ·· 176
TUNEL反応 ··· 200, 201
TUNEL法 ·· 195, 199

[U]

Universal buffer ·· 88
UVランプ ··· 79

[V]

Void Volume ·· 170

Voisnet反応 ·· 123

[W]

Waddell法 ·· 128
Weber & Osborn法 ··· 144
Western blot technique ··································· 183
Wroblewski-Ladue法 ······································· 137

[X]

Xanthoprotein反応 ·· 122

[Y]

Yalow ·· 185

[Z]

zymogram ·· 149

獣医生化学実験 改訂第3版

1993年4月1日	第1版第1刷発行Ⓒ
2002年4月1日	改訂第2版第1刷発行Ⓒ
2009年2月1日	改訂第3版第1刷発行Ⓒ
2013年4月20日	改訂第3版第2刷発行Ⓒ

編 著 者／獣医生理学・生理化学教育懇談会
発 行 者／森田 猛
発　　　行／チクサン出版社
発　　　売／株式会社 緑書房
　　　　　　〒103-0004 東京都中央区東日本橋2丁目8番3号
　　　　　　TEL　03-6833-0560
　　　　　　http://www.pet-honpo.com

デザイン／有限会社 浪漫堂
印　　刷／株式会社 カシヨ

ISBN978-4-88500-662-3　Printed in Japan
落丁・乱丁本は弊社送料負担にてお取り替えいたします。

本書の複写にかかる複製、上映、譲渡、公衆送信（送信可能化を含む）の各権利は
株式会社緑書房が管理の委託を受けています。

JCOPY〈(社)出版者著作権管理機構　委託出版物〉
本書を無断で複写複製(電子化を含む)することは、著作権法上での例外を除き、禁
じられています。本書を複写される場合は、そのつど事前に(社)出版者著作権管理
機構（電話　03-3513-6969、Fax　03-3513-6979、e-mail:info@jcopy.or.jp）の許諾を得
てください。
また本書を代行業者等の第三者に依頼してスキャンやデジタル化することは、たと
え個人や家庭内での利用であっても一切認められておりません。